図解 戦闘機
F FILES No.023

河野嘉之 著

新紀元社

はじめに

　飛行機が兵器として使用されてからそろそろ一世紀が経とうとしている。その間、世界中で夥しい数の戦闘機が作られ、激しい戦闘を繰り広げた。もちろん、戦闘機は冷徹で残忍な兵器ではあるが、より速く、高く、力強く空を飛ぶが故の魅力も併せ持っている。そんな躍動感や機能美に魅せられるのは、航空機ファンやディープな軍用機マニアだけでない。最近では、戦闘機が出てくる映画を見た、エアショーに行った、コンビニで飛行機の食玩を買った、書店で航空雑誌を見たなど、決して少なくない"一般の人"が、より高いレベルの知識を欲しがる傾向にあるようだ。

　現在はネットという便利なものがある。何をするにしても、クリックひとつで基本的な知識は得ることができると信じられている。軍用機の場合だと、世界中で撮影されたあらゆる機体の画像がアップされていて、それらからは膨大な量の情報を得ることができる。しかし、文章による情報に限れば、その多くが伝聞、写し書きの数次資料で、玉石ごった煮状態になっている。多くの人はこの危険性を認識してネットを上手に利用しているはずなのだが、中には伝言ゲームのように変化した情報や、妄想、思い込みの類いを信じ込んでしまう素直な人もいる。驚くことに、SFやアニメ、ゲームなど架空のものと、実在するものの区別が出来ていない記述もある。これから知識や情報を得ようとしている人にとっては、とても危険な状況なのだ。

　戦闘機とはどんな飛行機か？　発達の歴史は？　どんな能力があるのか？　機体各部の呼び方は？……、本書はそんな基本的で必要不可欠な知識を、入り口にいる人にとって解りやすく紹介するものだ。そのため、一次資料か、できるかぎりそれに近い資料をあらゆる手段で探し、二重、三重にウラを取ることに執筆時間の大半を充てた。それまで常識や周知の事と思われていた情報に関しても、できるだけ調べ直し、考え直してみた。その結果、まとめあがった本書には、著者の私が見ても新鮮な発見がある。自分で書いておきながら、なるほど！　と感心してしまう部分があちこちにあるのだ。入り口に立って一歩踏み込もうとしている人だけでなく、長年のマニアを自負する人にとっても、本書で知識のおさらいをして頂けるものと思っている。

河野嘉之

目次

第1章 戦闘機の基礎知識

No.001	戦闘機とはどんな航空機か？ — 8
No.002	戦闘機の種類 — 10
No.003	戦闘機と攻撃機の違いは？ — 12
No.004	Fって何？ — 14
No.005	戦闘機の名前 — 16
No.006	戦闘機の航続距離 — 18
No.007	戦闘機ってどんな形？ — 20
No.008	戦闘機の燃料はガソリン？ — 22
No.009	戦闘機は何人乗り？ — 24
No.010	コクピットでは何をしてるの？ — 26
No.011	パイロットの装備 — 28
No.012	戦闘機の材料 — 30
No.013	戦闘機の塗装 — 32
No.014	最大の戦闘機は？ — 34
No.015	もっとも速い戦闘機は？ — 36
No.016	もっとも多く作られた戦闘機は？ — 38
コラム	受け継がれるニックネーム 40

第2章 戦闘機の歴史と発達

No.017	戦闘機の発達 — 42
No.018	戦闘機の発達2 — 44
No.019	世界初の戦闘機 — 46
No.020	世界初のジェット戦闘機 — 48
No.021	世界初の超音速ジェット戦闘機 — 50
No.022	エース（撃墜王） — 52
No.023	国産ジェット戦闘機 — 54
No.024	自衛隊の戦闘機 — 56
No.025	第二次大戦 日本海軍の戦闘機 — 58
No.026	第二次大戦 日本陸軍の戦闘機 — 60
No.027	第二次大戦 米陸軍の戦闘機 — 62
No.028	第二次大戦 米海軍の戦闘機 — 64
No.029	第二次大戦 ドイツ軍の戦闘機 — 66
No.030	第二次大戦 ヨーロッパの戦闘機 — 68
No.031	レシプロ双発戦闘機 — 70
No.032	朝鮮戦争の戦闘機 — 72
No.033	ベトナム戦争の戦闘機 — 74
No.034	F-4 ファントムⅡ — 76
No.035	F-14 トムキャット — 78
No.036	F-15 イーグル — 80
No.037	F-16 ファイティングファルコン — 82
No.038	F/A-18 ホーネット — 84
No.039	F-22 ラプター — 86
No.040	F-35 ライトニングⅡ — 88
No.041	Su-27 フランカーとMiG-29 フルクラム — 90
No.042	マッハ3の夢 — 92
コラム	最後の有人戦闘機 — 94

第3章 戦闘機の運用と種類

No.043	超音速飛行 — 96
No.044	ソニックブーム — 98
No.045	スーパークルーズ — 100
No.046	陸上機と艦載機 — 102
No.047	艦載機の発進と着艦 — 104
No.048	空母 — 106
No.049	ステルス戦闘機 — 108
No.050	空対空戦闘 — 110
No.051	ドッグファイト — 112
No.052	ロックオン — 114
No.053	空対空ミサイル — 116
No.054	チャフとフレア — 118
No.055	対爆撃機用の核ミサイル!? — 120
No.056	空中給油 — 122
No.057	最大武装搭載量 — 124
No.058	ECM（ジャミング） — 126
No.059	対地攻撃兵器 — 128

目次

No.060	ロケット弾 —— 130
No.061	赤外線探知装置 —— 132
No.062	国籍マーク —— 134
No.063	アグレッサー —— 136
No.064	地対空兵器 —— 138
No.065	派生型 —— 140
No.066	空冷/液冷エンジン換装機 — 142
No.067	VTOL機 —— 144
No.068	夜間戦闘機 —— 146
No.069	双子戦闘機 —— 148
No.070	プッシャー機 —— 150
No.071	木製戦闘機 —— 152
No.072	ロケット戦闘機 —— 154
No.073	寄生戦闘機 —— 156
No.074	ゲタ履き戦闘機 —— 158
No.075	水上ジェット戦闘機 —— 160
No.076	潜水空母 —— 162
コラム	本当に見えなかったステルス機 164

第4章　戦闘機の構造と装備

No.077	飛行機はどのようにして操縦するか？— 166
No.078	ラダーとエレベーター —— 168
No.079	エルロンとスポイラー —— 170
No.080	フラップ —— 172
No.081	スロットとスラット —— 174
No.082	飛行機はどのようにして止まるか？— 176
No.083	エアブレーキ —— 178
No.084	主翼の形 —— 180
No.085	後退角と前進翼 —— 182
No.086	デルタ翼機 —— 184
No.087	胴体はコーラの瓶 —— 186
No.088	ブレンデッド・ウィング・ボディ — 188
No.089	尾翼の配置 —— 190
No.090	無尾翼機と全翼機 —— 192
No.091	エアインテイク —— 194
No.092	緊急脱出！ —— 196
No.093	ガンサイトとHUD —— 198
No.094	操縦桿とスロットル —— 200
No.095	計器盤 —— 202
No.096	エンジンの種類 —— 204
No.097	レシプロエンジン —— 206
No.098	勝敗を分けたターボチャージャー — 208
No.099	ジェットエンジン —— 210
No.100	アフターバーナー —— 212
No.101	推力重量比 —— 214
No.102	キャノピー —— 216
No.103	コクピット —— 218
No.104	機銃と機関砲 —— 220
No.105	バルカン砲 —— 222
No.106	機銃の搭載位置 —— 224
No.107	大口径砲 —— 226
No.108	機首の機銃はどうしてプロペラに当たらないのか 228
No.109	燃料タンク —— 230
No.110	ポッド —— 232
No.111	パイロン／ランチャー／ラック — 234

機体に記入された数字と記号 —— 236
飛行隊マークとスコードロンカラー — 238
記念塗装 —— 240
ノーズアートとパーソナルマーク — 242

用語集 —— 244
戦闘機名一覧 —— 250
索引 —— 256
参考文献 —— 259

第1章
戦闘機の基礎知識

No.001
戦闘機とはどんな航空機か?

イメージではなんとなくわかっていても、じゃあ実際にどんな機体が戦闘機なのか、なかなか区別が難しい。まずはそこから考えてみよう。

●戦闘・機?

　航空機はその用途と所属により、まず軍用機と民間機に分けられる。軍用機というのは文字通り、軍(またはそれに準ずる機関)に所属し、軍の維持や戦闘目的で使用される機体だ。軍用機の中の分類は時代や国によって違いはあるが、大まかには爆撃機、**戦闘機**、**攻撃機**、偵察機、輸送機、練習機、などに分類される。さて、では戦闘機とはどういう用途で使用される機体なのだろう。皆さんのイメージで戦闘機と言えば、どんな場面で、どんな動きをする機体だろうか。子供の頃、零戦やファントムなどのオモチャでどんな遊び方をしただろうか。おそらく、胴体を手に持って、「キィーン(またはブーン)」と旋回させ、「ダダダダ……」と、機銃を撃つマネをしたのではないだろうか。それが正解。第一次大戦の複葉機から現在のステルス機に至るまで、戦闘機は機銃(機関砲)やミサイルなど比較的射程距離の短い武器で、敵航空機を相手に空対空の戦闘をする機体と定義されている。

　ライト兄弟の動力初飛行以来、航空機は主に軍用機として発達してきたが、初めての軍用機は偵察機だった。高いところから広い面積を観測できる航空機は前線や敵陣の偵察に最適だったのだ。そのうちどうせ高いところから敵陣を覗くのなら、ついでに爆弾の一つでも落としてやろうかということで、手持ちで小さな爆弾を落としてみた。これが爆撃機の始まりだった。そして、頭の上をうるさく飛び回る敵機を撃ち落とそうと、機首に機銃を積んだ機体を作った。これがのちに軍用機の花形となる戦闘機のルーツ。その後、戦闘機はその武器を機銃から機関砲、ミサイルなどに変えながら、現在では対地攻撃などもその任務に加えられて、多用途化される傾向にある。

航空機の用途による分類

軍用機

戦闘機　　練習機
攻撃機　　給油機
爆撃機　　警戒機
輸送機　　など
偵察機

民間機

旅客機　　　　　　報道用機
個人所有機　　　　農業用機
警察、消防用機　　測量用機
　　　　　　　　　など

戦闘機の誕生

偵察機　●上空から、敵の配置や戦線の状況を観測する。

爆撃機　●偵察するついでに敵陣へ爆弾を投下する。

戦闘機　●偵察機や爆撃機を撃墜するために、機首などに機銃を搭載した。

その後、戦闘機同士の空中戦に発展した。

関連項目
●戦闘機の種類→No.002　　　　●戦闘機と攻撃機の違いは？→No.003

No.002
戦闘機の種類

戦闘機はさまざまな形に発達し、その時代においていろんな任務を負っている。ここでは戦闘機の大まかな分類をみてみよう。

●外形から見る分類

基本となるのはエンジンの数で、1基なら単発、2基なら双発となる。第一次大戦には主翼の枚数で単葉、複葉、三葉という区別もあったし、第二次大戦末期にはレシプロとジェットという**エンジン**の区別も出て来た。

どこを基地として運用されているかも重要な要素だ。通常は陸上機で、空母などに搭載されている艦載機(艦上機)、フロート付きの水上機がある。

●任務による区別

同じ機体がそのままで性質の異なる任務に使用されることもあるし、設計段階から特定の任務のために開発される機体もある。まず、もっとも**戦闘機**らしいのが制空戦闘機。戦闘空域の敵を制圧して制空権を得るための戦闘機。格闘性能が重要だ。迎撃戦闘機は要撃戦闘機、局地戦闘機、防空戦闘機などとも呼ばれるもので、自軍の基地上空や艦隊上空など限られた空域の防御を担当する。そのため、優れた上昇力、速度性能が必要で、地上の警戒システムとリンクしている機体も多い。爆撃機を護衛する任務のために設計されたものを、とくに護衛戦闘機と呼ぶこともある。戦闘機は爆弾などを搭載して対地攻撃も行えるが、武装搭載量の多い機体を戦闘爆撃機や、戦闘攻撃機と呼び、長距離侵攻戦闘機という分類もある。現在では制空、迎撃、援護の他、対地攻撃もできるという意味で、マルチロールファイター(多任務戦闘機)という呼び方も定着している。

第二次大戦からは夜間戦闘機が登場し、その対義語として昼間戦闘機という呼び方もあった。戦後、レーダーが発達すると全天候戦闘機が出現したが、全天候とは、目視ではなく計器やレーダーだけで任務が遂行できるという意味で、暴風雨でも飛べるということではない。また、現在では当たり前なので、わざわざ全天候戦闘機とは呼ばない。

外形による分類

エンジンの数　レシプロ機はプロペラの数を、
ジェット機は排気ノズルの数を数えるとわかりやすい。

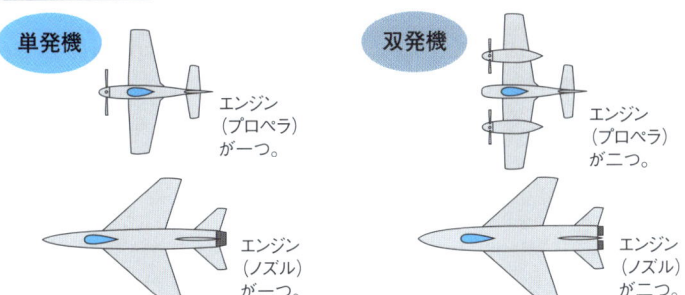

単発機
エンジン（プロペラ）が一つ。
エンジン（ノズル）が一つ。

双発機
エンジン（プロペラ）が二つ。
エンジン（ノズル）が二つ。

任務による分類

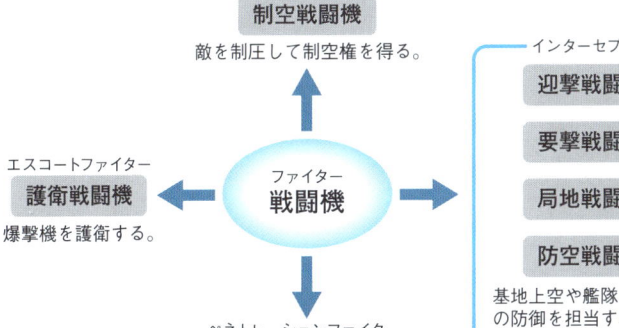

エアスペリオリティファイター
制空戦闘機
敵を制圧して制空権を得る。

インターセプター
- 迎撃戦闘機
- 要撃戦闘機
- 局地戦闘機
- 防空戦闘機

基地上空や艦隊上空などの防御を担当する。

エスコートファイター
護衛戦闘機
爆撃機を護衛する。

ファイター
戦闘機

ベネトレーションファイター
侵攻戦闘機
長距離を飛行して攻撃する能力を持つ。

マルチロールファイター
多任務を同一の機種でこなす。

関連項目
●戦闘機とはどんな航空機か？→No.001　　●エンジンの種類→No.096

No.003
戦闘機と攻撃機の違いは？

戦闘機は敵機と空対空戦闘をするための機体。攻撃機は空から地上や海上の目標に対して攻撃を加える機体だが、厳密な違いはどうだろうか。

●爆弾を落とす戦闘機

　第一次大戦ではヨーロッパ、第二次大戦では太平洋やヨーロッパなど世界各地の空でさまざまな空中戦が繰り広げられ、多くの**エース(撃墜王)**が誕生した。それは続く朝鮮戦争やベトナム戦争でも同じで、どちらの戦争でもソ連製のMiG-15/-17/-21戦闘機とF-86セイバーやF-4ファントムⅡとの空中戦は熾烈を極めた。しかし、湾岸戦争あたりからは戦闘機の運用方法に大きな変化が表れた。東西対決による冷戦が終結した後の戦闘では、アメリカ機対ソ連機というそれまであった構図がなくなってしまったのだ。イラクにおいてもアフガニスタンにおいてもアメリカ軍戦闘機の相手となる敵戦闘機がほとんど存在しなかったため、戦闘機同士による本格的な空中戦は行われていない。最近ではそれまでの戦闘機に対地攻撃能力を付加し、マルチロールファイターとして運用するのがスタンダードな流れになっている。F-15ではF-15Eという複座、対地攻撃用の派生型が作られ、艦隊防空戦闘機として開発されたF-14も後期には爆弾搭載能力を付加されていた(2006年に全機退役)。軽量戦闘機として設計されたF-16は戦闘爆撃機として発達、運用されており、F-18に至っては開発途中から呼称そのものがF/Aという戦闘攻撃機にされている。

　攻撃機は基本的に対空兵器を持たず、主に爆弾などの対地攻撃兵器を搭載するもの。米海軍には爆撃機というカテゴリーがないので艦載攻撃機がその任務を果たしていた。第二次大戦のF4U、朝鮮戦争のF9FやF2H、ベトナム戦争のF-4やF-105など実際に爆撃/攻撃機として運用された戦闘機は多いが、現在では開発の段階から戦闘機と攻撃機の任務を併せて持たせる傾向にある。とくに空母の限られたスペースで運用しなければならない米海軍ではA-6/-7の退役後、純粋な攻撃機は開発されていない。

任務による違い

戦闘機とは
- 空対空戦闘を担当する。
- 基地防空や編隊護衛を担当する。
- 機銃や空対空ミサイルを使用する。

攻撃機とは
- 対地攻撃を担当する。
- 敵地への攻撃を担当する。
- 爆弾や対地ミサイルを使用する。

アメリカ軍における歴史的変化

第二次大戦

- 海軍の空母艦載機では戦闘機が攻撃機や爆撃機を兼ることもあった。陸軍航空隊では一部を除き、戦闘機は本来の任務を担当した。

ベトナム戦争

- 海軍の空母艦載機だけではなく、海兵隊や空軍の戦闘機でも攻撃機や爆撃機のように対地攻撃/爆撃任務を担当することが多くなった。

湾岸戦争

アメリカ海軍
- 空母艦載機ではF/A-18のように、戦闘機と攻撃機の任務を同一機種でこなすようになった。

アメリカ空軍
- F-15Eのように、戦闘機から派生した戦闘攻撃機(マルチロールファイター)が誕生した。

関連項目
- エース(撃墜王)→No.022

No.004
Fって何？

アメリカ製の軍用機はアルファベットと数字の組み合わせで表される独自の呼称を与えられており、その機体の用途がすぐにわかる。

●軍用機の呼称と命名法

　米軍機の呼称はシンプルでシステマチックだ。米軍では空軍（陸軍）と海軍でまったく別の命名法を使用していたが、1962年に統一され、現在もそれが使用されている。米陸軍航空隊（1947年に空軍として独立）では、1947年まで**戦闘機**をPで表していたが、これは追撃機"Pursuit"の頭文字からとったもの。1948年以降は追撃機を戦闘機と呼ぶことにし、呼称も"Fighter"のFに変更された。これは1962年の三軍呼称統一以降、現在でも変わらず使用されている。一方の米海軍はもともと戦闘機にFという呼称を使用しており、1962年以降も呼称自体は変更されていない。また、1962年以前、海兵隊は海軍に、陸軍は空軍に準じた命名法を使用していた。

　陸海空の自衛隊では創立当時からアメリカ製の機体を使用していることもあり、米軍の呼称をそのまま適用している。なお、大戦中の日本機は九七式戦闘機や零式艦上戦闘機のように設計年（皇紀）の下2ケタ、または1ケタと用途名を組み合わせた呼称を使用しており、それとは別に陸軍は"キ"で始まる通し番号を、海軍はアルファベットと数字を組み合わせた製造記号を併用していた。ヨーロッパの国、とくにイギリスでは機種ごとに固有のニックネームで呼ばれることが多く、用途を表す記号はその後に付加されている。すなわち、名前だけでは用途を特定できない場合もあるということだ。例えば、国際協同開発されたトーネードでは、戦闘機型がトーネードF3、対地攻撃機型がトーネードGR.1（イギリス）と呼ばれている。ロシア（旧ソ連）ではメーカー（設計局）と設計順に付けられた番号の組み合わせを使用しており、MiG-29やSu-27という呼称だけではやはりすぐに用途を識別できるわけではない。大戦中のドイツでも、同じくメーカー記号と数字の組み合わせが用いられていた。

アメリカ製戦闘機の命名法

1947年までの陸軍航空隊

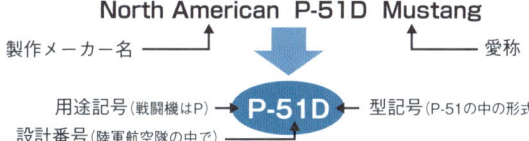

North American P-51D Mustang

- 製作メーカー名
- 愛称
- 用途記号（戦闘機はP）
- 型記号（P-51の中の形式）
- 設計番号（陸軍航空隊の中で）

1961年までの海軍

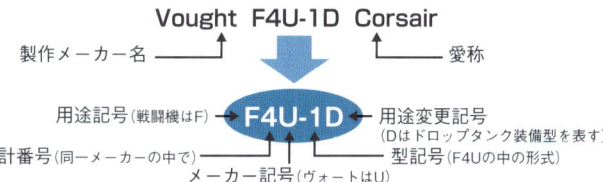

Vought F4U-1D Corsair

- 製作メーカー名
- 愛称
- 用途記号（戦闘機はF）
- 用途変更記号（Dはドロップタンク装備型を表す）
- 設計番号（同一メーカーの中で）
- 型記号（F4Uの中の形式）
- メーカー記号（ヴォートはU）

主なメーカー記号と使用例

- A→ブリュースター（F2Aバッファロー）
- B→ボーイング（F4B）
- C→カーチス（F11Cホーク）
- D→ダグラス（F4Dスカイナイト）
- F→グラマン（F6Fヘルキャット）
- H→マクダネル（F3Hデモン）
- J→ノースアメリカン（FJフューリー）
- U→ヴォート（F7Uカットラス）

1962年以降の三軍共通

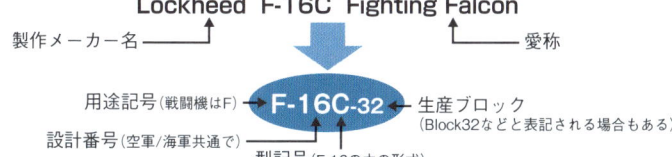

Lockheed F-16C Fighting Falcon

- 製作メーカー名
- 愛称
- 用途記号（戦闘機はF）
- 生産ブロック（Block32などと表記される場合もある）
- 設計番号（空軍・海軍共通で）
- 型記号（F-16の中の形式）

主な用途接頭記号/状況接頭記号と使用例

- 用途接頭記号（用途を変更したときなどに付加する）→ RF-4E
  - E→特殊電子機器搭載型（EF-111）
  - R→偵察型（RF-4）
  - T→練習型（TF-104）

- 状況接頭記号（特別な状態にあるときに付加する）→ XF-103
  - N→恒久特殊試験用機（NF-104）
  - X→試作機（XF-17）
  - Y→先行量産型（YF-22）

関連項目

- 戦闘機の種類→No.002
- 戦闘機の名前→No.005

No.005
戦闘機の名前

戦闘機の名前といっても、"イーグル"や"ホーネット"という愛称や、F-15、F/A-18という機種名などさまざまな呼び方がある。

●意外といいかげんな戦闘機の呼び名

現用アメリカ機の場合、F-15"イーグル"、F-14"トムキャット"という具合に、機種ごとに正式な機種名と愛称が付けられている。F-14を"エフじゅーよん"と呼んだり、ただの"じゅーよん"と呼んだり、"トムキャ"とか"トム"でも充分通じる(もちろん日本での話)。F/A-18の場合はE/F型をとくに"スーパーホーネット"と呼んでいる(ただし、海軍では機体のシルエットがサイに似ていることから"ライノ"という独自のニックネームを付けている)。一つの機種を呼ぶ場合、名前のどの部分をどう呼ぶかは、結構、ゆるい感じになっている。

●メーカー名だけだと……

メーカー名のみで呼ばれる場合はちょっとややこしい。朝鮮戦争で活躍したミグとベトナム戦争で活躍したミグとでは、同じミグでもまったく違う機体で、朝鮮戦争ではMiG-15。ベトナム戦争ではMiG-21だった(MiG-17もいたが)。ソ連(ロシア)の戦闘機はミグかスホーイでほぼ間違いないのだが、現在はミグと言えばMiG-29。スホーイと言えばSu-27/-35だ。第二次大戦中のドイツ機なども紛らわしい。"メッサーシュミット"とか"フォッケウルフ"とかメーカー名を言っても、爆撃機もあるし輸送機もある。時代を越えて同じ愛称というのも混乱する。"タイフーン"は第二次大戦中のイギリス戦闘機ホーカー・タイフーンだけでなく、現在ヨーロッパで使用されている最新鋭機ユーロファイター・タイフーンでもある。フランスの"ミラージュ"もややこしい。ミラージュⅢ、ミラージュF1、ミラージュ2000とあるし、ミラージュⅣは戦闘機ではなく戦略爆撃機だ。一口に呼び名と言っても、時代や国によっていろんな事情がある。なかなか奥の深いものだ。

戦闘機の呼び方

旧日本陸軍機

四式戦闘機 疾風（キ84）

採用年と機種 ──↑　　　↑　　　　↑── 簡略呼称
　　　　　　　　　　愛称

採用年と機種→	旧日本陸海軍共通で、採用された年（皇紀）の下1～2ケタと機種を組み合わせる。四式とは皇紀2604年（昭和19年/西暦1944年）に採用されたことを表す。百式司令部偵察機と零式艦上戦闘機のように、陸軍と海軍では皇紀2600年（昭和15年/西暦1940年）の扱いが異なる。
愛称→	愛称は軍民の区別なく使用されたが、とくに軍では"四式戦"などと呼ばれることが多かった。
簡略呼称→	昭和8年以降、陸軍が多くの機材に与えた呼称符号。キはキタイ（機体）を表し、他に、プロペラのプ、発動機のハなどがある。

現用のアメリカ軍機

Boeing F-15C Eagle

製作メーカー名 ──↑　　↑　　　　↑── 愛称
　　　　　　　　　機種名

製作メーカー名→	現在、アメリカの現用戦闘機はボーイングとロッキードマーチンでほぼ二分されている。F-15やF/A-18などマクダネルダグラス（MD）社の機体は、ボーイング社と合併したため、現在ではボーイング製となっているが、ボーイングは旅客機のイメージが強く、戦闘機では違和感がある。
機種名→	1962年以降のアメリカ軍機の場合、戦闘機はFで始まる。
愛称→	アメリカ軍だけでなく、世界中で使われているニックネーム。メーカーが決めたり、公募したり、決まり方はいろいろ。複数の呼び名を持つ機体もある。

ロシア（旧ソ連）軍機

MiG-29 フルクラム

製作メーカー名 ──↑　　↑　　↑── 愛称
　　　　　　　　設計番号　（NATOコードネーム）

製作メーカー名→	ロシア（旧ソ連）軍機の場合、メーカー（設計局）名の頭文字などの略称を使用する。MiGはミコヤン・グレビッチの頭文字からMとGが大文字で表記される。他にSuスホーイ、Tuツポレフなどの設計局がある。
設計番号→	同一設計局内で設計順に与えられる番号。機種による区別はない。
愛称→	ロシア機には旧西側諸国で使用されているNATOが付けたコードネームと自国のニックネームがある。ちなみにMiG-29フルクラムは、ロシアではラースタチュカ（燕）。スホーイSu-27フランカーはジュラーヴリク（鶴）と呼ばれている。

関連項目
● F って何？→No.004

No.006
戦闘機の航続距離

どれくらい遠くまで、どれくらい長い時間飛べるのか。スピードとともに、飛行可能な距離も戦闘機にとっては重要な性能要素だ。

●飛び方によって変わる航続距離

　戦闘機は爆撃機などに比べて機体のサイズが小さく、機体内部の燃料搭載量が少ない。多くの機体では胴体後部や主翼の内部に機内**燃料タンク**を持っており、それに加えて、任務により主翼や胴体の下にポッド型の外部燃料タンク（増槽タンク）を搭載する。目標空域までの距離や滞空時間、同時に搭載する武装などによって燃料タンクの数なども制限される。

　自動車と同じように、飛行機でも飛行状況によって燃費が変わる。一般的に、高高度を巡航速度で飛べば燃費は良くなり、空気抵抗の大きい低高度を高速で飛行すれば悪くなる。もちろん、燃料を余分に消費するアフターバーナーを多く使用すれば燃費は悪くなる。現代の戦闘機の航続性能には"フェリー距離"と"戦闘行動半径"と呼ばれるものがあり、前者は外部タンクを含めた最大燃料搭載量でもっとも燃費の良い飛び方をした時の距離を、後者は基地から作戦空域まで進出し、実際に定められた何種類かのミッションをこなして基地へ安全に帰投できる距離を表している。

●理論上は無限に飛べるが……

　第二次大戦中、敵地へ侵攻する爆撃機の護衛任務において、戦闘機の航続距離を伸ばすことは大きな課題だった。実際、イギリスからドイツ本土爆撃に向かった連合軍爆撃機はドイツ戦闘機の迎撃により大きな損害を出したが、航続距離の長いP-51ムスタングが援護するようになるとその損害は少なくなった。現在の軍用機は、大戦後に実用化された**空中給油**システムによって、理論上、無限に飛べるようにはなった。部隊移動や長距離作戦ではアメリカ本土からアジアや中東まで無着陸で飛行することもあるが、多くの場合はパイロットの疲労や弾薬の補給という大きな要因があるため、数時間程度というのが一つの目安となっている。

航続距離の変化

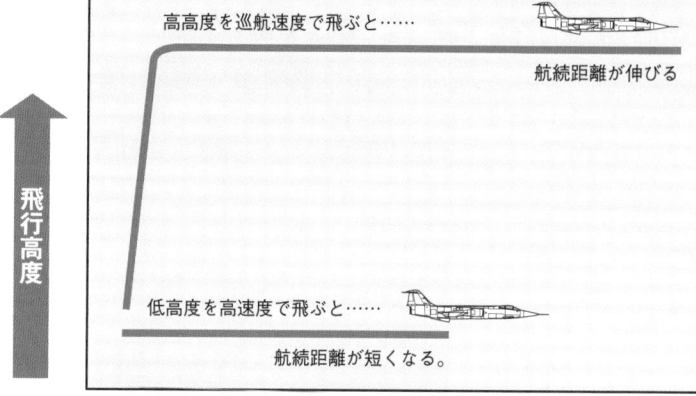

航続距離の変化

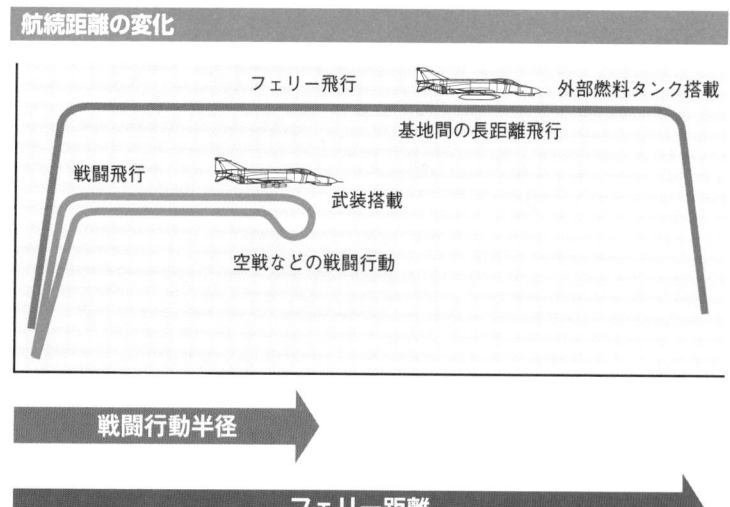

関連項目

●空中給油→No.056　　　　　　　　　●燃料タンク→No.109

No.007
戦闘機ってどんな形?

レシプロ、ジェットにかかわらず、戦闘機はいつの時代も、もっとも効率的なデザインを常に求め、その性能を最大限に引き出している。

●レシプロ戦闘機のレイアウト

　戦闘機は最前線で戦うことを要求されている。戦闘機にとって重要なのはスピードと格闘性能で、そのために機体を絞り込み、各装置を効率的に配置する設計に苦心する。とくに第二次大戦頃までは、航空機自体がまだ未熟で用兵思想が確率せず、さまざまなデザインの機体が作られていた。

　重心位置に影響するエンジンの配置は重要だが、コクピットは主翼と胴体が交わる機体の中心に置くことが多いので、必然的に**エンジン**とプロペラはその前になる。燃料タンクはコクピットの後方胴体内と主翼内に搭載されることが多いが、充分な防弾、防火処理をしていないと命取りとなる。

　初期に複葉だった主翼は、第二次大戦前には単葉になり、同時に大きな抵抗となる主脚も引き込み式になった。主翼の取り付け位置も中翼から抵抗の少ない低翼へと変化している。

●ジェット戦闘機のレイアウト

　ジェット機では、機体の基本レイアウトを決めるのはエンジンとエアインテイクの位置。エンジンの数と搭載位置が決まれば、エアインテイクとその間を繋ぐダクトの配置も限られてくる。ジェット戦闘機の場合は、旅客機のような主翼下のポッド式ではなく、胴体内にエンジンを収納する。また、F-14/-15やMiG-29、Su-27ではエアインテイクを主翼下面に配置していたが、F-22/-35などのステルス機では胴体側面に配置している。

　主翼配置は、初期のジェット機ではレシプロ機と同様に低翼だったが、ジェットエンジンの性能が上がってくると、逆に中翼や高翼配置になって、主翼の下に武装や燃料タンクを搭載するようになった。ジェット戦闘機では主翼が薄く、主翼内の燃料タンクに充分なスペースが確保できないため、コクピット後方の胴体内に大きな燃料タンクを内蔵している。

レシプロ戦闘機のレイアウト

P-51D ムスタング

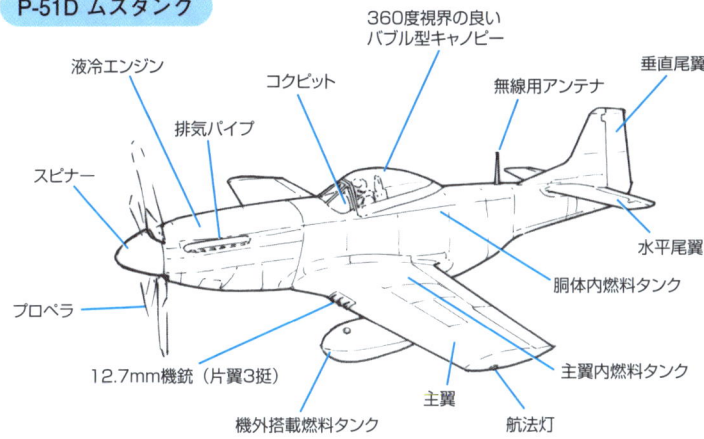

ジェット戦闘機のレイアウト

F-16CJ ファイティングファルコン

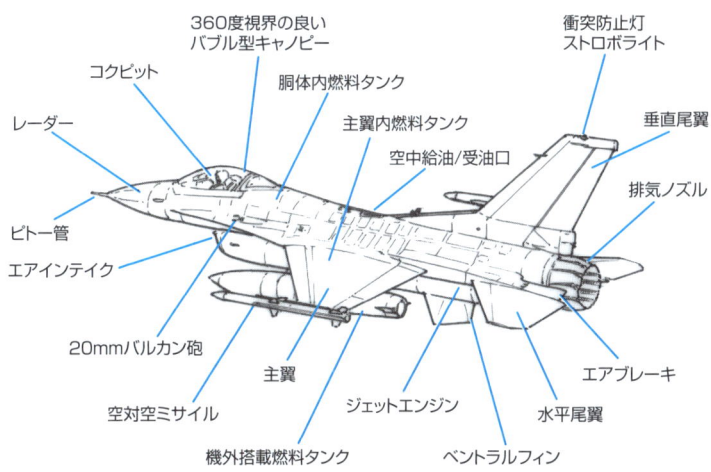

関連項目
- ●エアインテイク→No.091
- ●エンジンの種類→No.096

No.008
戦闘機の燃料はガソリン?

戦闘機は何を燃料にして飛んでいるのだろうか。空港の送迎デッキなどでは、どこかで覚えのある独特の臭いがするが、あれは何だろう。

●ガソリンと灯油

　航空機の燃料は、それほど特殊なものを使っているわけではない。構造的に自動車と同じ**レシプロエンジン**はガソリンを使い、燃料自体を燃焼させて推進力としている**ジェットエンジン**はストーブと同じ灯油を使っている。

　航空機のエンジンは、地上で運転される自動車などとは比べ物にならない過酷な条件下で運転される。ピストンエンジン(プロペラ機)に使用する燃料は有鉛ガソリンで、アンチノック性が高くなるようにオクタン価は高くなっている。現在、ガソリンスタンドなどで販売されているオクタン価の高い無鉛ハイオクガソリンとは、ノッキングを起こしにくくなるイソオクタンの割合が96～100%のものだ。

　70年程も前の第二次大戦中、ドイツ空軍で使用された燃料は87オクタンのB4燃料、96オクタンのC3燃料などだった。アメリカ陸軍では100オクタンが標準で、ベンゾールなどの添加剤を混ぜて出力価を130としたグレード100/130などを使用していた。

●ケロシン

　ジェットエンジンが使用する燃料は灯油とほぼ同じものだが、高度10,000m以上の低圧や低温にも耐えなければいけないので、市販の灯油と比べると精製度は高く、添加物の規格も厳しい。日本ではジェット燃料のことをとくにケロシンと呼ぶが、ケロシンとは英語で「灯油」の意味だ。

　ジェット燃料はケロシン系(JET-A)とケロシンにガソリンを混ぜたワイドカット系(JET-B)に分けられ、民間機はケロシン系を使用する。米軍では種類や使用目的によって、JP-4～8などの種類があり、空軍がワイドカット系のJP-4、海軍がケロシン系のJP-5を使用していたが、空軍は1996年までにケロシン系のJP-8に切り替えている。

航空機の燃料

機種ではなく、エンジンの種類によって燃料が違う。

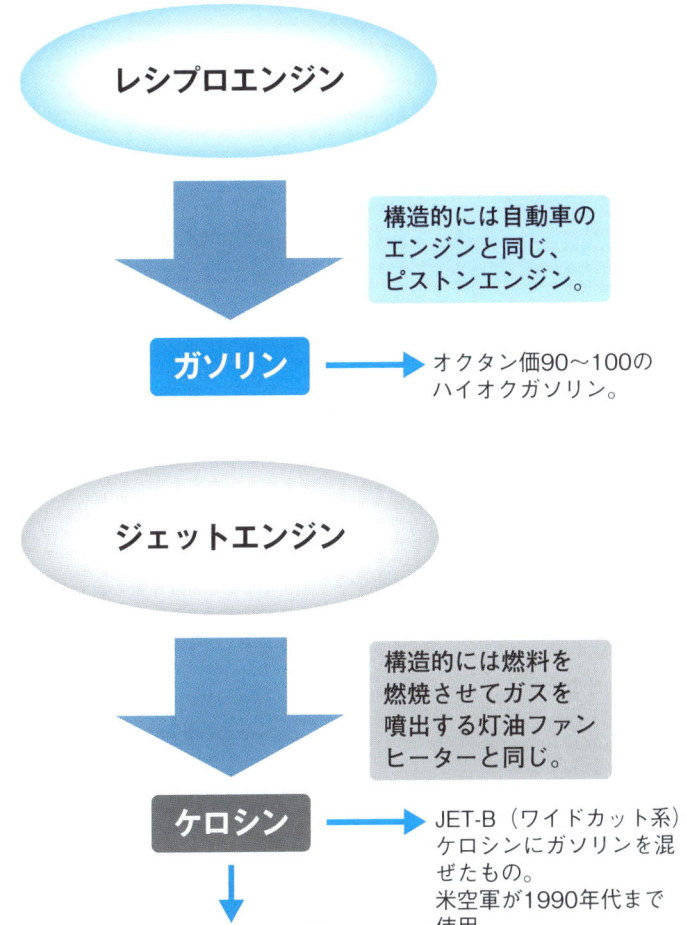

関連項目
●レシプロエンジン→No.097　　　●ジェットエンジン→No.099

No.009
戦闘機は何人乗り？

戦闘機はパイロット一人だけが乗ると思いがちだが、写真などを良く見ると二人乗りも結構ある。どんな違いがあるのだろうか。

●単座型と複座型

　戦闘機のような小型機はもともと一人乗りが基本。第一次大戦から第二次大戦を経て1950年代頃まで、ファイターパイロットは狭い**コクピット**の中で、操縦、索敵、戦闘行動などを一人でこなしていた。1950年代になってレーダーを搭載した全天候戦闘機が出現すると、レーダー操作や航法を担当する乗員が必要になり、前後のタンデム式に座席を配置して後席をレーダー/航法士席とした。世界初の実用全天候ジェット戦闘機であるロッキードF-94やノースロップF-89など、当時の大型戦闘機はだいたいこの方式の複座型だったが、このスタイルを定着させたのはなんといっても世界中で使用されたF-4ファントムⅡだ。とくに海軍型のF-4では前席はパイロット、後席はRIO（レーダー迎撃士官）と役割分担が徹底しており、操縦できるのは前席だけだ（空軍型は前後とも操縦桿がある）。この方式は続くF-14トムキャット、F/A-18Fスーパーホーネットにも受け継がれている。米空軍では迎撃任務の要素が濃いのでF-15やF-16、そして新鋭のF-22も基本的には単座型だが、対地攻撃能力を強化したF-15Eストライクイーグルなどの複座型もある。

●サイド・バイ・サイド

　複座型の機体は、座席が前後に並んだものがほとんどだが、F-111やSu-34のように並列配置された機体もある。ただ、どちらも純粋な戦闘機ではなく戦闘攻撃機や戦闘爆撃機に分類される機体で、実際には長距離侵攻任務に使用されるもの。飛行時間が長いから互いに顔を見て話をしながらのんびりと、ということでもないのだろうが……。他に今までに作られた並列配置の機体はTF-102やBAeライトニングTのように練習機として派生したもの。これはコミュニケーションが取りやすそうだ。

単座から複座へ

ロッキード P-80 シューティングスター

アメリカ初の実用ジェット戦闘機
1944年初飛行

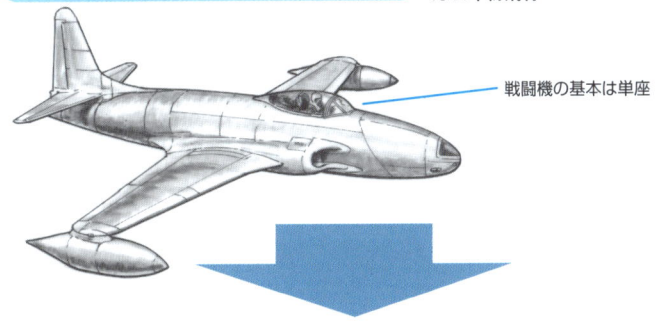

戦闘機の基本は単座

ロッキード F-94C スターファイアー

世界初の実用ジェット全天候戦闘機
1949年初飛行

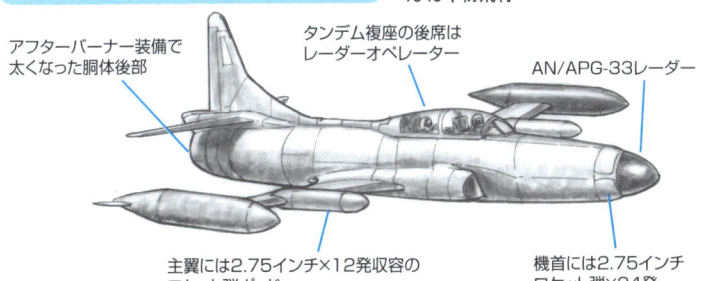

アフターバーナー装備で太くなった胴体後部

タンデム複座の後席はレーダーオペレーター

AN/APG-33レーダー

主翼には2.75インチ×12発収容のロケット弾ポッド

機首には2.75インチロケット弾×24発

F-94は朝鮮戦争で活躍したP-80の複座練習機型T-33をベースに作られた全天候戦闘機。世界初の本格的な全天候戦闘機F-89スコーピオンより早く実戦投入され、朝鮮戦争でも戦果を挙げた。

サイド・バイ・サイド

コンベアF-102Aデルタダガーの練習機型として作られたTF-102A。短剣のように鋭い形だったF-102Aの機首をむりやり左右に広げて並列複座とした。キャノピー部分の幅は元になったF-102Aの2倍もある。

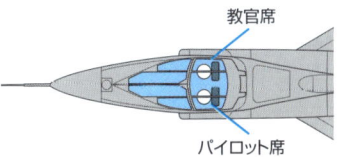

教官席

パイロット席

関連項目
- 戦闘機ってどんな形？→No.007
- コクピット→No.103

No.010
コクピットでは何をしてるの?

戦闘や訓練でない時、コクピットという孤独な場所でパイロットは何をしているのだろう。居眠りはできるのだろうか。

●コクピットの居住性

　戦闘機の**コクピット**はとことんスペースを切り詰めた窮屈な仕事場だ。現代のジェット戦闘機でも、標準的な射出座席のシート幅は50cm程度なので、欧米系のゴツいパイロットなら飛行服やパラシュートを装備して乗り込むだけでも一苦労だ。長いフライトで疲れたからといって、座席を立って体操するわけにもいかず、足元にはフットペダルがあるので思うように足を伸ばすこともできない。現在では目的空域に到着するまでの巡航飛行はオートパイロット。ほぼ何もしなくても飛んでくれる。エアコン完備でコクピット内の温度調節は大丈夫だが、大きな**キャノピー**からは燦々と陽光が降り注いでコクピットは温室状態。長時間の飛行ではついウトウトと居眠りをしそうになることもある。眠気覚ましのために、一人の場合は大声で歌ったり(もちろん無線は切る)、二人乗りの場合は前後で世間話(あのゲームはどこまでクリアしただの、基地の近くに新しい飲み屋ができただの)をすることもある。

●食事とトイレは?

　輸送機や哨戒機などの大型機では、機内に余裕があるので簡単なギャレーやトイレがある。戦闘機としては珍しく並列複座で"キャビン"を持つSu-34には簡易トイレと電子レンジがあり、温かいボルシチが食べられるらしいが、ほとんどの戦闘機ではそんなぜいたくは望めない。いったん乗り込んでキャノピーが閉まれば、着陸してキャノピーが開くまで座ったまま。食事は事前に済ませるとしても、トイレは何があっても我慢。事前にわかっている訓練ならまだしも、アラート待機の場合はいつ緊急発進がかかるかと気が気ではない。ファイターパイロットたるもの、体調を整え、いつでもレディトゥフライでなければならないのだ。

結構ツライコクピット

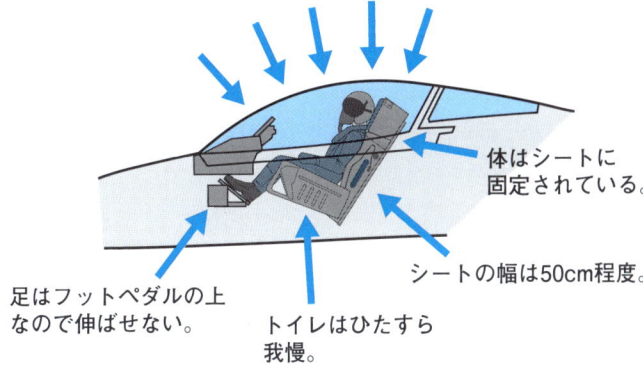

大きなキャノピーからは陽光が降り注ぐ。

体はシートに固定されている。

シートの幅は50cm程度。

足はフットペダルの上なので伸ばせない。

トイレはひたすら我慢。

理屈では自動車で高速道路を運転しているのと同じだが、疲れたからちょっとサービスエリアへ、といかないのがツラいところだ。
眠気ざましに大声で歌うこともある。

複座型だと少しは楽?

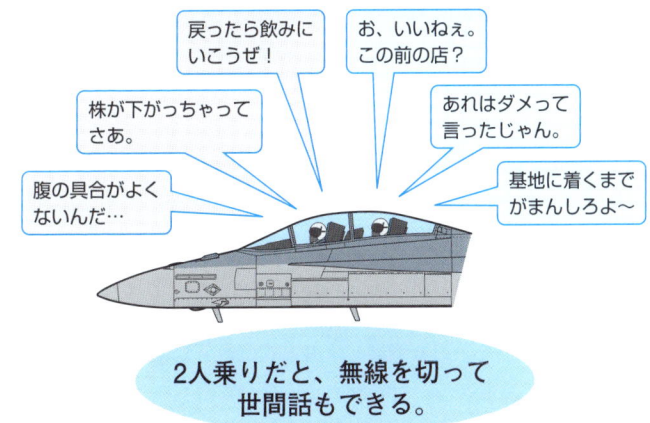

戻ったら飲みにいこうぜ！

お、いいねぇ。この前の店？

株が下がっちゃってさあ。

あれはダメって言ったじゃん。

腹の具合がよくないんだ…

基地に着くまでがまんしろよ〜

2人乗りだと、無線を切って世間話もできる。

関連項目

●キャノピー→No.102　　　●コクピット→No.103

No.011
パイロットの装備

戦闘機の発達に従って、パイロットの服装や装備も変化している。高空を音速の2倍で飛ぶ現代のパイロットの装備はどんなものだろうか。

●乗馬服と防寒具

第一次大戦の頃、大空の冒険者だったパイロット達は、乗馬服や軍服のまま、吹きさらしの**コクピット**で操縦桿を握った。頭には耳までを被う飛行帽をかぶり、小さなゴーグルを着けていた。それほど高空を飛ばないとは言え、冬は零下が当たり前の上空では、レザー製のコートやボア付きジャケット、マフラーなどは必需品だった。今では当たり前の装備となった航空機用パラシュートが実用化されたのは大戦末期の1917年のことだった。

●酸素マスクと通信装置

1930年代になると装備も近代化され、手袋や靴下にまで電熱線が仕込まれた耐寒飛行服も実用化された。ヘッドギア（飛行帽）には無線レシーバーが付き、騒音の中でも聞き取りやすい咽頭マイクも使用された。パラシュートは尻の下にクッション代わりに装着し、海上飛行の場合は救命胴衣も必需品だった。不時着時のサバイバルキットも充実していた。

●耐Ｇ装備

第二次大戦後、ジェット戦闘機が出現した後も、しばらくは大戦中とほぼ同じ装備だったが、速度が音速を超え、高速での機動が増えるようになると、パイロットに高いＧがかかり血液が下肢に下がることによるブラックアウト（酸素不足による失神）が問題となった。その対策として開発された、圧搾エアを流し込んで下肢を圧迫する耐Ｇスーツは、ジェット戦闘機では標準装備になった。最近では、より高機動飛行に耐えるため、胸部を圧迫する耐Ｇベストもある。前方が大きく膨らんだヘルメットのバイザー内側に**HUD**と同様の情報を投影するHMD（ヘルメットマウンテッドディスプレー）も実用化されている。F/A-18E/FやF-22などで使用されているJHMCSでは、見た方向の視界がそのままミサイルの照準となる。

パイロット装備の発達

1910年代末 米海軍

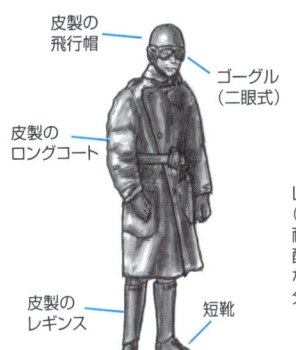

- 皮製の飛行帽
- ゴーグル（二眼式）
- 皮製のロングコート
- 皮製のレギンス
- 短靴

2000年代 米空軍
コンバットエッジ（耐Gタイプ）

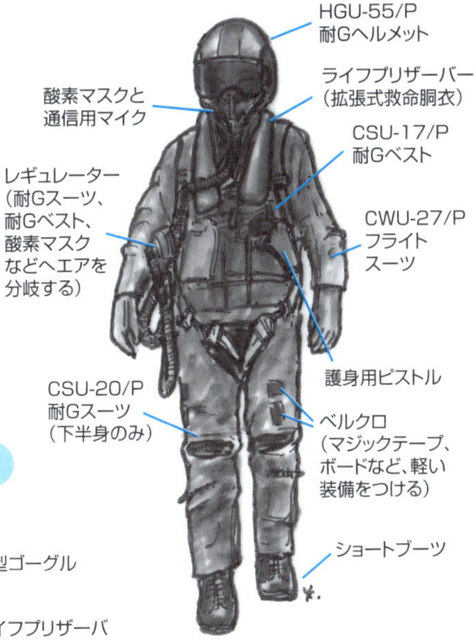

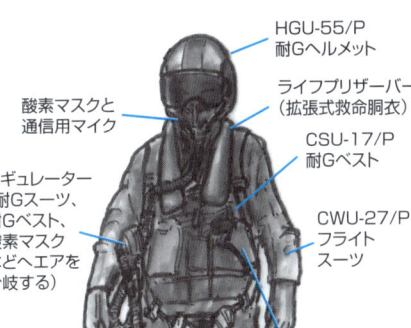

- HGU-55/P 耐Gヘルメット
- ライフプリザーバー（拡張式救命胴衣）
- 酸素マスクと通信用マイク
- CSU-17/P 耐Gベスト
- レギュレーター（耐Gスーツ、耐Gベスト、酸素マスクなどへエアを分岐する）
- CWU-27/P フライトスーツ
- 護身用ピストル
- CSU-20/P 耐Gスーツ（下半身のみ）
- ベルクロ（マジックテープ、ボードなど、軽い装備をつける）
- ショートブーツ

1940年代前半 米海軍
艦載機、洋上飛行用

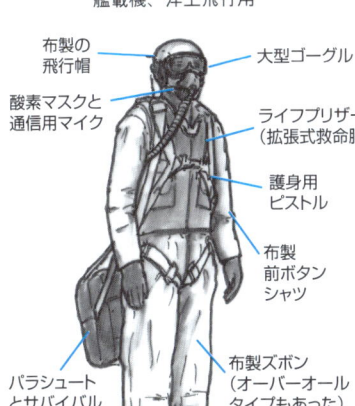

- 布製の飛行帽
- 大型ゴーグル
- 酸素マスクと通信用マイク
- ライフプリザーバ（拡張式救命胴衣）
- 護身用ピストル
- 布製前ボタンシャツ
- パラシュートとサバイバルキット
- 布製ズボン（オーバーオールタイプもあった）
- 短靴

Joint Helmet Mounted Cueing System

大型バイザーの内側にAIM-9Xなどのミサイル照準が表示される。

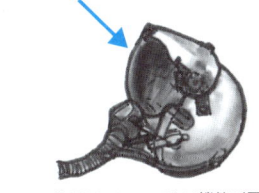

F-35で使用されるHMDSとは機能が異なる。

関連項目

●ガンサイトとHUD→No.093　　●コクピット→No.103

No.012
戦闘機の材料

低空をのどかに飛ぶ複葉機から、高空を超音速で飛ぶジェット機にまで発達した戦闘機は、どんな材料で作られているのだろうか。

●戦闘機の構造

　第一次大戦時代、多くの戦闘機は**木製**のフレームに布張りで、ワイヤーなどで補強されており、一部、鋼管フレームを使用した機体もあった。このようにフレームや枠で基本形を作り、その上から布などの外皮を貼った構造をトラス構造(枠組み構造)という。基本構造となる枠組みを持たず、木材や金属で作った外皮の内側に縦貫材やフレームを付け、両方に強度を持たせる構造をセミモノコック構造と言い、外皮だけで強度を持たせる構造をモノコック構造と言う。現在、戦闘機で一般に用いられているのは、強度が必要な部分に桁材を使用したセミモノコック構造だ。

●戦闘機の材料

　世界初の全金属製戦闘機は1918年に登場したユンカースD.Iで、第二次大戦にかけて、戦闘機は全金属製、単葉が主流となっていった。アルミに銅、マグネシウム、マンガンなどを混ぜたジュラルミンが基本で、強度を上げた超ジュラルミン、亜鉛を配合した超々ジュラルミンが1930年代に開発され、現在、さまざまな特性を持つアルミ合金が使用されている。

　超音速飛行の機体表面や、エンジン周りなど高温になる部分用にはチタン合金が開発された。チタン合金を初めて多用したのがロッキードSR-71/YF-12で、**マッハ3**で飛行する機体の95%がチタン合金だった。

　1960年代後半から金属に変わる材料として開発されたのが、ガラス繊維を樹脂で固めたFRPや炭素繊維をエポキシ樹脂で固めたものと合金類を合わせた複合材料。現在、複合材料は胴体、主翼の外皮だけでなく、力がかかる主翼桁やフレーム、尾翼などにも使用されている。F-22の材料使用比率はアルミ合金22%、チタン合金40%、複合材料25%になっており、複合材料は大きな圧力窯に入れて製造される。

戦闘機の材料の進化

1910～20年代
複葉プロペラ機

木製リブや鋼管フレームに布張りまたは合板張り。

1930～40年代
単葉プロペラ機

アルミ合金（ジュラルミン）を使用した全金属製。外皮の一部は布張り。

1950～60年代
ジェット機

アルミ合金（ジュラルミン）を使用した全金属製。一部にスチールやチタン合金を使用。

1970～80年代

アルミ合金（ジュラルミン）を中心にチタン合金の割合が増える。一部に複合材料を使用。

1990年代～

複合材料の割合が1/4程度にまで増える。

F-16の機体材料

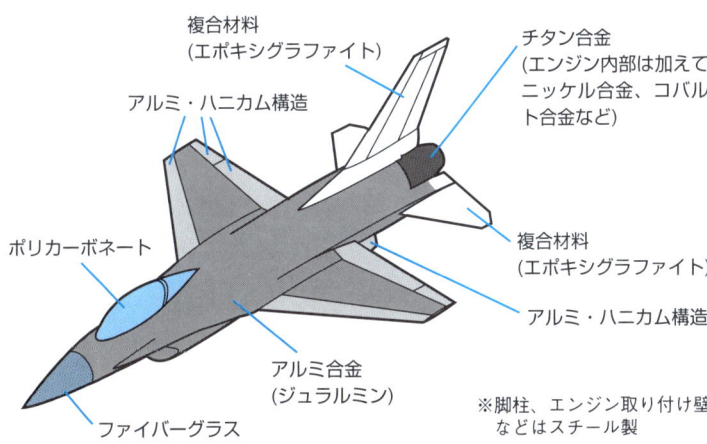

複合材料（エポキシグラファイト）
アルミ・ハニカム構造
チタン合金（エンジン内部は加えてニッケル合金、コバルト合金など）
ポリカーボネート
複合材料（エポキシグラファイト）
アルミ・ハニカム構造
アルミ合金（ジュラルミン）
ファイバーグラス
※脚柱、エンジン取り付け壁などはスチール製

関連項目
●マッハ3の夢→No.042　　●木製戦闘機→No.071

No.013
戦闘機の塗装

軍用機は敵から発見されにくいように迷彩を施している。迷彩をまとって敵から身を隠すことは、戦いの第一歩だ。

●相手を欺く

　迷彩とは、字のごとく敵を欺き迷わせる塗装だが、第一次大戦の**エース**機には機体を全面赤や黒、目立つストライプなどに塗装して、自分の存在をアピールする塗装も見られた。ドイツ機は数色の小さな六角形で塗り分けたローゼンジ・パターンという特殊な迷彩を施しており、連合国機では機体や翼上面を茶色や緑で雲型に塗装する迷彩もすでに用いられていた。迷彩と言えばこの雲型迷彩を連想しがちだが、機体全面を単色で塗装するのも立派な迷彩。要は、発見され難ければいいのだ。

　第二次大戦で、日本海軍は飛行中に下から見られる機体下面を空に溶け込みやすいライトグレーに、上から見られる機体上面を海に溶け込みやすいダークグリーンに塗装していた。世界的には、このような上面が暗く下面が明るい上下2色迷彩が現在でも基本で、陸地上空を飛ぶことが多い機体は上面の塗装を2色以上の雲型迷彩に塗装している。第二次大戦から朝鮮戦争の頃の夜間戦闘機は機体全面や機体下面を黒で塗装していた。

●カウンターシェード迷彩

　1980年代から米軍で使用されている迷彩は、光の当る、出っぱった部分を暗く塗り、影になる部分を明るく塗って、視覚的に機体の凹凸をなくすという概念で、カウンターシェードまたはロービジビリティ塗装と呼ばれる。塗装には2～3色のグレイを使用しており、国籍マークや部隊マークなど通常はカラフルな部分もグレイ化されている機体が多い。

　ロービジ塗装機にはキャノピーと対称位置の胴体下面に、黒やダークグレイでキャノピーの形を塗った機体もある。この冗談のような偽キャノピーは、近距離のドッグファイトにおいて、相手に自機の姿勢や飛行方向を一瞬見誤らせるのに充分な効果がある。まさに欺瞞とかく乱だ。

迷彩のいろいろ

上面1色の迷彩 ●第二次大戦中、日本海軍機が施した迷彩

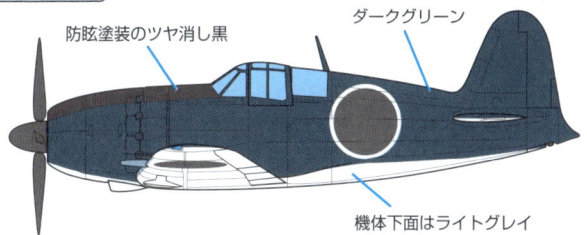

- 防眩塗装のツヤ消し黒
- ダークグリーン
- 機体下面はライトグレイ

機体上面のダークグリーンは海に溶け込むように、機体下面のライトグレイは空に溶け込むように、それぞれ考案されたもの。

上面3色の迷彩 ●ベトナム戦争で米空軍機が施した迷彩

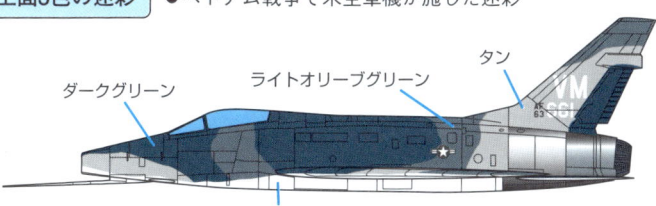

- ダークグリーン
- ライトオリーブグリーン
- タン
- 機体下面は白

機体上面の3色は、ジャングルに溶け込むように考案されたもの。東南アジア塗装とも呼ばれる。

カウンターシェード迷彩 ●現用米海軍機が施している迷彩

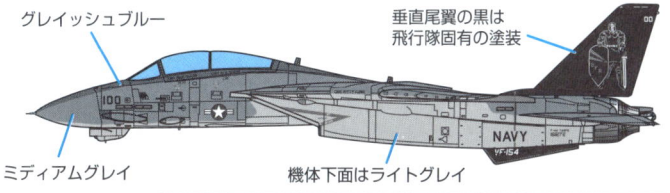

- グレイッシュブルー
- 垂直尾翼の黒は飛行隊固有の塗装
- ミディアムグレイ
- 機体下面はライトグレイ

明度の異なる3色のグレイによって、機体の凹凸を打ち消す塗装。

※図中の色名は正式名ではない。

関連項目

●エース（撃墜王）→No.022　　●記念塗装→p.240

No.014
最大の戦闘機は？

戦闘機は小型で小回りの効く機体というイメージがあるが、今までには爆撃機顔負けの大きな機体もあった。

●戦闘機の大きさ制限は？

　戦闘機は主に空対空の戦闘を任務とするため、コンパクトに設計されている。爆撃機や輸送機は搭載量の多さが特徴となるのでケタ違いの大型機もあるのだが、戦闘機は常に対重量効果や重量推力比の向上が求められている。第一次大戦時、戦闘機は木製羽布張りの複葉で全長は7〜8m程度だった。第二次大戦に機体は金属製となり、全長は10m前後となった。戦後、ジェット化された機体は大きくなり、現在はF-15が全長19.5m、Su-27が機首プローブを含んで全長約21.9m。だいたい20m前後だ。果たすべき任務に対するサイズや重量を突き詰めていくと、今の技術ではこの位のサイズが適当なところだということなのだろう。

　現在までに戦闘機として開発された中で最大の機体は1957年に初飛行したソ連製のツポレフTu-128フィドラーだ。全天候長距離迎撃戦闘機として設計された本機は、機首に大型の索敵レーダーを搭載。武装はAA-5アッシュ空対空ミサイル4発で、全幅19.8m、全長27.4m、最大離陸重量45tだった。広大な領土を持つソ連故、迎撃機といえども長い航続距離（本機は3,200km程度だが）を要求されたため、燃費の悪い当時のエンジンではこのサイズにならざるを得なかった。第二次大戦のヨーロッパ戦線で活躍したボーイングB-17爆撃機が全幅31.6m、全長22.6m、総重量29.7t、航続距離3,220kmであったことと比べると、Tu-128がいかに戦闘機らしくない機体だったかがわかるだろう。ツポレフは輸送機や爆撃機などの大型機専門メーカーなので、機体をコンパクトにするという考えがそもそもなかったのかも知れないが、ただ単に**対空ミサイル**の運搬機としてだけなら機動性はそれほど必要ないので、大きさはあまり気にする必要もなかったはずだ。

史上最大の戦闘機

ツポレフ Tu-128 フィドラー

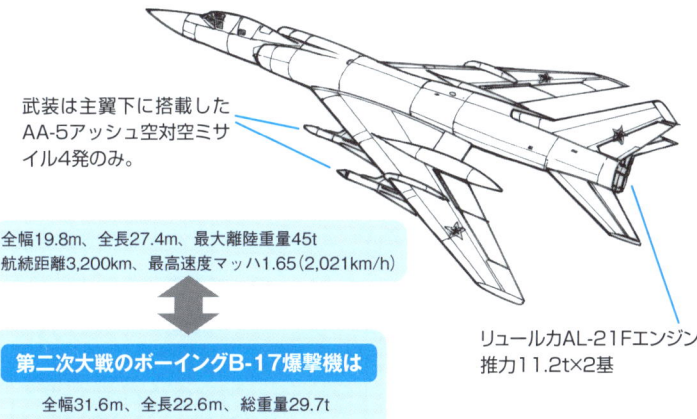

武装は主翼下に搭載した
AA-5アッシュ空対空ミサ
イル4発のみ。

全幅19.8m、全長27.4m、最大離陸重量45t
航続距離3,200km、最高速度マッハ1.65（2,021km/h）

⇕

第二次大戦のボーイングB-17爆撃機は

全幅31.6m、全長22.6m、総重量29.7t
航続距離3,220km、最高速度430km/h

リュールカAL-21Fエンジン
推力11.2t×2基

戦闘機サイズ比較

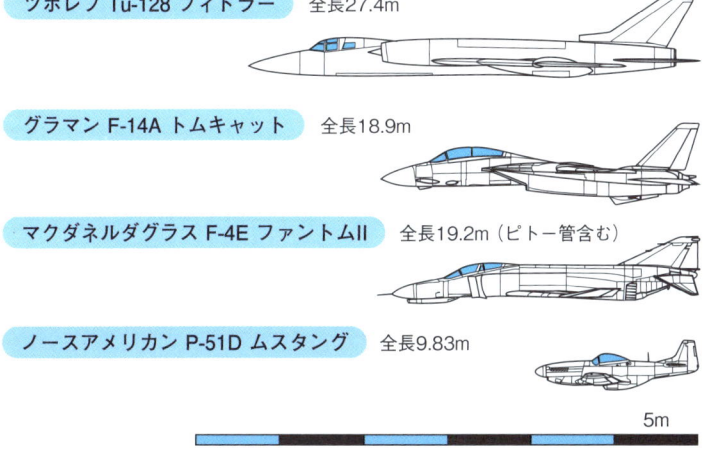

ツポレフ Tu-128 フィドラー　全長27.4m

グラマン F-14A トムキャット　全長18.9m

マクダネルダグラス F-4E ファントムII　全長19.2m（ピトー管含む）

ノースアメリカン P-51D ムスタング　全長9.83m

5m

関連項目

●空対空ミサイル→No.053

No.015
もっとも速い戦闘機は？

相手の見えない所から、相手より速く近づき、そして相手より速く飛び去る。スピードは戦闘機にとって大きな武器だ。

●航空機の進化

1903年12月17日にライト兄弟が人類初の動力飛行を行ったときの最大時速は約48km/h。1912年にはフランスのデュペルデュサン・レーサーが時速209km/hをマークし、1930年代にイタリアのマッキMC.72が、水上機であるにもかかわらず時速709km/hをたたき出した。

第二次大戦、各国の主力戦闘機の最高速度は軒並み時速600～700km/hとなり、ドイツの**ジェット戦闘機**Me262の最高速度は870km/hをマークした。大戦後の1947年10月14日、アメリカ空軍のチャック・イェーガーがロケットエンジン装備のテスト機X-1で人類史上初めて音速を超えることに成功した。現在、有人機の最高速度は同じくロケットエンジン機のX-15が1967年10月3日に記録したマッハ6.7(高度31,100m)。ほとんど宇宙船だ。

●ジェット戦闘機の発達

速ければそれだけで敵に勝てるのかと言われれば、もちろんそんなわけはないのだが、戦闘機にとって速度性能がもっとも重要な性能であることは間違いない。

第二次大戦後、アメリカとソ連はドイツからもたらされた技術を基にジェット戦闘機の性能を向上させた。**世界初の超音速戦闘機**はF-100で、1954年に初飛行したF-104は初のマッハ2級戦闘機となった。その後、現在に至るまで戦闘機の最高速度はだいたいマッハ2～2.5あたりまでで、これは、空対空ミサイル主体の空中戦では過剰な速度性能は必要ないということだ。今までに量産された戦闘機の中でもっとも速い速度性能を持っているのはMiG-25/-31。試作だけに終わったアメリカのマッハ3級爆撃機B-70を迎撃するために開発された機体で、マッハ2.8～3.2程度で飛行できると言われている。

スピードにみる航空機の発達

音速突破以前

ライトフライヤー	1903年	48km/h
デュペルデュサン レーサー	1912年	209km/h
カーチス R2C レーサー（水上機）	1923年	429km/h
マッキ MC.72 レーサー（水上機）	1934年	709km/h
メッサーシュミット Me209	1938年	755km/h
メッサーシュミット Me262	1942年	870km/h

音速突破以後

ベルX-1	1947年	マッハ1.06
ダグラス D-558	1953年	マッハ2
ノースアメリカン X-15	1960年	マッハ3.19
	1967年	マッハ6.72

ジェット戦闘機のスピード

F-86F セイバー	1947年	1,100km/h
F-100D スーパーセイバー	1953年	マッハ1.28
F-104C スターファイター	1954年	マッハ2.2
F-4E ファントムII	1958年	マッハ2.4
MiG-25P フォックスバット	1964年	マッハ2.8

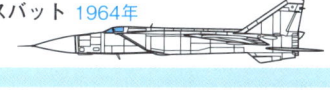

マッハ3　　　　マッハ2　　　マッハ1（時速1225km）　時速600km

関連項目
- 世界初のジェット戦闘機→No.020
- 世界初の超音速ジェット戦闘機→No.021

No.016
もっとも多く作られた戦闘機は？

航空機は工業製品であり、基本的には量産品だ。発達型、派生型などを含めて、同一機種ではどれくらい生産されているのだろうか。

●第二次大戦中

軍用機がもっとも多種多量に開発生産されたのは第二次大戦中。日本では隼が約5,700機、零戦が約10,000機と控えめだが、物量を誇るアメリカでは海軍のF6FヘルキャットとF4Uコルセアがどちらも約12,000機で、陸軍のP-40ウォーホークが約13,700機、P-51ムスタングが約14,800機、P-47サンダーボルトが約15,700機と軒並み1万数千機を超えていた。これに対してヨーロッパ勢は機種が少ないこともあり、イギリスのスピットファイアが約22,000機、ドイツのメッサーシュミットBf109が約35,000機、フォッケウルフFw190が約20,000機となっている。

アメリカは他に爆撃機や攻撃機のジャンルでも主力機は10,000機以上を量産している。

●ジェット戦闘機

大戦後のジェット戦闘機では、軍用機が任務別に開発されるようになったことや、1機当たりの生産コストが高くなったことなどから、個々の機種はそれほど多く生産されていない。初期のジェット戦闘機でダントツの生産数を誇るのはMiG-15で、合計約15,000機がソ連や旧東側の各国で生産された。同時期の西側戦闘機ではF-86が約8,700機生産されている。

超音速ジェット戦闘機の中でもっとも生産数が多いのはMiG-21で、約10,000機(旧ソ連製の機体は正確な生産数が集計できない)。旧西側の機体ではF-4ファントムⅡの約5,000機がトップ。現在では冷戦後の軍縮と開発費の高騰で、さらに生産機数が押さえられる傾向にあり、F-14が約700機、F-15(D型まで)が約1,300機、F-16が約3,500機、F/A-18(D型まで)が約1,600機。ロシアではSu-27が約900機、MiG-29が約1,000機などとなっている。

第二次大戦中の戦闘機の生産機数

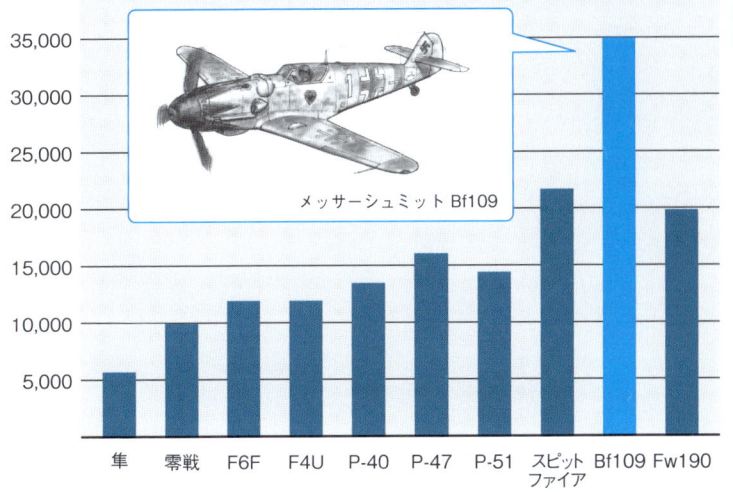

メッサーシュミット Bf109

隼 / 零戦 / F6F / F4U / P-40 / P-47 / P-51 / スピットファイア / Bf109 / Fw190

ジェット戦闘機の生産機数

ジェット戦闘機は、軍用機が任務別に開発されるようになったことや、1機当たりの生産コストが高くなったことなどから、個々の機種はそれほど多く生産されていない。

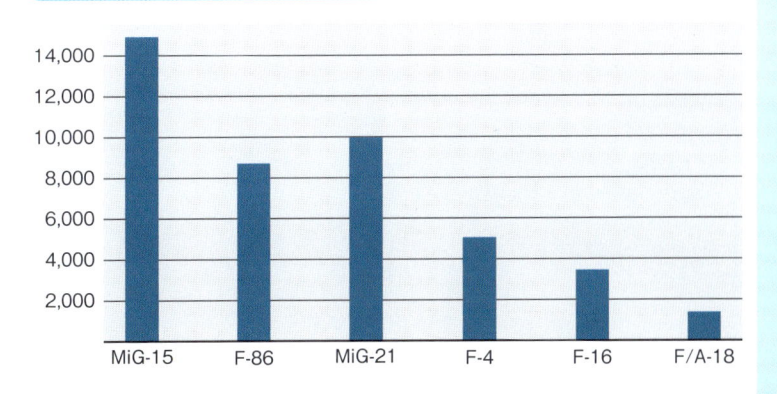

MiG-15 / F-86 / MiG-21 / F-4 / F-16 / F/A-18

関連項目

●戦闘機の発達→No.017　　●戦闘機の発達2→No.018

受け継がれるニックネーム

　軍用機に少しでも興味がある人なら、"ファントム"の名前は知っているだろう。そして、"ファントム"と聞いて最初に思い浮かべるのはマクダネル・ダグラスF-4ではないだろうか。しかし、F-4は正確には"ファントムII"で、"ファントム"というニックネームを持つ機体としては二代目。1945年に初飛行した米海軍初のジェット戦闘機マクダネルFHが初代"ファントム"だ。

　同じ名前を襲名した機体は、ヴォートF4UコルセアとLTV A-7コルセアII、リパブリックP-47サンダーボルトと現用米空軍攻撃機フェアチャイルドA-10サンダーボルトII、ロッキードP-38ライトニングとロッキードF-35ライトニングIIなどがあり、少しマイナーなところではノースロップP-61ブラックウィドウとF-22とのコンペに破れたノースロップF-23ブラックウィドウIIもある。

　同じ名前で"～II"などと命名されるのは、同じメーカーやその流れをくむ後身メーカーが製作した機体に限られている。軍用機のニックネームは、他より優れた性能やカッコ良いイメージを表すために付けられるものだから、他メーカーの機体と同じ名前を避けるのは当然だ。しかし、たまに他メーカーで同じ名前が付けられることもあり、その場合、当然、"II"はつかない。例えば、1950年代前半に試作された可変翼艦上戦闘機グラマンF10Fジャガーと1970年代にイギリスとフランスが共同開発した攻撃機SEPECATジャガー（ジャギュア）、第二次大戦の試作長距離戦闘機フィッシャーP-75イーグルと、御存知、F-15イーグルなどだが、どちらも片方は試作機として終わった、気にするほどでもない機体。SEPECATジャガーやF-15イーグルの側に二代目などという意識はない。有名なところではP-38ライトニングとE.E.ライトニングやホーカー・タイフーンとユーロファイター・タイフーンがある。ユーロファイター・タイフーンの場合、共同開発に参加しているイギリスのブリティッシュ・エアロスペースは1970年代後半にホーカーなどが合併してできたメーカーなので、同じメーカーの機体と言えなくもないのだが、他の共同開発国に遠慮したのか、"II"は付いていない。

　また、AV-8AハリアーとAV-8BハリアーIIのように、同じ機体の発達型に"II"を付けることもある。AV-8の場合、A型とB型ではほとんど別機と言ってもいいほどの変化を遂げているので、それを強調したいということらしい。

　実際の表記では、この"II"の扱いは割といいかげんで、メーカー発表の資料や解説では付けられているが、雑誌や書籍などでは省かれていることも多い。とくに意識して省いているわけではないが、本書を含め、慣例として"ファントム"と言えば、F-4を表すことになっている。もちろん、正確に表すに越したことはないのだが、マニアの間では、F-4"ファントムII"は「エフヨン」とも言われ、「コルセア」と言えばF4U"コルセア"を指し、A-7"コルセアII"は「エーナナ」と言われることが多い。それほど厳格なものではないのだ。

第2章
戦闘機の歴史と発達

No.017
戦闘機の発達

航空機が武器となった第一次大戦に誕生したレシプロ戦闘機は、約30年後の第二次大戦末期で究極まで発達した。

●戦闘機の誕生

第一次大戦で航空機が武器として認識され、**戦闘機**というカテゴリーが生まれると、各国は競って新鋭機を開発。ヨーロッパの空では激しい空中戦が展開され、多くのエースが誕生した。1920年代から30年代の大戦間に戦闘機は全金属製の機体が主流になり、最高速度も300km/hから400km/hへと進化した。第二時大戦に突入する頃になると、低翼、単葉、引き込み脚式の機体が出現し、最高速度は500km/h台へと移行する。

●ヨーロッパ戦線

ヨーロッパでは航続距離が短い戦闘機が主流で、武装を強化して一撃離脱戦法を採っていた。大戦初期にはドイツ対イギリスだった空の戦いも、アメリカの参戦によって舞台がドイツ本土上空に移り、昼夜を問わず、連合軍爆撃機を護衛する戦闘機とドイツ迎撃機との間で壮絶な空中戦が繰り広げられた。戦闘機の最高速度は650km/hを超え、激しい消耗戦が続いた。数で圧倒されたドイツ軍は高い技術力で応戦。末期には世界初のロケット戦闘機とジェット戦闘機を実戦に投入した。

●太平洋戦線

日本では戦闘機同士の接近戦を重視し、軽量で格闘性能の良い機体を開発。地理的要因から、とくに航続距離が重視された。旧式機を相手にした中国戦線では大きな戦果を挙げ、初期の戦いでは貧弱な航空勢力だったアメリカに対しても優位に戦いを進めた。しかし、アメリカが強大な生産力をバックに2,000hp級エンジンの高性能機を大量生産し始めると、一気に形勢が逆転した。太平洋戦域では、空母とその艦載機による戦いが勝敗を決した。日本本土爆撃に随行するアメリカ軍護衛戦闘機は重武装で、600～700km/hという最高速度でも日本軍戦闘機を圧倒した。

戦闘機の発達（第一次大戦～第二次大戦）

第一次大戦

1914年

ヨーロッパ
イギリス　イタリア
ドイツ　　フランス
アメリカ

- 戦闘機の誕生。
- 新鋭機の開発。
- エースの誕生。
- 最高速度は200～300km/h。

1920年
- 全金属製機が主流に。
- 最高速度は400km/hへ。

1930年
- 低翼、単葉、引き込み脚の機体。
- 最高速度は500km/hへ。

第二次大戦

ヨーロッパ・大西洋
イギリス　ドイツ
イタリア　アメリカ
ロシア　　フランス

- 戦闘機対爆撃機の戦闘。
- 重武装で航続距離が短い機体が多い。
- 一撃離脱戦法。
- 最高速度は600km/hへ。

アジア・大平洋
日本
アメリカ
中国

- 戦闘機同士の接近戦。
- 軽武装で航続距離が長い機体が多い。
- 空母搭載機の発達。

1940年

ヨーロッパ・大西洋
- 夜間戦闘機の出現。
- ロケット/ジェット戦闘機の出現。
- 最高速度は700km/hへ。

アジア・大平洋
- 長距離戦闘機の出現。
- 重武装、大型戦闘機の出現。

関連項目
- 戦闘機とはどんな航空機か？→No.001
- もっとも速い戦闘機は？→No.015

No.018
戦闘機の発達2

大戦末期に誕生したジェット戦闘機は、冷戦時代を通して急速に発達。現在では人間の限界を超える速度と機動性を発揮するまでになった。

●マッハを超えて

1942年に世界初の実用**ジェット戦闘機**Me262が実戦に投入された時、最高速度はすでに850km/hを超えていた。**朝鮮戦争**では初めてジェット戦闘機同士の空中戦が行われ、ジェットエースも誕生した。この頃のロッキードP-80やミーティアは直線翼だったが、F-86セイバーやMiG-15はドイツで研究された後退翼を採用していた。これらは第1世代と呼ばれる。

1950年代には速度が音速を超えるようになり、アメリカではF-100から始まるセンチュリーシリーズというさまざまな性格のジェット戦闘機が生産された。ソ連でもMiG-19/-21が開発された。最高速度はマッハ2も超えるようになった。これらの機体は第2世代と呼ばれる。

●ミサイル万能から再び格闘戦へ

1960年代には格闘性能より搭載ミサイルの性能が重視されるようになり、F-4ファントムやF-106デルタダートなど固定の機関砲を持たない戦闘機が出現した。これらの機体を第3世代と呼ぶが、ベトナム戦争では接近した空中戦も頻発し、機載機銃と格闘性能の重要性が再認識された。

1970年代になると、ベトナムの戦訓を踏まえて格闘性能を重視した機体が東西で開発された。第4世代と呼ばれるこれらの機体は、大推力で機敏な機動飛行ができる。F-14/-15やSu-27などの大型戦闘機とF-16やMiG-29の中／小型戦闘機が生産され、F/A-18のような多目的戦闘機も誕生した。第5世代と呼ばれるのは2010年代にかけて配備されるF-22/-35などで、高いステルス性を持ち、敵よりも先に攻撃することを目的にしている。現在主力となっているF/A-18E/Fスーパーホーネット、Su-30、タイフーン、ラファールなどは高い機動性を持ち、攻撃任務などもこなすマルチロール化も進んでいて、第4.5世代と呼ばれる。

ジェット戦闘機の発達

世界初の実用ジェット戦闘機
- メッサーシュミット Me262/ドイツ

1945年

第1世代
- 亜音速
- 直線翼
  - グロスター ミーティア/イギリス
  - グラマン F9F パンサー/アメリカ
  - リパブリック F84 サンダージェット/アメリカ
  - ロッキード P-80 シューティングスター/アメリカ
- 後退翼
  - ミコヤン-グレビッチ MiG-15/ソ連
  - ミコヤン-グレビッチ MiG-17/ソ連
  - ノースアメリカン F-86 セイバー/アメリカ
  - ホーカー ハンター/イギリス

1950年

第2世代
- 超音速
- 後退翼
  - ノースアメリカン F-100 スーパーセイバー/アメリカ
  - ミコヤン-グレビッチ MiG-19/ソ連
  - グラマン F11F タイガー/アメリカ
  - E.E. ライトニング/イギリス
- デルタ翼
  - ミコヤン-グレビッチ MiG-21/ソ連
  - コンベア F-102 デルタダガー/アメリカ
  - ダッソー ミラージュIII/フランス
  - サーブ ドラケン/スウェーデン

1960年

第3世代
- 最高速度マッハ2
- 空対空ミサイル
  - マクダネルダグラス F-4 ファントムII/アメリカ
  - ミコヤン-グレビッチ MiG-23/ソ連
  - ミコヤン-グレビッチ MiG-25/ソ連
  - サーブ ビゲン/スウェーデン
  - コンベア F-106 デルタダート/アメリカ
  - スホーイ Su-15/ソ連
  - ダッソー ミラージュF1/フランス

1970年

第4世代
- 機動性、運動性の向上
- マルチロール化
  - グラマン F-14 トムキャット/アメリカ
  - マクダネルダグラス F-15 イーグル/アメリカ
  - ジェネラル・ダイナミクス F-16 ファイティングファルコン/アメリカ
  - マクダネルダグラス F/A-18 ホーネット/アメリカ
  - ミコヤン-グレビッチ MiG-29/ソ連
  - スホーイ Su-27/ソ連

1980年

1990年

第4.5世代
- 高い機動性
- マルチロール化
  - ボーイング F/A-18E/F スーパーホーネット/アメリカ
  - ユーロファイター タイフーン/ヨーロッパ共同開発
  - 三菱 F-2/日本
  - スホーイ Su-30/ソ連
  - ダッソー ラファール/フランス
  - サーブ グリペン/スウェーデン

2000年

第5世代
- ステルス性能
- BVR戦闘
  - ロッキード F-22 ラプター/アメリカ
  - ロッキード F-35 ライトニングII/アメリカ

関連項目

- 世界初のジェット戦闘機→No.020
- 朝鮮戦争の戦闘機→No.032

No.019
世界初の戦闘機

現代のジェット戦闘機は超音速で飛び、空対空ミサイルで見えない敵を撃墜する。しかし、100年前の戦闘機では武器は拳銃だった。

●初期の空中戦はピストルとライフル！?

　人類が最初に航空機を使用した戦いが第一次大戦だった。その時点で航空機はすでに量産され、ある程度の任務を果たすまでに発達していた。1914年の開戦時、ヨーロッパ各国は、イギリス113機、ドイツ232機、フランス138機、ロシア226機などの飛行機を保有していた。しかし、これらの多くは観測、偵察などに使われていたもので、一部の機体の後席にライフルや機銃が積まれ、後席に座った観測員が適当に発砲するだけだった。世界初の空中戦は1914年8月25日にドイツのエトリッヒ-タウベとイギリスのB.E.2という偵察機同士の間で行われたが、これはフランス国境近くで3機のB.E.2が偵察飛行中の1機のタウベを発見、取り囲んで強制着陸させたというもので、戦闘機による撃墜ではなかった。

●世界初の戦闘機

　1915年、フランス空軍のローラン・ギャロはモラン-ソルニエLの機体中心線に固定銃を取り付けることを考案した。この中心線機銃の効果は絶大で、同年4月1日にドイツのアルバトロスを初めて撃墜。その後、約半月でさらに4機のドイツ機を撃墜して、世界初の**"エース"**となった。ただし、このモラン-ソルニエLは"ギャロ・スペシャル"とも言うべき機体で、すべての機体が中心線機銃を搭載したわけではなかった。戦闘機を"相手を撃墜するための固定銃を持った機体"と定義するなら、世界で初めて量産された戦闘機は1913年に原型機が初飛行したフォッカーEで、ローラン・ギャロの機体と同じ中心線機銃(ただし、プロペラ同調装置付き)を持っていた。フォッカーEはシリーズ合計で760機が量産され、この機体によりドイツは世界初の制空権を得た。この後、各国はお互いに対抗して戦闘機や爆撃機を開発し、次々に新鋭機を投入。広い空も一気に戦場となった。

世界初の量産戦闘機

フォッカー E.III
ドイツ・1915年

7.92mm機銃×1
プロペラ同調装置付

EはEindecker（アインデッカー／単葉機）
の頭文字。
各型合計、約760機が生産された。

全幅　10m
全長　7.3m
最高時速　145km/h

第一次大戦の戦闘機

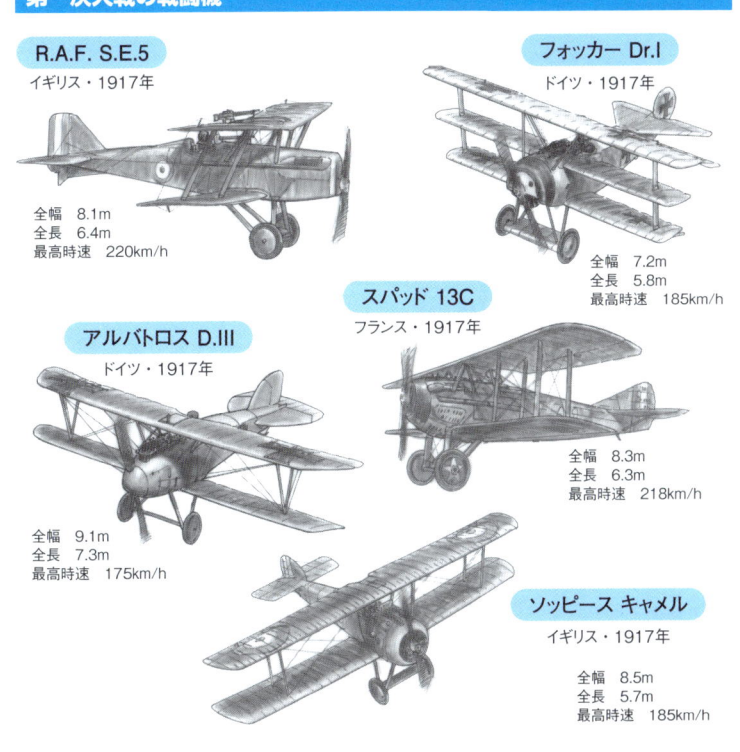

R.A.F. S.E.5
イギリス・1917年

全幅　8.1m
全長　6.4m
最高時速　220km/h

フォッカー Dr.I
ドイツ・1917年

全幅　7.2m
全長　5.8m
最高時速　185km/h

スパッド 13C
フランス・1917年

全幅　8.3m
全長　6.3m
最高時速　218km/h

アルバトロス D.III
ドイツ・1917年

全幅　9.1m
全長　7.3m
最高時速　175km/h

ソッピース キャメル
イギリス・1917年

全幅　8.5m
全長　5.7m
最高時速　185km/h

関連項目
- 世界初のジェット戦闘機→No.020
- エース（撃墜王）→No.022

No.019　第2章●戦闘機の歴史と発達

No.020
世界初のジェット戦闘機

レシプロ機からジェット機へと移り変わったのは第二次大戦後のことだが、ジェット戦闘機は大戦中、すでに実戦参加していた。

●初期のジェット機

　世界で初めてジェット機を作ったのはやはりドイツ。第二次大戦が勃発する数日前、1939年8月27日のことだった。世界初のジェット機ハインケルHe176は全長7.48m、重さたった2tの小さな機体に推力450kgのターボジェットエンジンを積み、時速300km/h程度で数分間飛行した。ハインケルはこの試験機に続いて、世界初の戦闘機としてHe280を製作。この機体は全長10.4mで推力500kgのターボジェットを主翼に2基搭載、機首に20mm機関砲3門を搭載していた。He280は1941年3月30日に無事初飛行したが、ドイツ空軍はナチスにあまり協力的ではははなかったハインケルを冷遇し、翌年に初飛行した同じ双発のジェット戦闘機メッサーシュミットMe262を正式採用して、量産、配備を開始してしまった。世界初のジェット戦闘機He280は政治的な理由から、たった9機の試作で計画を終了してしまうことになったのである。ハインケルは大戦末期の1944年末に木製のジェット戦闘機He162サラマンダーを製作。こちらは終戦までの短い間に275機が量産された。

●各国のジェット戦闘機

　イギリスではグロスター・ミーティアが1943年3月5日に初飛行、翌44年7月に実戦配備されて、大戦中に連合軍で戦闘に参加した唯一のジェット機となった。日本ではドイツからもたらされたメッサーシュミットMe262に関する設計資料を元に双発ジェット攻撃機"橘花"を試作。1945年8月7日には初飛行するが、時すでに遅しだった。一方、アメリカはジェット機開発の分野では出遅れており、イギリスの技術をベースにして開発されたアメリカ初のジェット戦闘機XP-59が初飛行したのは1942年10月のこと。試験的に40機ほどが生産されただけだった。

世界初のジェット機

ハインケル He176

1939年8月27日初飛行

全幅　4m
全長　4.67m
重量　2t
最高速度　700km/h

世界初のジェット戦闘機

ハインケル He280

1941年3月30日初飛行

全幅　12.2m
全長　10.4m
重量　4.3t
最高速度　930km/h

世界初の実用ジェット戦闘機

メッサーシュミット Me262

1942年7月18日初飛行

全幅　12.65m
全長　10.6m
重量　4t
最高速度　870km/h

関連項目

●世界初の戦闘機→No.019　　　　　●世界初の超音速ジェット戦闘機→No.021

No.021
世界初の超音速ジェット戦闘機

戦闘機にとってスピードはもっとも重要な要素。速さは大切なアドバンテージだ。現在、すべての戦闘機の最高速度は音速を超えている。

●ダイブによる突破

　チャック・イェーガーがテスト機X-1で人類史上初めて音速を超えた1947年は、ようやく戦闘機のジェット化が始まった頃。後に世界を二分して戦う東西陣営の名機、F-86とMiG-15の初飛行はそれぞれ同年10月1日と12月30日。F-86の最高速度は高度4,000mで約995km/h。飛行条件によっては一時的に音速を超えることができた。1948年4月26にはテスト中のXP-86(当時の呼称はまだFではなくP)が緩やかな降下飛行中に音速を突破しているが、これはダイブによって速度を上げただけ。この速度のまま安定して飛行することはできず、そのまま降下を続けると抵抗が増大して機体は破壊されてしまう。

●水平超音速飛行

　音の伝わる速さは温度や空気密度(つまり飛行高度)に左右されるので、航空機が同じ速さで飛行しても高度によって音速を突破できるかどうかが変わる。つまり、同じ速さでも海面上より高高度の方が音速を突破しやすいということだ。超音速戦闘機というからには、飛行可能な全高度において安定的に**超音速飛行**ができなくてはならない。その要件を初めて満たした戦闘機はP-51ムスタングやF-86セイバーなど名機を生み出したノースアメリカン製のF-100スーパーセイバーだった。セイバーの超音速型として1949年に開発が始まったF-100は、設計段階から最新の技術が次々と盛り込まれ、1953年4月24日の初飛行であっさりと音速を突破した。F-100に搭載されていたエンジンJ57の推力は最大7.25t。最大速度は高度10,000mで1,465km/hだった。なお、海軍戦闘機メーカーとして有名なグラマンが作ったF11Fタイガーは1954年7月30日の初飛行時に水平飛行で音速を突破し、世界初の超音速艦上戦闘機となった。

ダイブによる音速突破

F-86Fセイバーの最大速度は1,100km/hだが……

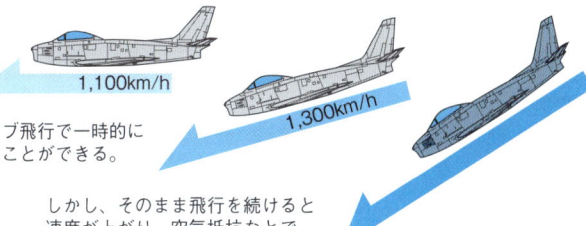

1,100km/h

1,300km/h

緩やかなダイブ飛行で一時的に
音速を超えることができる。

しかし、そのまま飛行を続けると
速度が上がり、空気抵抗などで
機体が破壊される。

※マッハ1は海面上で時速約1,225km/h、
高度10,000mで1,050km/h。

世界初の超音速戦闘機

ノースアメリカン YF-100 スーパーセイバー

スーパーセイバーの原型機YF-100は、1953年4月24日の初飛行で
音速を突破し、世界初の実用超音速戦闘機となった。

世界初の超音速艦上戦闘機

グラマン F11F タイガー

F11Fタイガーは1954年7月30日の初飛行時に水平飛行で音速を突破し、
世界初の実用超音速艦上戦闘機となった。

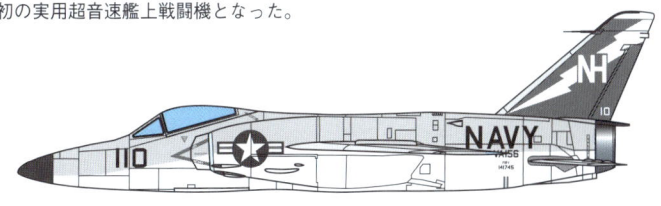

関連項目

●超音速飛行→No.043　　　　　●ソニックブーム→No.044

No.022
エース（撃墜王）

野球でエースと言えば、背番号18の優秀なピッチャーだが、戦闘機パイロットにおけるエースとはどんな条件を満たした者なのだろうか。

●空のエース

　エースという称号は史上初の空中戦が行われた第一次大戦の初期からあった。当初は10機以上の撃墜が条件だったが、大戦後半からは士気高揚のために5機以上撃墜と引き下げられた。ただし、どの時代のどの国でもエースという称号そのものは公式な肩書や階級とは関係なく、戦功を称えるための呼び名だ。第一次大戦でのトップエースはドイツ空軍のリヒトホーフェン。主翼3枚のフォッカーDr.1を操ってレッドバロンと呼ばれ、80機を撃墜している。

　第二次大戦になると、戦争に投入された航空機の数も種類も一気に増えたため、各国でエースが続出した。中でもドイツ空軍のエクスパルテン（ドイツ空軍でのエースの呼称）は、前人未踏の352機を撃墜したエーリッヒ・ハルトマンを筆頭に100機以上撃墜が103人もいて、人数でも撃墜数でも他国を遥かに凌いでいる。第二次大戦中の他国のトップエースは、米陸軍のリチャード・ボングが40機、米海軍のデビッド・マッキャンベルが34機、ソビエトのイヴァン・コジェドゥブが62機、イギリスのジェームズ・ジョンソンが38機。日本では陸軍の穴吹智が51機、海軍の岩本徹三が約90機（自称は210機以上）などが知られている。

　第二次大戦後、ジェット機同士の戦いになると空戦の機会が減り、一人の撃墜数もぐっと減った。朝鮮戦争では米空軍のマッコーネルが16機、ソビエトのニコライ・スチャージンが21機で、ベトナム戦争では米空軍のスティーブ・リッチーが5機、北ベトナムのグエン・バン・バイが9機だった。その後、中東戦争ではイスラエル側に15機以上を撃墜したパイロットが複数いるが、湾岸戦争などでは相手が少ないために一人で3機以上を撃墜したという記録はない。

世界のエース

世界共通エースの条件
◎5機撃墜（第一次大戦初期は10機撃墜）。
◎僚機の証言やカメラでの撮影など、公式な証拠が必要。

第一次大戦

●ドイツ
リヒトホーフェン	80機
エルンスト・ウーデット	62機
エーリッヒ・レーベンハルト	54機
ヴェルナー・フォス	48機

●アメリカ
エディー・リッケンバッカー	26機

●イタリア
フランチェスコ・バラッカ	34機

●フランス
ルネ・フォンク	75機
ジョルジュ・ギンヌメール	53機
シャルル・ナンジェッセ	43機

●イギリス
ウィリアム・ビショップ	72機
ミック・マノック	61機
レイモンド・コリショー	61機
ウィリアム・バーカー	53機

第二次大戦

●ドイツ
エーリヒ・ハルトマン	352機
ゲルハルト・バルクホルン	301機
ギュンター・ラル	275機
オットー・キッテル	267機
ヴァルター・ノヴォトニー	258機
ヴィルヘルム・バッツ	237機
エーリッヒ・ルドルファー	222機
ハインツ・ベーア	220機

●日本
岩本徹三/海軍	約210機（90機説あり）
杉田庄一/海軍	約120機
西沢広義/海軍	86機
福本繁夫/海軍	72機
坂井三郎/海軍	60機以上

●アメリカ
リチャード・ボング/陸軍	40機
トーマス・マクガイア/陸軍	38機
デビッド・マッキャンベル/海軍	32機
フランシス・ガブレスキー/陸軍	28機
ロバート・ジョンソン/陸軍	28機

●イギリス空軍
ジョニー・ジョンソン	38機
ピエール・クロスターマン	33機
アドルフ・マラン	32機

●ソビエト
イヴァン・コジェドゥブ	62機
アレクサンダー・ポクルイシキン	59機
グレゴーリイ・レチカーロフ	58機

●フィンランド空軍
エイノ・ユーティライネン	94機
ハンス・ウィンド	75機

※ドイツ軍のエースの数と撃墜数が突出しているのは、1人の出撃回数が800〜1,000回と多く、東部戦線で多数のソ連機と交戦したためと言われている。

朝鮮戦争

●アメリカ空軍
ジョセフ・マッコーネル	16機
ジェームズ・ジャバラ	15機

●ソビエト
エフゲニー・ペペリヤエフ	23機
ニコライ・スチャージン	21機

ベトナム戦争

●アメリカ
スティーブ・リッチー（空軍）	5機
チャールズ・デブルーブ（空軍/後席）	6機
ランドール・カニンガム（海軍）	5機
ウィリアム・ドリスコール（海軍/後席）	5機

●北ベトナム
グエン・バン・バイ	9機
マイ・バン・クオン	8機

※ジェット戦闘機の時代になると、空戦の機会が少なくなったため、撃墜数が少なくなる。

No.023
国産ジェット戦闘機

第二次大戦中に試作された"橘花"は確かに初の国産ジェット機ではあったが、正式に量産された国産ジェット戦闘機は三菱F-1だ。

●ジェット練習機T-2と支援戦闘機F-1

　1956年、進駐軍による日本の航空機開発禁止が解除されると同時に国産ジェット練習機の開発が始まり、1958年1月には国産初の量産ジェット機である富士T-1が初飛行した。このT-1はプロペラ機での訓練を終えた訓練生が搭乗する中等練習機で、66機が生産されて2006年まで47年もの間、訓練や連絡などに使用された。T-1の後を受けて国産初の超音速ジェット機として開発されたのが三菱T-2。1971年7月に初飛行し、96機が生産されて2006年まで使用されていた。このT-2はただ飛行訓練だけを行う機体ではなく、火器管制装置を持ち空対空戦闘や対地攻撃などの訓練も行える能力を付加されており、M-61バルカン砲も標準装備して、有事の際には支援戦闘機へ転換できるように設計されていた。国産初の量産ジェット戦闘機となったのがこのT-2を支援戦闘機として生産したF-1で、当初FS-T-2改と呼ばれた試作機は1975年6月に初飛行。77機が生産され、2006年3月に退役した。F-1はT-2の後席部分に電子機器などを搭載した単座型で、後席キャノピーが塞がれた以外、外形的に大きな変化はない。F-1は対地攻撃能力を持つ優秀な戦闘攻撃機だが、**自衛隊**では"攻撃"という言葉が使えないため"支援"戦闘機と分類されている。

●平成の零戦

　F-1の後継となる現在の支援戦闘機、三菱F-2は1980年代から開発が始まった。独自開発、共同開発など紆余曲折を経たが、アメリカの強烈な圧力によって**F-16**C/Dをベースに共同開発することに決定、1995年10月に初飛行した。胴体、主翼などF-16よりも一回り大きな機体で、対艦ミサイルを4発搭載できる。開発の遅延などによって1機当たり120億円という高価な機体となったため生産数が98機に減らされ、配備が進められている。

三菱 F-1

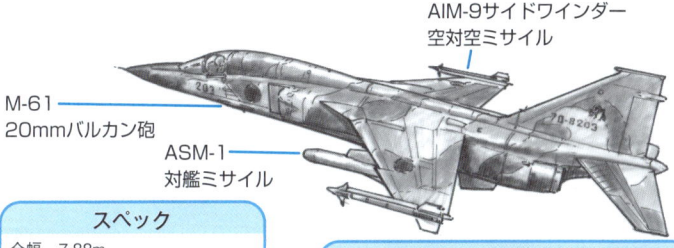

- AIM-9サイドワインダー 空対空ミサイル
- M-61 20mmバルカン砲
- ASM-1 対艦ミサイル

スペック
全幅　7.88m
全長　17.85m
全高　4.45m
最大速度　マッハ1.6
エンジン　IHI製TF-40-IHI-801A
　　　　　　　　　最大推力3.31t

武装
- M-61 20mmバルカン砲×1
- 短距離AAM　AIM-9サイドワインダー ×4
- 主翼下と胴体下に合計5カ所のハードポイントがあり、対艦ミサイル×2、爆弾1.7tなどを搭載可能。

三菱 F-2A

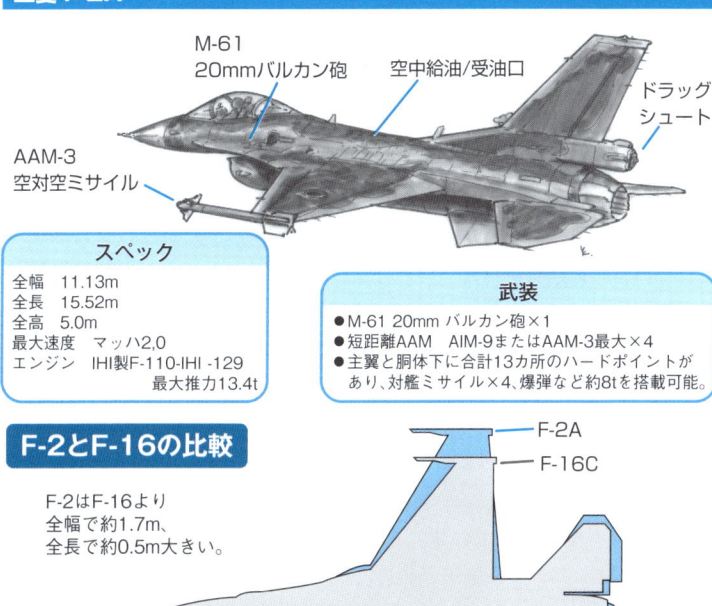

- M-61 20mmバルカン砲
- 空中給油/受油口
- ドラッグシュート
- AAM-3 空対空ミサイル

スペック
全幅　11.13m
全長　15.52m
全高　5.0m
最大速度　マッハ2,0
エンジン　IHI製F-110-IHI -129
　　　　　　　　　最大推力13.4t

武装
- M-61 20mmバルカン砲×1
- 短距離AAM　AIM-9またはAAM-3最大×4
- 主翼と胴体下に合計13カ所のハードポイントがあり、対艦ミサイル×4、爆弾など約8tを搭載可能。

F-2とF-16の比較

F-2はF-16より全幅で約1.7m、全長で約0.5m大きい。

- F-2A
- F-16C

関連項目
- 自衛隊の戦闘機→No.024
- F-16ファイティングファルコン→No.037

No.024
自衛隊の戦闘機

自衛隊は世界有数の防空戦闘能力を持つ。1954年の航空自衛隊発足以来、どのような機体を使用してきたのだろうか。

●アメリカからの供与

　航空自衛隊初の戦闘機は、発足の翌年1955年10月にアメリカから供与された7機のノースアメリカンF-86Fだった。同年12月には浜松基地に第1航空団が編成され、合計180機が供与された（後に45機を返還）。平行して1956年には国内でライセンス生産された第1号機が初飛行し、合計300機が生産された。F-86Fは発足間もない時期から超音速時代に移行するまで、20年以上日本の空を守り、1982年3月に退役した。自衛隊ではF-86Fとは別に機首に大きなレドームを装備した全天候戦闘機F-86Dも110機供与を受け、1958年から1968年まで使用している。

　次の戦闘機はマッハ2級のロッキードF-104。1959年にFX（次期主力戦闘機）として選定され、日本向けのF-104Jは1961年6月に初飛行。210機が国内でライセンス生産された。複座の練習機型TF-104Jは20機が輸入されている。F-104Jは爆撃用コンピューターを外し、専守防衛という自衛隊の任務に合うよう改修されている。1997年3月には全機退役した。

●アメリカと同じ装備

　F-104Jの後継は当時アメリカ空海軍で主力戦闘機として活躍していたF-4ファントムで、爆撃照準器などを外した日本向けF-4EJは1971年7月に初飛行し、140機がライセンス生産された。このうち90機はレーダーや火器管制装置を更新して対地対艦攻撃能力を付加したF-4EJ改に改修され、現在でも配備されている。現在の主力戦闘機は1981年から配備されているF-15J。アメリカ空軍のF-15Cに相当する機体で、複座練習機型のF-15DJと合わせて、アメリカに次ぐ213機を配備している。性能向上などの改修も順次行われており、アメリカ空軍と共通の機体で共同作戦も容易になっている。**国産**のF-1、F-2は別項を参照のこと。

自衛隊の歴代戦闘機

※支援戦闘機F-1/F-2を除く。

F-86F セイバー　　配備期間1955〜82年　配備機数480機
全長11.45m

F-86D セイバードッグ　　配備期間1958〜68年　配備機数110機
全長12.3m

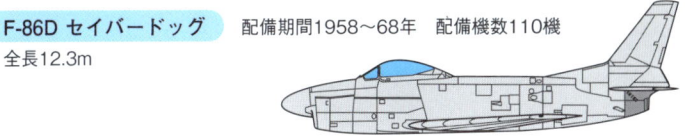

F-104J スターファイター　　配備期間1961〜97年　配備機数210機
全長16.7m（ピトー管含まず）

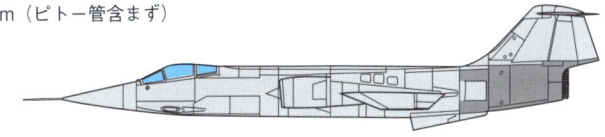

F-4EJ ファントムII　　配備期間1971年〜現用　配備機数140機
全長18.5m（ピトー管含まず）

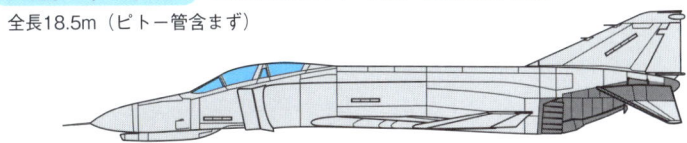

F-15J イーグル　　配備期間1981年〜現用　配備機数213機
全長19.43m

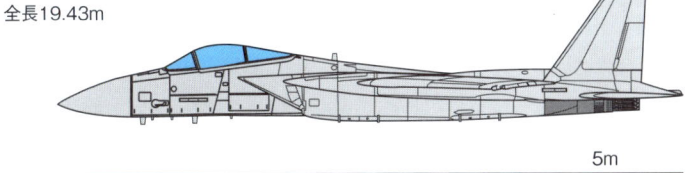

5m

関連項目
●国産ジェット戦闘機→No.023

No.025 第二次大戦 日本海軍の戦闘機

日本海軍の戦闘機と言えば零戦だが、零戦が最強だったわけではない。しかし、当時の日本海軍には良くも悪くも零戦しかなかった。

●九六艦戦と零戦

　日本海軍初の近代的な戦闘機は1936年に採用された全金属製の単葉機、九六式艦上戦闘機だった。九六艦戦は日中戦争の緒戦に中国大陸で多くの戦果を挙げたが、後続距離が短かったため、大陸奥地への爆撃が始まると爆撃機の護衛ができず、後継の零式艦上戦闘機にその任務を譲って第一線から退いた。零戦は1940年から配備が始まり、太平洋戦争の開戦時には主力空母や南方の基地に240機が配備されていた。初期には大陸や南方戦線で快進撃の立役者となったが、米軍が高性能の新鋭機を投入して零戦に有利な格闘戦を避けるようになると、軽量化のために防弾を犠牲にしたことも災いして損害が次第に増えていった。確かに零戦は大戦初期の情勢においては世界に冠たる名機で、各型合計約10,400機の生産数は日本機としては異例の多さだ。しかし、戦時中の5年もの間、主力戦闘機が零戦だけだったというのはいかにも無策だと言われてもしかたないだろう。後継の烈風はかなりの高性能も期待できたが、零戦に頼るあまりに開発が遅れ、制式採用されたのが1945年6月ではどうしようもなかった。

●雷電と紫電改

　雷電は基地などの防空を担当する局地戦闘機（迎撃戦闘機）。大きな紡錘型の胴体が特徴だったが、当時の日本に高高度で大出力のエンジンは望むべくもなく、エンジンの開発に手間取ったため約560機の生産に終わった。厚木基地302空所属の雷電がB-29相手に善戦している。同じ局地戦闘機では、水上戦闘機強風を陸上機に改修した紫電も作られたが、メーカーの川西飛行機が戦闘機開発に不慣れで、生産技術面のトラブルが続出した。発達型の紫電改はある程度の性能を示し、1944年後半から量産が開始されたが、450機ほどが生産されたところで敗戦となった。

太平洋戦争開戦時の主力艦戦

三菱 零戦 21型

1939年12月

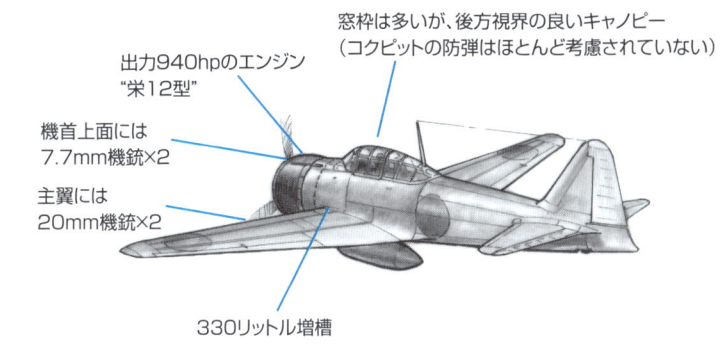

- 窓枠は多いが、後方視界の良いキャノピー（コクピットの防弾はほとんど考慮されていない）
- 出力940hpのエンジン "栄12型"
- 機首上面には7.7mm機銃×2
- 主翼には20mm機銃×2
- 330リットル増槽

全幅	12.0m	最高速度	533 km/h
全長	9.05m	航続距離	約3,300km
全高	3.53m		

異色の局地戦闘機

三菱 雷電 33型

1944年5月

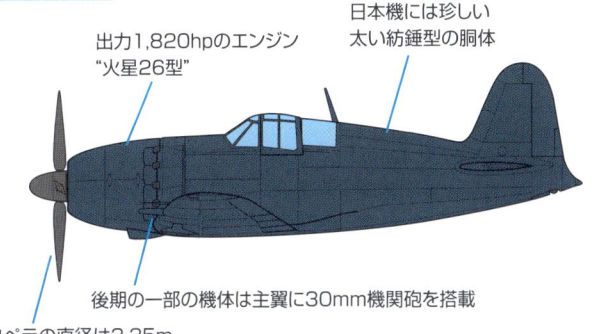

- 日本機には珍しい太い紡錘型の胴体
- 出力1,820hpのエンジン "火星26型"
- 後期の一部の機体は主翼に30mm機関砲を搭載
- プロペラの直径は3.35m

全幅	10.8m
全長	9.95m
全高	3.95m
最高速度	604 km/h

関連項目

● 第二次大戦 日本陸軍の戦闘機→No.026

No.026
第二次大戦 日本陸軍の戦闘機

海軍がほぼ零戦に頼っていたのに対し、陸軍では隼、鐘馗、飛燕、疾風など、性格の異なる機種が開発、採用された。

●軽戦と重戦

　九七式戦闘機(キ27)は海軍の九六艦戦を上回る性能を目指して1937年末に採用された全金属製の単葉機。九六艦戦と同様に日中戦争の緒戦に戦果を挙げ、高い格闘戦性能が評価されたが、太平洋戦開戦時には旧式化していた。続く一式戦闘機隼(キ43)は、九七戦の最高速度や上昇性能を向上させた発達型。格闘性能は九七戦ほどではなかったが、南方方面への進出に伴い、主翼下に増槽を装備した遠距離戦闘機として1941年に採用された。武装やエンジンは非力だったが、操縦性、整備性など扱いやすい機体で、陸軍機最多の合計5,751機が生産された。この九七戦と隼は格闘戦性能を重視した"軽戦"と呼ばれるが、重武装、大出力エンジン装備の"重戦"として1942年に採用生産されたのが二式戦闘機鐘馗(キ44)。1,225機が生産されて、主にB-29の迎撃に活躍した。1944年に採用された四式戦闘機疾風(キ84)はテスト飛行で高い性能を示し、"大東亜決戦機"として大量生産体制が敷かれた。しかし、戦局の悪化に伴う資材不足、技術力低下などでトラブルが増加、3,488機が生産されたものの、本来の性能を発揮できないままに終わった。

●異端の液冷戦闘機

　三式戦闘機飛燕(キ61)はメッサーシュミットBf109と同じエンジンを搭載した、日本では珍しい液冷エンジン機。1943年に正式採用され、2,884機が生産されたが、当時の日本では液冷エンジンの国産化が難しく、B-29の迎撃に一定の戦果を挙げた程度だった。急場凌ぎで、飛燕の胴体に空冷エンジンを搭載したのが五式戦闘機(キ100)で、重量軽減により上昇、旋回性能が向上した。米軍機とある程度対等に戦える機体だったが、約390機が生産されたところで終戦となった。

格闘戦性能を重視した"軽戦"

中島 キ43-I 隼　1941年

5,751機が生産され、大戦を通じて日本陸軍の主力戦闘機となった隼。制式名称は一式戦闘機。

全幅　11.44m
全長　8.8m
最高速度　495km/h
航続距離　約2,600km

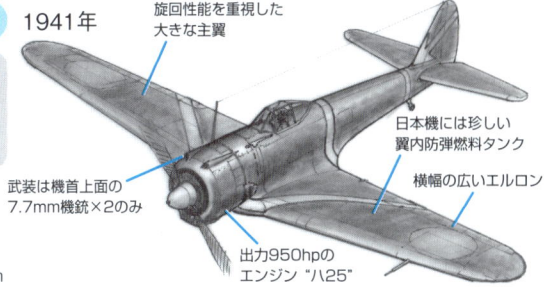

- 旋回性能を重視した大きな主翼
- 日本機には珍しい翼内防弾燃料タンク
- 横幅の広いエルロン
- 武装は機首上面の7.7mm機銃×2のみ
- 出力950hpのエンジン "ハ25"

一撃離脱戦法を目指した"重戦"

中島 キ44-II 鍾馗　1942年

"重戦"とは、重武装、大出力エンジン装備で、敵に対して上空から降下しながら攻撃してそのまま離脱する戦法を目指した機体。
とくに重量の軽重や機体サイズの大小ではない。
キ44は格闘性能を重視した旧日本軍の中では初めての"重戦"で、制式名称は二式単座戦闘機。

全幅　9.45m
全長　8.75m
最高速度　605km/h
航続距離　約1,000km

- 出力1,450hpのエンジン "ハ109"
- 機首上面には12.7mm機銃×2
- 主翼には12.7mm機銃×2
- 小さな主翼
- 絞り込んだ胴体後部

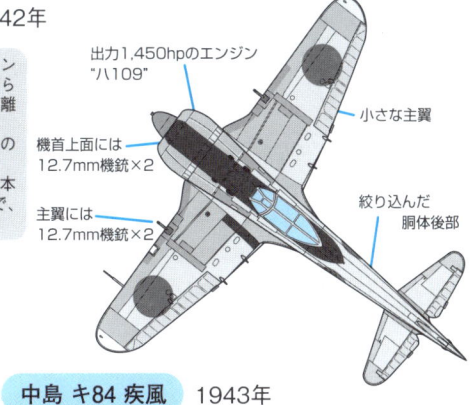

大東亜決戦機

中島 キ84 疾風　1943年

優れた設計ではあったが、資材不足、技術力低下など、基本的な問題で本来の性能を発揮できないままに終わった。

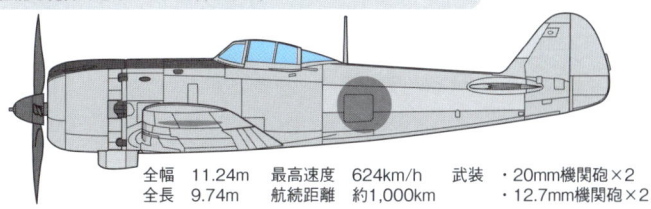

全幅　11.24m
全長　9.74m
最高速度　624km/h
航続距離　約1,000km
武装　・20mm機関砲×2
　　　・12.7mm機関砲×2

関連項目

●第二次大戦 日本海軍の戦闘機→No.025　　●空冷/液冷エンジン換装機→No.066

No.026　第2章●戦闘機の歴史と発達

No.027
第二次大戦 米陸軍の戦闘機

アメリカ陸軍航空隊は第二次大戦初期に小型の旧式機を所有していたが、ヨーロッパで参戦すると、高性能機を量産し、枢軸国を圧倒した。

●カーチスP-36とP-40

1941年末の時点で、陸軍航空隊の主力機はカーチスP-36ホークとエンジンを液冷にした発達型のP-40ウォーホークだった。P-40は高性能機ではなかったが、数多くの発達型が生産され、イギリス、ソ連、中国などへ輸出されて、とくに低空域の空戦で活躍した。新興のベル社はエンジンを胴体中央に搭載したP-39エアラコブラを開発したが、対地攻撃に使用された他、約6,000機がイギリス、ソ連、フランスなどに輸出された。

●名機ムスタング

ノースアメリカンP-51ムスタングの原型は1940年に初飛行し、最初の量産型ムスタングIはイギリス空軍で使用された。エンジンをロールスロイス製マーリンに換えたP-51Bは約700km/hの高性能を出し、アメリカでも大量生産された。D型は機銃を12.7mm×6にし、後方視界を改善するため大きなバブル**キャノピー**を備えた主力型で、主翼下には**ロケット弾**や爆弾も搭載できた。P-51Dは1944年から太平洋戦線にも登場し、硫黄島から往復2,400kmを飛んでB-29を護衛した。層流翼と名エンジンであらゆる性能において他を凌いだP-51は、大戦中最高のレシプロ戦闘機と言われ、合計14,800機が生産されて、戦後も多く使用された。

●重戦闘機P-47

液冷式エンジンのP-38ライトニングやP-40に対抗して、リパブリック社があえて開発した空冷のP-47は1941年に初飛行した。2,000hp級エンジンを搭載した最大重量6.7t(P-51Dは5.3t)、12.7mm機銃×8挺装備の大型機だったが、最高速度660km/h以上を出した。爆撃機の護衛任務はP-51に譲り、対地攻撃に使用されることが多かった。対日戦用に長距離型のP-47Nも生産されたが、活躍する前に終戦となった。

名機 ムスタングのルーツと発達

P-51最初の量産型 英空軍 ムスタングI

1940年10月初飛行

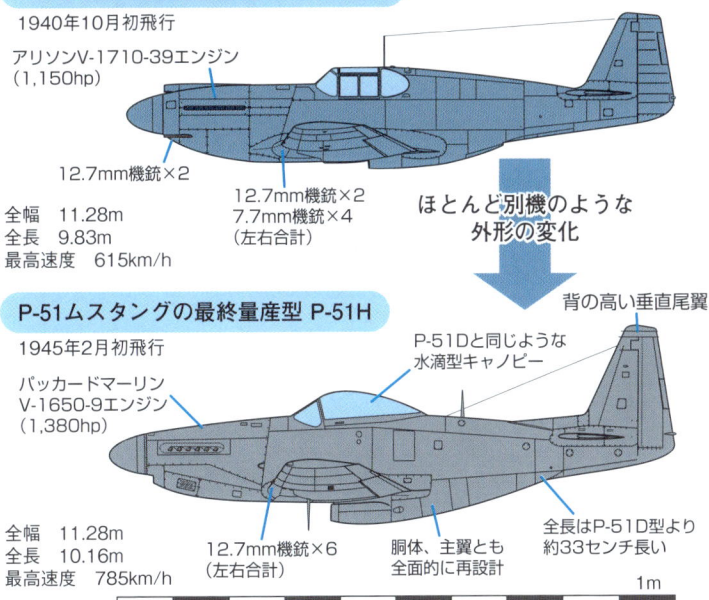

アリソンV-1710-39エンジン
（1,150hp）

12.7mm機銃×2

12.7mm機銃×2
7.7mm機銃×4
（左右合計）

全幅　11.28m
全長　9.83m
最高速度　615km/h

ほとんど別機のような
外形の変化

P-51ムスタングの最終量産型 P-51H

1945年2月初飛行

パッカードマーリン
V-1650-9エンジン
（1,380hp）

背の高い垂直尾翼

P-51Dと同じような
水滴型キャノピー

全幅　11.28m
全長　10.16m
最高速度　785km/h

12.7mm機銃×6
（左右合計）

胴体、主翼とも
全面的に再設計

全長はP-51D型より
約33センチ長い

1m

重戦闘機 P-47

リパブリック P-47N サンダーボルト

最大重量は約6.4t
（零戦の最大重量は約2.4t）

1945年

P-47シリーズの
最終生産型。

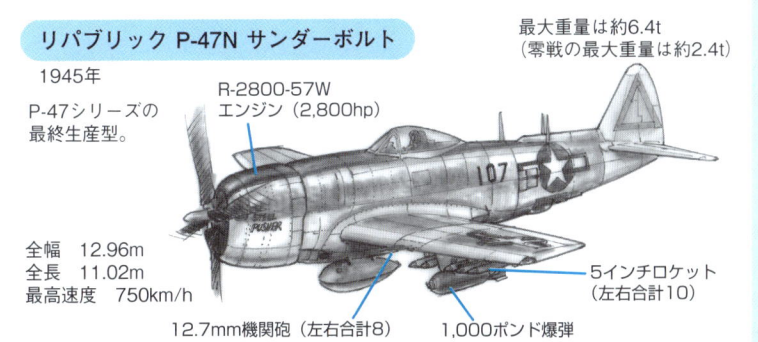

R-2800-57W
エンジン（2,800hp）

全幅　12.96m
全長　11.02m
最高速度　750km/h

12.7mm機関砲（左右合計8）　1,000ポンド爆弾

5インチロケット
（左右合計10）

関連項目

●ロケット弾→No.060　　　　●キャノピー→No.102

No.027
第2章●戦闘機の歴史と発達

No.028
第二次大戦 米海軍の戦闘機

米海軍の艦載戦闘機は、第二次大戦初期に中翼単葉のF2AとF4Fだったが、大型のF6Fを大量生産してその底力を見せた。

●F2BとF4F

それまでドイツや日本に遅れをとっていたアメリカ海軍が単葉引き込み脚の戦闘機ブリュースターF2Aバッファローを開発したのは1938年。部隊配備は1939年末に始まったが、最大速度は500km/h程度で、脚の強度不足など問題が多かった。500機程度の生産で、大半が輸出された。

艦上機の老舗、グラマンが開発した単葉引き込み脚のF4Fワイルドキャットは1937年に初飛行していたが、開発に手間取り、空母飛行隊に配備されたのは1940年12月末だった。スペースを節約するため、F4F-4では主翼を90°捻って側方に折り畳む機構を備えたが、これは以後のグラマン製レシプロ艦載機の特徴となった。F4Fは最高速度こそ500km/hで、零戦相手に苦戦することも多かったが、イギリスでも重宝された。

●F4UとF6F

逆ガル翼という特徴的な外形に2,000hp級の空冷エンジンを搭載したヴォートF4Uコルセアは高速艦上戦闘機として1940年に初飛行したが、視界が悪く、脚が長い独特のスタイルが災いして、当初は陸上基地から運用する海兵隊用として採用された。その後、改修を重ねて海軍にも採用されたF4Uは、主に地上攻撃に使用され、戦後も世界各国で使用された。

F4Fの後継として開発されたF6Fヘルキャットはやはり2,000hp級エンジンを搭載した大型艦上戦闘機で、1942年に初飛行した。最高速度は600km/h程度で、全幅13m、全長10.24mと大型のわりには格闘性能も高く、太平洋戦域での日本機との撃墜／損失率は19：1と圧倒的だった。1943年の配備開始以降、急速に米海軍の主力艦載戦闘機になった。1945年には最高速度720km/hというF8Fベアキャットの量産も始まったが、対日戦には必要なかった。米海軍では1950年頃まで使用されていた。

米海軍戦闘機の発達

ブリュースター F2A バッファロー　1939年

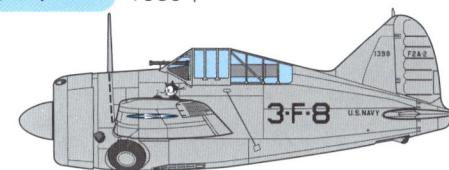

全幅　10.7 m
全長　7.9 m
最高速度　490 km/h

グラマン F4F ワイルドキャット　1940年

全幅　11.58m
全長　8.76m
最高速度　520km/h

グラマン F6F ヘルキャット　1943年

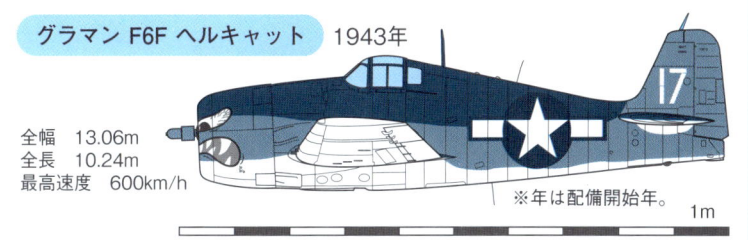

全幅　13.06m
全長　10.24m
最高速度　600km/h

※年は配備開始年。

1m

逆ガル翼を持つ艦上戦闘機

ヴォート F4U-5N コルセア　1946年

朝鮮戦争で活躍した、F4Uの夜間戦闘機型。

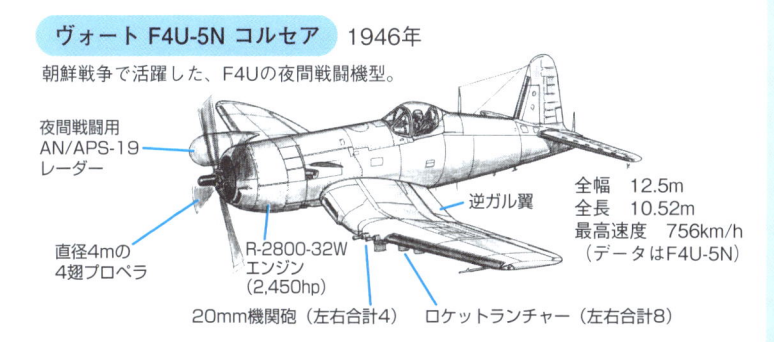

夜間戦闘用
AN/APS-19
レーダー

直径4mの
4翅プロペラ

R-2800-32W
エンジン
(2,450hp)

20mm機関砲（左右合計4）

逆ガル翼

全幅　12.5m
全長　10.52m
最高速度　756km/h
（データはF4U-5N）

ロケットランチャー（左右合計8）

関連項目

●陸上機と艦載機→No.046

No.029
第二次大戦 ドイツ軍の戦闘機

常に航空機技術で世界をリードしていたドイツは、第二次大戦中、Bf109とFw190の2機種で戦い、末期にはジェット機も開発した。

●メッサーシュミットBf109

1935年に初飛行したBf109は、全幅約10m、全長約8.7m、最大重量約2tという無駄を省いた小型の機体だった。最初の量産型Bf109Bは1937年のスペイン動乱に参加。武装を7.9mm機銃×4に強化したC/D型も生産された。エンジンをDB601に換装し、最大速度を560km/hに上げたBf109Eは1939年から生産され、イギリス本土攻撃に投入された。1940年には主翼、尾翼、エンジン(DB603)など機体を全面的に再設計して、最高速度は630km/hになったBf109Fが登場。F型はバランスがとれた機体で、砂漠のアフリカ戦線から極寒のロシア戦線までで使用された。1941年にはエンジンをDB605に換えたBf109Gの生産が始まった。G-6では機首の武装を20mm×1、13mm×2に強化した。1944年から量産されたBf109Kでは最高速度は710km/hをマークして本土防空に使用され、ドイツ戦闘機の代名詞と言われたBf109の最後を飾った。

●フォッケウルフFw190

Bf109の補助戦闘機として1939年に完成したFw190は、大きな空冷のBMW801エンジンを搭載していたが、テストでBf109を凌ぐ性能を示した。無駄を絞った華奢な設計のBf109に対して、Fw190は質実剛健で生産性が良く、扱いやすい機体だった。量産型のFw190Aはさまざまなサブタイプが作られ、戦闘爆撃機型のFw190FやGも作られて活躍した。Fw190の弱点であった高高度性能を補うため、液冷のユンカースJumo213に換えて胴体を延長したFw190Dは、最高速度700km/hを超えた。最後の生産型は胴体を再延長しグライダーのような主翼を付けた高高度戦闘機Ta152H。高度12,500mで765km/hというレシプロ機の限界に近い性能を出したが、数カ月の配備で終戦となった。

ドイツ戦闘機の代名詞

メッサーシュミット Bf109G-6　1943年

大戦初期から1945年のドイツ降伏まで、各地でドイツ戦闘機の代名詞として戦ったBf109。Bf109G-6は武装を強化した後期型で、10,000機以上が生産された。

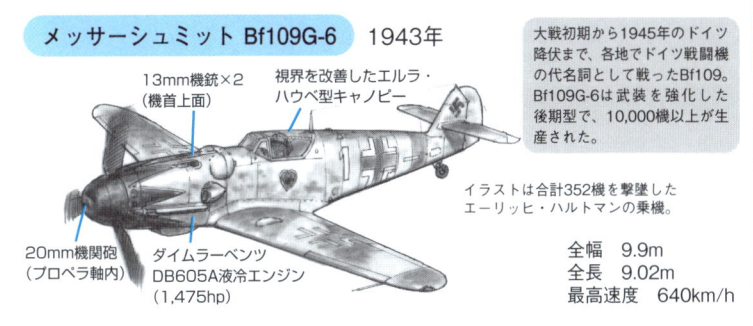

- 13mm機銃×2（機首上面）
- 視界を改善したエルラ・ハウベ型キャノピー
- イラストは合計352機を撃墜したエーリッヒ・ハルトマンの乗機。
- 20mm機関砲（プロペラ軸内）
- ダイムラーベンツ DB605A液冷エンジン（1,475hp）

全幅　9.9m
全長　9.02m
最高速度　640km/h

空冷エンジン機 Fw190A

フォッケウルフ Fw190A-8　1944年

質実剛健で生産性がよく、扱い易い機体だった空冷エンジン型Fw190は、戦闘爆撃機型などさまざまなバリエーションが作られた。Fw190A-8は空冷エンジン装備Fw190の最終生産型。

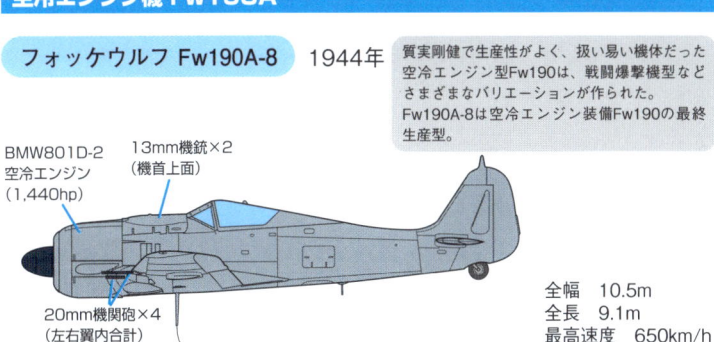

- BMW801D-2 空冷エンジン（1,440hp）
- 13mm機銃×2（機首上面）
- 20mm機関砲×4（左右翼内合計）

全幅　10.5m
全長　9.1m
最高速度　650km/h

究極のレシプロ戦闘機

タンク Ta152H-1　1945年

Ta152HはFw190に液冷エンジンを搭載したFw190Dをさらに発展させた高高度戦闘機。
名称の"Ta"はFw190シリーズの設計者クルト・タンクの頭文字。

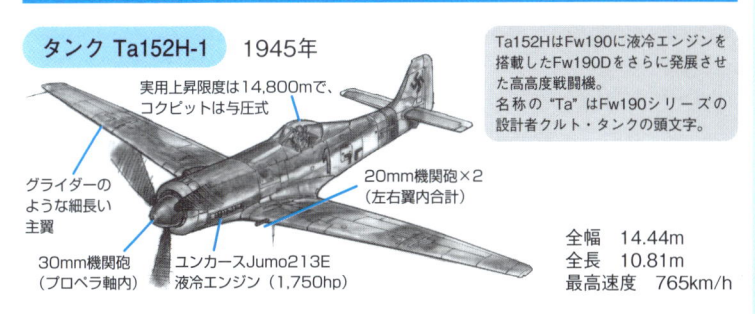

- 実用上昇限度は14,800mで、コクピットは与圧式
- グライダーのような細長い主翼
- 20mm機関砲×2（左右翼内合計）
- 30mm機関砲（プロペラ軸内）
- ユンカースJumo213E 液冷エンジン（1,750hp）

全幅　14.44m
全長　10.81m
最高速度　765km/h

関連項目

- 第二次大戦 ヨーロッパの戦闘機→No.030

No.029　第2章●戦闘機の歴史と発達

No.030
第二次大戦 ヨーロッパの戦闘機

第二次大戦、ヨーロッパでは、さまざまな国が多くの戦闘機を開発して戦線に投入。激しい空中戦を繰り広げた。

●イギリスとイタリア

1940年、イギリス空軍は新鋭機スピットファイアと旧式なハリケーンで、本土に押し寄せるドイツの爆撃機を迎え撃った。ヨーロッパの戦闘機は航続距離が短く、Bf109は長距離護衛ができずにドイツ爆撃機の損害が増えた。また、イギリスは1943年以降、ヨーロッパ各地に展開したドイツ軍基地などへの対地攻撃にタイフーンやテンペストなどの重武装戦闘機も投入した。スピットファイアは、大戦中を通じて改良が続けられ、艦載型のシーファイアも作られた。最終型は1950年代初頭まで使用された。

大戦前に水上機マッキ MC.72で709km/hの速度記録機を作るなど、航空大国だったイタリアは、大戦初期に旧式機フィアット Cr.32/.42、G.50を装備していた。1941年にマッキ MC.200を投入し、Bf109と同じ DB601液冷エンジンを搭載した MC.202フォルゴーレ(最高速度600km/h)や DB605エンジンを搭載した MC.205ベルトロ(最高速度640km/h)を投入したが、1943年9月にイタリアが降伏した。

●ソ連、フランス、北欧

大戦初期、ソ連は旧式のポリカルポフ I-15/-16を装備して苦戦したが、ラボーチキン La-5/-7やヤコブレフ Yak-3/-7を配備し、1942年からはソ連を代表する名戦闘機と言われた Yak-9を生産して、ドイツ空軍と互角に戦った。フランスは旧式のモラン・ソルニエ M.S.406の後継として1939年からドボワチーヌ D.520を生産した。D.520は1940年のフランス降伏後にドイツ軍でも使用されている。スウェーデンではイタリアのレジアーネ Re.2000が使用され、フィンランドはフォッカー D.21、ポリカルポフ I-15/-16、ブリュースター・バッファロー、フィアット G.50、グロスター・グラジエーターなど世界中の戦闘機を使用してソ連と戦った。

イギリスの主力戦闘機

スーパーマリーン スピットファイアMk.VB

スピットファイアは各型合計22,000機以上が生産されたイギリスの主力戦闘機。

Mk.Vは6,479機が生産された最多生産型。

ロールスロイス・マーリン45（約1,200hp）

20mm機関砲　7.7mm機銃

大きな楕円翼

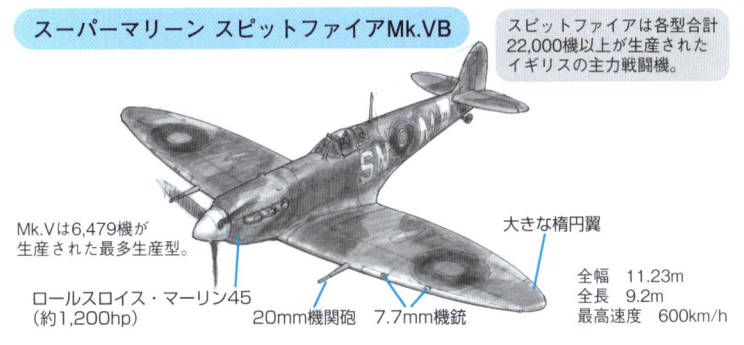

全幅　　　11.23m
全長　　　9.2m
最高速度　600km/h

第二次大戦のヨーロッパ戦闘機

ホーカー タイフーンMk.IB　　イギリス・1943年

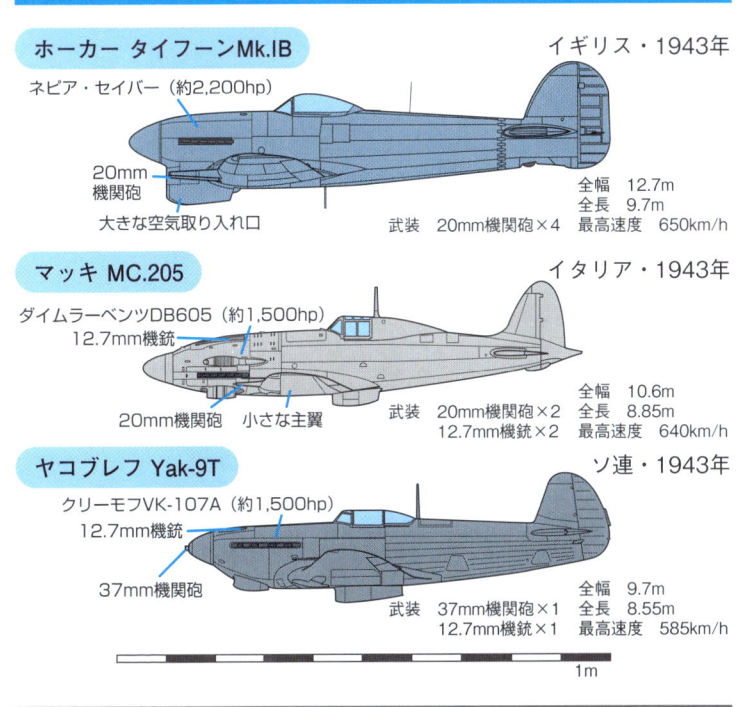

ネピア・セイバー（約2,200hp）

20mm機関砲

大きな空気取り入れ口

武装　20mm機関砲×4

全幅　　　12.7m
全長　　　9.7m
最高速度　650km/h

マッキ MC.205　　イタリア・1943年

ダイムラーベンツDB605（約1,500hp）

12.7mm機銃

20mm機関砲　小さな主翼

武装　20mm機関砲×2
　　　12.7mm機銃×2

全幅　　　10.6m
全長　　　8.85m
最高速度　640km/h

ヤコブレフ Yak-9T　　ソ連・1943年

クリーモフVK-107A（約1,500hp）

12.7mm機銃

37mm機関砲

武装　37mm機関砲×1
　　　12.7mm機銃×1

全幅　　　9.7m
全長　　　8.55m
最高速度　585km/h

1m

関連項目

●第二次大戦 ドイツ軍の戦闘機→No.029　　●ゲタ履き戦闘機→No.074

No.031
レシプロ双発戦闘機

第二次大戦に入ると、単発戦闘機では能力不足となる任務が要求され、長い航続距離、強力な武装を得るために双発戦闘機が誕生した。

●エンジンを2倍にしてみたら

　1930年代、**エンジン**を2基搭載して搭載能力を増し、強力な武装と長い航続距離を実現しようとした双発戦闘機が各国で開発された。フランスは1937年から20mm×4、7.5mm×6という重武装のポテーズ630/631長距離護衛戦闘機を生産したが、最大速度は450km/h程度だった。ドイツは1936年、Bf109を双発にしたようなデザインの駆逐戦闘機メッサーシュミットBf110を開発した。Bf110は最高速度540km/hを示し、大戦前半には長距離護衛戦闘機として活躍。後半からは戦闘爆撃機や**夜間戦闘機**として重宝された。後継として開発されたMe210/410は、運動性が悪く地上攻撃任務に使用された。1943年にはエンジンを前後に配置したドルニエDo335が開発され、760km/hという驚異的な最高速度を示したが、量産されるまでに終戦となってしまった。

　日本では1941年に陸軍が屠龍を開発し、最大速度540km/h、航続距離2,000kmを示したが、空中戦では単発機の相手にならず、対地攻撃に使用され、後期には海軍の月光とともに夜間戦闘機として一矢を報いた。

　米陸軍が1939年に開発したP-38ライトニングは排気タービン付きの液冷エンジンを搭載。最高速度660km/h。20mm×1、12.7mm×4という重武装で、格闘性能も高かった。米海軍が1944年に開発したF7Fタイガーキャットは異色の双発艦戦だったが、大型のため主に海兵隊で使用された。イギリスでは木製双発戦闘機モスキートの他にブリストル・ボーファイターを開発し、主に沿岸防衛の雷撃機や夜間戦闘機として使用した。

　双発戦闘機は大型のため速度や運動性に問題がある機体も多かったが、大戦後半に作られた液冷エンジン機は多くが高速だった。重武装を活かし、夜間戦闘機として開発されたハインケルHe219のような機体もあった。

レシプロ双発戦闘機

単発戦闘機の性能が低かった
1930年代　爆撃機の護衛戦闘機として開発された。

- 長い航続距離　●強力な武装

重量が増加して、運動性が犠牲になった。

単発戦闘機の性能が向上した
1940年代　対地攻撃機や夜間戦闘機に転用された。

- 大きな機内容積　●大きな搭載量

駆逐戦闘機 メッサーシュミット Bf110E

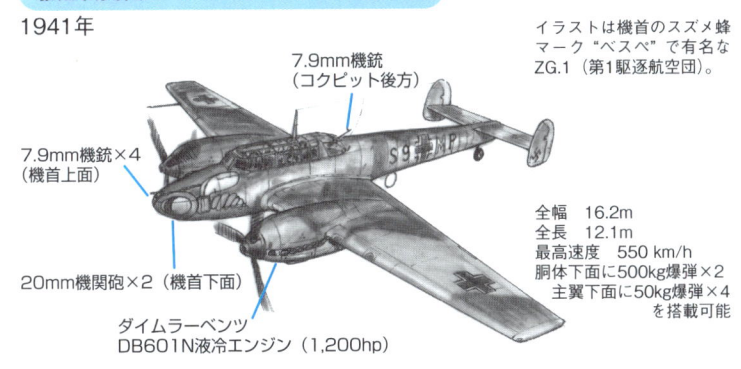

1941年

イラストは機首のスズメ蜂マーク"ベスペ"で有名なZG.1（第1駆逐航空団）。

- 7.9mm機銃（コクピット後方）
- 7.9mm機銃×4（機首上面）
- 20mm機関砲×2（機首下面）
- ダイムラーベンツ DB601N液冷エンジン（1,200hp）

全幅　16.2m
全長　12.1m
最高速度　550 km/h
胴体下面に500kg爆弾×2
主翼下面に50kg爆弾×4
を搭載可能

双発・単座戦闘機 ロッキード P-38J ライトニング

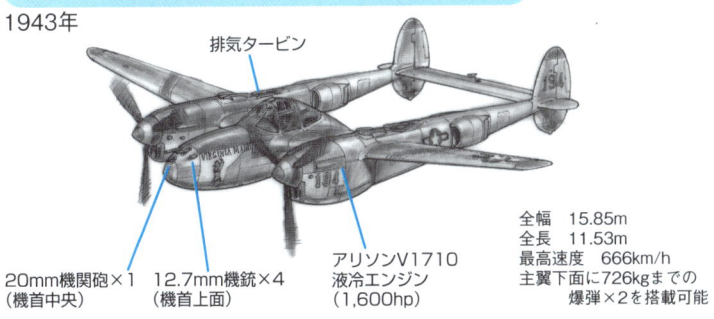

1943年

- 排気タービン
- 20mm機関砲×1（機首中央）
- 12.7mm機銃×4（機首上面）
- アリソンV1710液冷エンジン（1,600hp）

全幅　15.85m
全長　11.53m
最高速度　666km/h
主翼下面に726kgまでの
爆弾×2を搭載可能

関連項目

- 夜間戦闘機→No.068
- レシプロエンジン→No.097

No.032
朝鮮戦争の戦闘機

1950年6月25日に始まった朝鮮戦争では史上初のジェット戦闘機同士の空中戦が行われた。その戦いとはどんなものだったのだろうか。

●ミグショック

　アメリカを始めとする国連軍は朝鮮戦争勃発時から航空戦で圧倒的優位に立っていた。しかし、開戦から約4カ月後の11月1日、北朝鮮と中国の国境を流れる鴨緑江を越えて飛来したソ連製の新鋭ジェット戦闘機MiG-15の出現で状況は一変する。11月8日には鴨緑江沿いでB-29の護衛についていた国連軍のP-51ムスタングとP-80シューティングスターに6機のMiG-15が攻撃をしかけた。

　この史上初のジェット機同士の**空中戦**ではP-80がMiG-15、1機を撃墜し、ジェット機の初撃墜と認定されたが、太平洋戦争で難攻不落を誇った空の要塞B-29が次々にMiGの餌食となった。あまりの被害の多さにB-29の鴨緑江付近への出撃が禁止されたほどだった。

　このミグショックに対して米空軍も最新鋭機F-86セイバーの派遣を決定。空母に積まれたF-86Aは日本を経由して12月15日に金浦基地へ到着した。F-86はその2日後に1機のMiG-15を撃墜して初戦果を記録。最初の1カ月でF-86は10機のMiGを撃墜、対する損害は1機だけだった。翌1951年1月には共産軍の攻勢でF-86はいったん日本へ撤退するが、2月になって朝鮮半島へ戻ると着実に戦果を伸ばしていった。1953年7月の停戦までにF-86は、のべ87,177回出撃し、792機のMiG-15を撃墜。対してF-86の損失は110機で、そのうち空中戦によるものは78機。F-86とMiG-15の撃墜比は10：1と圧倒的だが、これは機体の性能ではなく、パイロットの技能の差に因るところが大きいと言われている。第二次大戦を経験した熟練パイロットが多かった国連軍に対し、共産軍のパイロットはまともに訓練を受けていなかった者も多く、後ろにつかれただけで機を捨てて脱出してしまうこともあったという。

MiG対セイバー

朝鮮戦争 ジェット機同士の空中戦

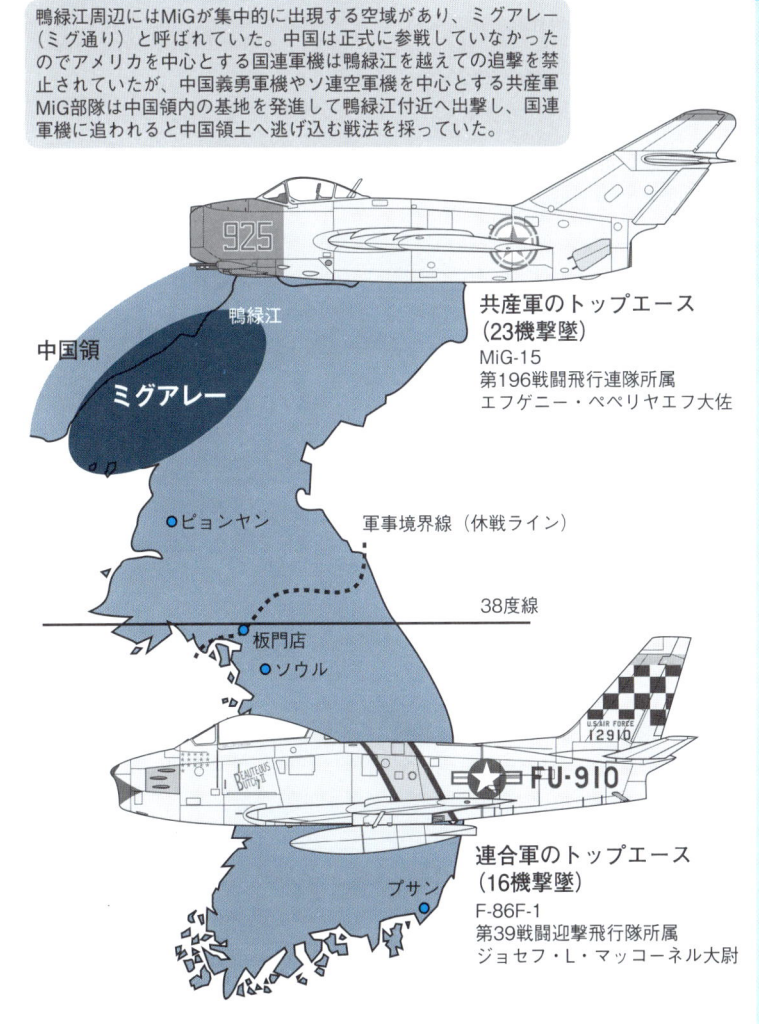

鴨緑江周辺にはMiGが集中的に出現する空域があり、ミグアレー（ミグ通り）と呼ばれていた。中国は正式に参戦していなかったのでアメリカを中心とする国連軍機は鴨緑江を越えての追撃を禁止されていたが、中国義勇軍機やソ連空軍機を中心とする共産軍MiG部隊は中国領内の基地を発進して鴨緑江付近へ出撃し、国連軍機に追われると中国領土へ逃げ込む戦法を採っていた。

中国領

鴨緑江

ミグアレー

共産軍のトップエース（23機撃墜）
MiG-15
第196戦闘飛行連隊所属
エフゲニー・ペペリヤエフ大佐

ピョンヤン

軍事境界線（休戦ライン）

38度線

板門店
ソウル

連合軍のトップエース（16機撃墜）
F-86F-1
第39戦闘迎撃飛行隊所属
ジョセフ・L・マッコーネル大尉

プサン

関連項目

● 空対空戦闘→No.050

No.033 ベトナム戦争の戦闘機

ベトナム戦争はジェット戦闘機にとってミサイルが万能ではないことを証明し、その後の運用思想に大きな転換を与えた戦いだった。

●MiG対ファントム

1964年にアメリカがベトナムに本格介入した時点で、**F-4ファントムII**の配備が始まったばかりだった。F-4はマッハ2級の大型戦闘機で、機関砲を廃し、AIM-7スパロー中距離AAMとAIM-9サイドワインダー短距離AAMを主武装としていた。それに対する北ベトナム空軍は旧式のMiG-15/-17で、対照的に37mmや23mm機関砲を主武装にしていた。

米空軍と海軍では同じF-4でも、異なった戦法を採っていた。米空軍はICBM万能論の影響で熟練パイロットが減っていたため、接近戦をせず、目視距離外から中射程のAIM-7を多数発射する攻撃を基本とし、米海軍は、敵機を目視した後、短射程のAIM-9による攻撃を基本としていた。そのため、海軍は1969年から空中戦のエキスパートを養成する部隊(トップガン)を作り、接近戦の訓練をした。ただ、当時の空対空ミサイルは信頼性に問題があり、発射後の自爆や誘導不能で攻撃能力を喪失する割合がAIM-9で45％、AIM-7では65％もあったという。つまり、1機で4発のAIM-7を撃っても、1～2発しか役に立たないということだ。

1965年末にはF-4と同世代のMiG-21がソ連から供与され、地上のレーダー管制によってたびたび米爆撃隊の脅威となった。単発のMiG-21の視認可能距離は約3kmで、MiG-21が搭載したAA-2ミサイルの射程6kmより大幅に短いため、多くの米軍機がMiGの存在に気付かないうちに攻撃された。ベトナム戦中、米軍機が撃墜したMiGは195機で、AIM-7によるものが55機、短射程のAIM-9が81機。F-105やF-8の20mm機銃による撃墜も46機あった。また、レシプロ攻撃機A-1スカイレーダーも20mm機銃で3機のMiG-17を撃墜している。これは戦闘機に機関砲を復活させ、再び格闘性能を要求させるのに充分な数字だった。

MiG対ファントム

中国領

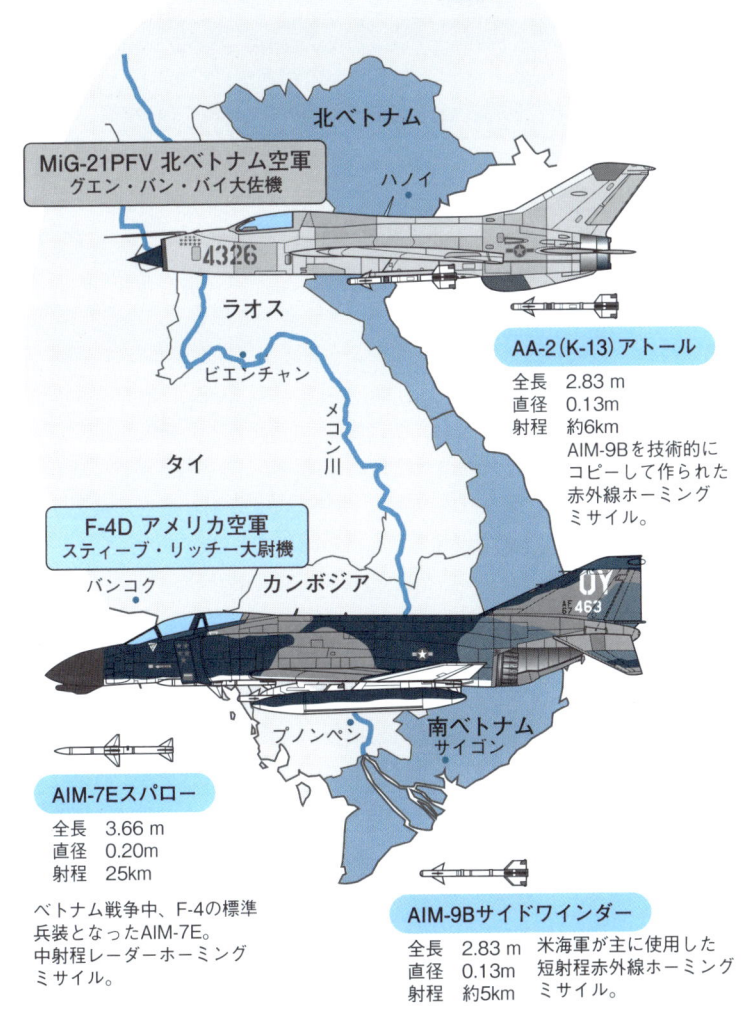

北ベトナム

MiG-21PFV 北ベトナム空軍
グエン・バン・バイ大佐機

ハノイ

ラオス

ビエンチャン

メコン川

タイ

AA-2(K-13)アトール

全長　2.83 m
直径　0.13m
射程　約6km

AIM-9Bを技術的に
コピーして作られた
赤外線ホーミング
ミサイル。

F-4D アメリカ空軍
スティーブ・リッチー大尉機

バンコク　　カンボジア

プノンペン　　南ベトナム
　　　　　　　サイゴン

AIM-7Eスパロー

全長　3.66 m
直径　0.20m
射程　25km

ベトナム戦争中、F-4の標準
兵装となったAIM-7E。
中射程レーダーホーミング
ミサイル。

AIM-9Bサイドワインダー

全長　2.83 m　米海軍が主に使用した
直径　0.13m　短射程赤外線ホーミング
射程　約5km　ミサイル。

関連項目

●F-4ファントムII→No.034　　●空対空ミサイル→No.053

No.034
F-4 ファントム II

5,000機以上が生産され、世界中で使用されたF-4ファントムIIはジェット戦闘機の代名詞ともなった。未だに多くの国で現役だ。

●ミサイル万能時代の艦上戦闘機

1955年、米海軍は当時最新鋭だったスパロー空対空ミサイルを主武装とする双発複座の防空戦闘機の開発を決定し、F4Hとして発注した。原型機は1958年5月に初飛行、その卓越した性能を発揮し、米空軍もF-110スペクターとして採用した。1962年の命名法統一で空海軍の機体はF-4という呼称に統一された。米海軍向けのF-4B(約650機生産)は1961年から実戦配備され、空軍向けのC型(約580機生産)と爆撃能力を強化したD型(約830機生産)は**ベトナム戦**で対地攻撃任務に就いた。その後、海軍にはレーダーなどを改良したJ型(約520機生産)が配備され、B/J型を近代化改修したN/S型は1986年まで実戦体勢にあった。

イギリス空海軍ではエンジンをロールスロイス社製のスペイに換装した機体(FG.1/FGR.2)を約160機採用し、1992年まで使用していた。

●バルカン砲装備のロングノーズ型

それまでのF-4は機関砲などの固定武装を持っていなかったため、ベトナム戦で苦戦する結果となった。その戦訓から機首を延長してM-61バルカン砲を搭載した空軍向けロングノーズ型F-4Eが約1,400機生産された。F-4Eは韓国、イスラエルなど6カ国へ輸出され、ドイツ(F-4F)や自衛隊(F-4EJ)では独自に改修した機体が採用されている。機首に航空カメラを搭載した写真偵察型のRF-4B/C/Eが約700機生産され、レーダー基地攻撃を任務とするF-4Gワイルドウィーゼルも116機改修された。

F-4の活躍は傑作エンジンと呼ばれたGE社製J-79の存在も大きい。F-104にも採用されたJ-79は信頼性が高く、7.5t×2の最大推力で、大きなアドバンテージを与えた。原型機の初飛行から50年が経つ長寿戦闘機F-4だが、航空自衛隊を始め、まだ多数が世界中で現役にある。

マクダネルダグラス F-4 Phantom II ファントムII

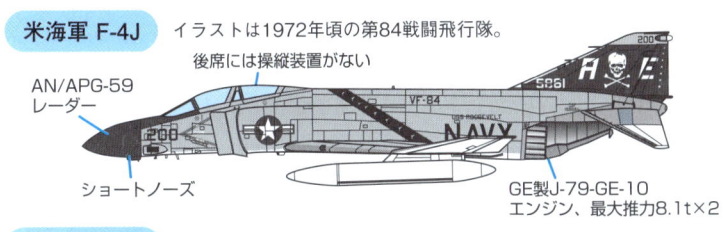

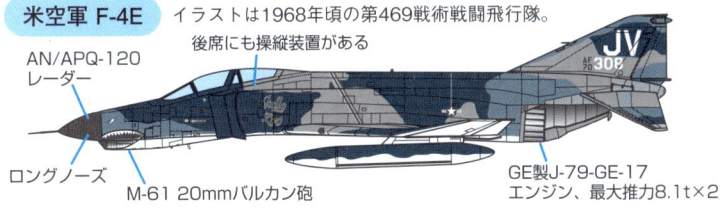

米海軍 F-4J　イラストは1972年頃の第84戦闘飛行隊。
後席には操縦装置がない

- AN/APG-59 レーダー
- ショートノーズ
- GE製J-79-GE-10 エンジン、最大推力8.1t×2

米空軍 F-4E　イラストは1968年頃の第469戦術戦闘飛行隊。
後席にも操縦装置がある

- AN/APQ-120 レーダー
- ロングノーズ
- M-61 20mmバルカン砲
- GE製J-79-GE-17 エンジン、最大推力8.1t×2

自衛隊 F-4EJ改　イラストは2008年の第301飛行隊。
後席にも操縦装置がある

- AN/APG-66 レーダー
- M-61 20mmバルカン砲
- IHI製J-79-IHI-17 エンジン、最大推力8.1t×2

F-4ファントムIIの主な生産型

原型機
XF4H-1
1958年5月27日 初飛行。

米海軍向け ショートノーズ型
F-4B
1961年3月27日 初飛行。
最初の量産型。

米空軍向け ショートノーズ型
F-4C（F-110A）
1963年5月27日 初飛行。
F-4Bの空軍型。

米海軍向け ショートノーズ型
F-4J
1966年5月27日 初飛行。
対空戦闘を強化した型。

英海/空軍向け ショートノーズ型
F-4K/M
1966年6月27日 初飛行。
エンジンを換装した型。

米空軍向け ショートノーズ型
F-4D
1965年12月8日 初飛行。
対地攻撃能力を強化した型。

自衛隊向け ロングノーズ型
F-4EJ
1971年1月14日 初飛行。
日本国内でライセンス生産。

米空軍向け ロングノーズ型
F-4E
1967年6月30日 初飛行。
機首にバルカン砲装備。

関連項目

- Fって何？→No.004
- ベトナム戦争の戦闘機→No.033

No.034　第2章●戦闘機の歴史と発達

No.035
F-14 トムキャット

映画『トップガン』などで、日本でも人気のあったF-14トムキャット。世界最強と言われた艦上戦闘機も2006年に退役している。

●艦隊防空戦闘機

アメリカで1960年代後半から開発が進められた、F-4の後継艦上戦闘機。空軍の制空戦闘機に当たる艦隊防空戦闘機で、空中戦(ドッグファイト)性能や着艦性能と高速性能を両立させるため可変翼を採用。24個の目標を捕捉して6個を同時に攻撃できるAWG-9火器管制装置と射程130km以上のAIM-54フェニックス空対空ミサイルの組み合わせも特徴。

原型機の初飛行は1970年12月。1973年7月から実戦配備が始まり、1975年4月のベトナム戦サイゴン撤退作戦に上空援護で参加している。その後、1981年8月にリビア空軍のスホーイSu-22を2機撃墜したのが初戦果で、87年にもリビア空軍のMiG-23を撃墜している。

最初の量産型F-14Aでは搭載したP&W社製TF30エンジンの信頼性が低かったが、GE社製F-110エンジン(F-16Cと同じ)を搭載したF-14B/Dになって、ようやく充分な性能を発揮できるようになった。生産数は合計712機。海外へは唯一、パーレビ王朝時代のイランに79機が輸出され、現在も30機程度が稼動中と伝えられている。

●米海軍最後の純戦闘機

1981年からは、TARPS(ターブス)と呼ばれる偵察カメラ**ポッド**を装備した機体が配備され、湾岸戦争でも活躍した。1995年からは、**F-15**Eと同じLANTIRN(ランターン)システムを搭載してレーザー爆弾の運用能力を持たせる改修が行われ、"ボムキャット"と呼ばれて、アフガン攻撃などで活躍した。

初飛行以来、35年以上に渡り米海軍の艦上戦闘機として活躍したF-14も、維持費の高騰や整備の複雑さから稼働率が低くなり、2006年9月に米海軍から退役した。後継はF/A-18E/Fで、F-14の退役は米海軍から純粋な戦闘機がいなくなってしまったことを意味する。

グラマン F-14 Tomcat トムキャット

F-14A

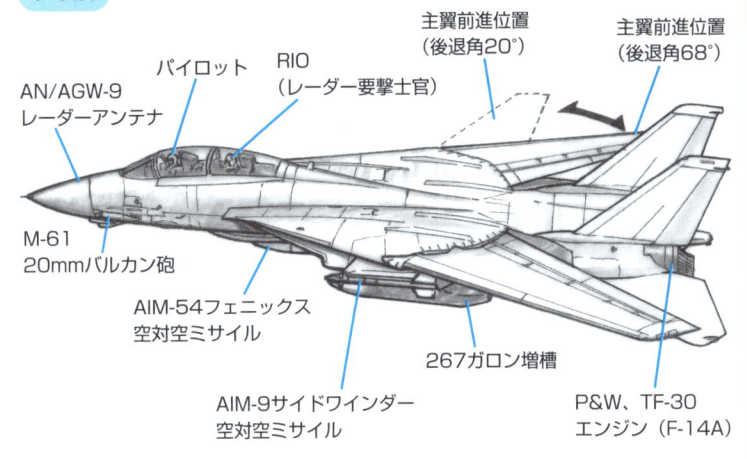

- AN/AGW-9 レーダーアンテナ
- パイロット
- RIO（レーダー要撃士官）
- 主翼前進位置（後退角20°）
- 主翼前進位置（後退角68°）
- M-61 20mmバルカン砲
- AIM-54フェニックス 空対空ミサイル
- AIM-9サイドワインダー 空対空ミサイル
- 267ガロン増槽
- P&W、TF-30 エンジン（F-14A）

スペック

全幅	19.55m（後退角20°） 11.65m（後退角68°）
全長	19.1m
全高	4.88m
最大離陸重量	33,724kg
最大速度	マッハ2.34
航続距離	4,400km
エンジン	F-14A/P&W製TF-30 最大推力9.48t×2 F-14D/GE製F-110 最大推力12.52t×2

武装

- M-61 20mmバルカン砲×1
- 長距離AAM　AIM-54フェニックス×6（A型の空母運用時は最大4発）
- 中距離AAM　AIM-7スパロー×4
- 短距離AAM　AIM-9サイドワインダー×4
- AAMの組み合わせはさまざまだが、胴体下にAIM-54×4、主翼付け根のパイロンにAIM-7×2とAIM-9×2が空中哨戒任務形態。
- LANTIRNシステムを搭載して各種レーザー爆弾なども運用可能。

1970年12月21日	F-14初号機が初飛行。
1974年1月	実戦部隊VF-1/-2に配備開始。
1987年4月21日	F-14D初号機が初飛行。
1991年9月	VF-21/-154が厚木基地に配備される。F-14の日本初駐留。
2006年9月	米海軍から退役。

関連項目

- F-15イーグル→No.036
- ポッド→No.110

No.035　第2章●戦闘機の歴史と発達

No.036
F-15 イーグル

F-15イーグルは70年代に開発された制空戦闘機。アメリカ空軍以外にも自衛隊など数カ国で運用され、活躍している。

●高価な制空戦闘機

　1967年に突如、存在が公表されたソ連のMiG-23/-25に対抗できる戦闘機として、アメリカのF-15は開発された。チタンやアルミ合金を多用した軽量の機体と大推力のエンジンで機動性を高めるというコンセプトは、ベトナムの戦訓を取り入れたもの。全幅13m、全長19.4mとF-4より大きな機体にもかかわらず、航続距離、速度、機動性などはすべて上回っている。主兵装はAIM-7/-9などの空対空ミサイルとM-61バルカン砲。

　原型機は1972年7月に初飛行し、74年から実戦配備が始まった。量産型には単座型のF-15A/Cと複座型のF-15B/Dがあり、合計900機ほどが生産された。1機当たり50億円程度という値段から、アメリカ以外での運用は日本(213機)、イスラエル(71機)、サウジアラビア(60機)に限られている(日本での調達価格は1機約70～110億円)。

　米空軍F-15の初実戦は1991年の湾岸戦争で、イラク軍機を相手に32対0という戦果を記録した。米軍ではまだ500機程度のF-15A～Dを運用しているが、構造材の金属疲労で180機ほどが退役する事態になり、より高価なため生産数を減らされた**F-22**への移行が問題となっている。

●ストライクイーグル

　1980年代前半に生まれたマルチロールファイター計画によって、敵地深くへ侵攻する攻撃能力も持ったF-15Eという新しい戦闘攻撃機が生まれた。複座型F-15の胴体側面に大きく膨らんだ燃料タンクを装備し、LANTIRN（ランターン）システムと呼ばれる赤外線監視装置/地形追随レーダーを搭載している。約400機が生産されたF-15Eはトップクラスの戦闘攻撃機で、湾岸戦争ではその性能をいかんなく発揮した。F-15Eの派生型はイスラエル、サウジアラビア、韓国、シンガポールでも採用されている。

マクダネルダグラス F-15 Eagle イーグル

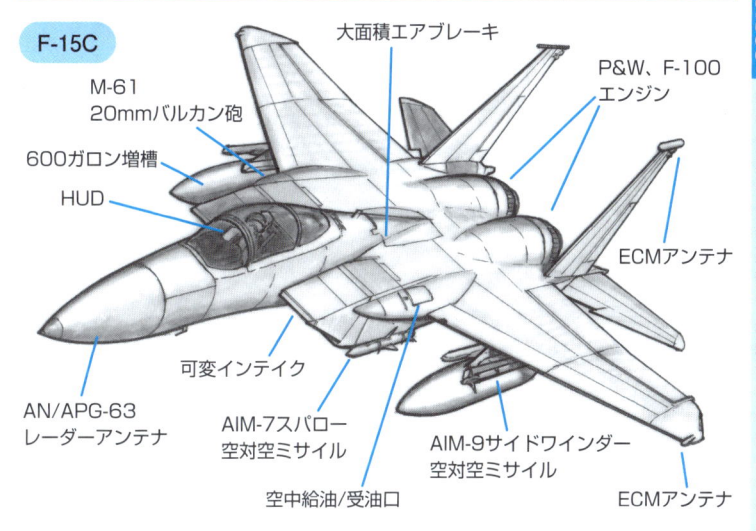

F-15C

図中ラベル:
- 大面積エアブレーキ
- P&W、F-100エンジン
- M-61 20mmバルカン砲
- 600ガロン増槽
- HUD
- ECMアンテナ
- AN/APG-63レーダーアンテナ
- 可変インテイク
- AIM-7スパロー空対空ミサイル
- AIM-9サイドワインダー空対空ミサイル
- 空中給油/受油口
- ECMアンテナ

スペック

全幅	13.05m
全長	19.43m
全高	5.63m
最大離陸重量	26,521kg
最大速度	マッハ2.5
航続距離	4,600km
エンジン	P&W製F-100-PW-220 最大推力10.79t×2

武装

- M-61 20mm バルカン砲×1
- 中距離AAM　AIM-7スパローまたはAIM-120×4
- 短距離AAM　AIM-9サイドワインダー×4
- AAMは胴体下にAIM-7スパローまたはAIM-120×4と主翼下のパイロン側面にAIM-9×4が標準。
- 胴体側面にCFT（コンフォーマルタンク）と呼ばれる燃料タンク（両側で容量1,450ガロン）を装着できる。
- F-15Eでは各種レーザー爆弾などの対地攻撃兵器を11t以上搭載可能

1972年7月27日	F-15A初号機が初飛行。
1974年11月	転換訓練部隊に配備開始。
1977年12月	航空自衛隊が次期主力戦闘機として採用を決定。
1986年12月11日	F-15Eストライクイーグルの初号機が初飛行。

関連項目

- F-22ラプター→No.039

No.037
F-16 ファイティングファルコン

使い勝手の良い戦闘機として世界中で採用されているF-16ファイティングファルコンは、対地攻撃能力も付加され、発展を続けている。

●軽量戦闘機計画

　1970年代前半、米空軍は高性能だが高価格で多数を調達できない**F-15**を補完する軽量戦闘機(LWF)計画を発表。GD社YF-16とノースロップ社YF-17が競試に応じ、1975年1月に試作型YF-16が採用された。

　F-16は胴体と主翼をなだらかに繋ぐ**ブレンデッド・ウィング・ボディ**や、大きく視界の良いキャノピーなどSF的な外形だけでなく、フライ・バイ・ワイヤを採用し、操縦桿を右コンソールに配置するなど、機体内部にも新機軸を採用していた。軽量というだけあって、機体重量はF-15の約13tに対して、F-16は約8.6t。しかし、武装搭載量は約5tで、大戦中の爆撃機B-17の爆弾搭載量4.9tを上回る。設計時から重視された格闘戦性能は高く、機動性はF-15より新しい設計であることを実感させるものだ。最初の量産型F-16A(と複座型B)は1979年から実戦配備が始まり、C/D型ブロック30ではエンジンをGE社製F110に換装するなど、ブロックと呼ばれる生産ロットごとに改修が行われている。兵装はM-61バルカン砲と各種ミサイルで、F-16C/Dブロック40/42以降はLANTIRN(ランターン)システムを搭載してレーザー爆弾を使用した夜間の攻撃能力も付加されている。湾岸戦争とそれ以降の紛争では地上攻撃機としても活躍している。

●ワールドワイドファイター

　1機当たり30億円程度と比較的低価格で扱いやすいF-16は、現在約4,300機以上が生産され、トルコ、ベルギー、オランダ、エジプトなど世界25カ国以上で採用されている。各国では国情に合わせて搭載兵器や装備を追加、変更しており、イスラエル空軍の複座型は胴体上面に大きなタンクを搭載し、電子機器を追加するなど、独自の改修が加えられている。

ジェネラル・ダイナミクス F-16 Fighting Falcon ファイティングファルコン

F-16C-50D　SEAD任務用　　　※現在はロッキード・マーチン。

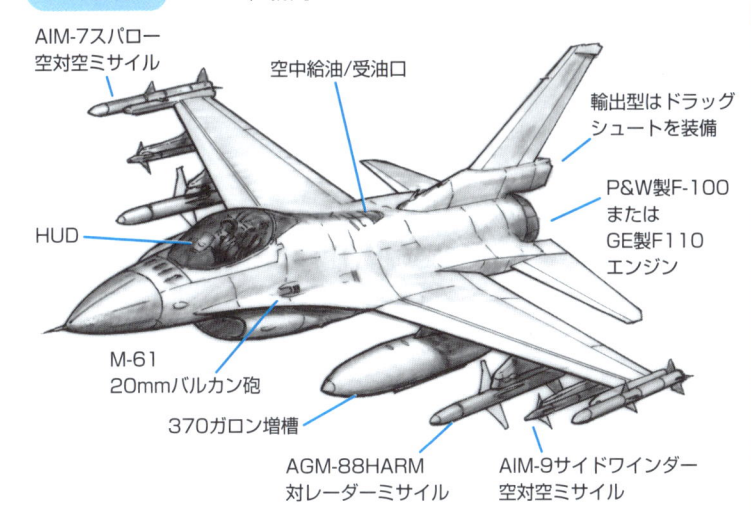

- AIM-7スパロー空対空ミサイル
- 空中給油/受油口
- 輸出型はドラッグシュートを装備
- P&W製F-100またはGE製F110エンジン
- HUD
- M-61 20mmバルカン砲
- 370ガロン増槽
- AGM-88HARM 対レーダーミサイル
- AIM-9サイドワインダー空対空ミサイル

スペック

全幅	9.45m
全長	15.03m
全高	5.09m
最大離陸重量	19,187kg
最大速度	マッハ2
エンジン	P&W製F-100-PW-229 最大推力13.19t またはGE製 F-110-GE-129 最大推力13.42t

武装

- M-61 20mm バルカン砲×1
- 中距離AAM　AIM-7スパローまたはAIM-120（最大6発）
- 短距離AAM　AIM-9サイドワインダー×4
- 主翼下と胴体下に合計9か所のハードポイントがあり、各種レーザー爆弾、対地ミサイルなどを5.4t搭載可能。

1974年2月2日	試作型YF-16の初号機初飛行。
1975年1月13日	YF-17とのコンペでYF-16が正式採用。
1979年1月	F-16A、実戦配備開始。
1984年6月	F-16C、初号機初飛行。

関連項目

- F-15イーグル→No.036
- ブレンデッド・ウィング・ボディ→No.088

No.038
F/A-18 ホーネット

今や米海軍/海兵隊の主力戦闘攻撃機となったF/A-18ホーネット。しかし、そのルーツはF-16に破れた軽量戦闘機F-17だった。

●生まれ変わった空軍戦闘機

米空軍のF-15とF-16の関係と同じように、高価格の**F-14**を補完する機体を開発する計画が、1975年に米海軍でも始まり、今度はYF-17が採用された。しかし、メーカーのノースロップ社に艦載機生産の経験がなかったため、マクダネル・ダグラス社が主契約となり、全面的に再設計された。双発、双尾翼、主翼前縁ストレーキなどの外形こそ継承しているものの、1978年11月に初飛行したF-18は、YF-17とは全く別機になった。

設計段階では、戦闘機型をF-18、攻撃機型をA-18と呼んでいたが、実際には同じ機体で両方の任務をこなせるようになったので、F/A(戦闘攻撃)という新しい用途記号が使用されることになった。

F/A-18の特徴は大型ディスプレイを多用したコクピットで、一人で空中戦から地上攻撃までの任務をこなせるように、操作の単純化が図られている。搭載兵装は各種空対空ミサイル、M-61バルカン砲とレーザー爆弾や対地ミサイルなどで、赤外線監視/レーザーポッドも装備している。

1983年の実戦配備以降、現在までにF/A-18は各型(A/C型が単座でB/D型が複座)合計約1,600機生産され、米海軍/海兵隊の他、カナダ、オーストラリア、スペイン、スイス、クウェートなどにも輸出されている。

●スーパーホーネット

1990年代に入って開発された発達型F/A-18E/Fスーパーホーネットは、全面的な改修の結果、全長は約1.3m伸び、主翼面積は25%大きくなった。E型が単座型で、複座型のF型はどこかF-14とイメージがダブる。当初、A-6攻撃機の後継として開発されたF/A-18E/Fだが、実際には退役が早まったF-14の後継としても配備されており、現在、米海軍/海兵隊の戦闘攻撃飛行隊はすべてF/A-18ホーネット系で独占されている。

マクダネルダグラス F/A-18 Hornet ホーネット

F/A-18C Hornet ホーネット

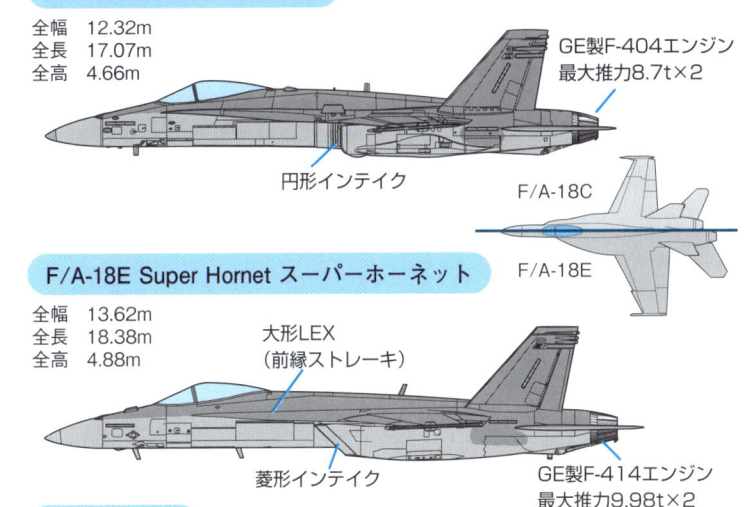

全幅　12.32m
全長　17.07m
全高　4.66m

GE製F-404エンジン
最大推力8.7t×2

円形インテイク

F/A-18C
F/A-18E

F/A-18E Super Hornet スーパーホーネット

全幅　13.62m
全長　18.38m
全高　4.88m

大形LEX
(前縁ストレーキ)

菱形インテイク

GE製F-414エンジン
最大推力9.98t×2

F/A-18E 武装

- M-61 20mm バルカン砲×1
- 中距離AAM　AIM-7スパローまたはAIM-120、最大12発
- 短距離AAM　AIM-9サイドワインダー ×2
- 主翼下と胴体下に合計11か所のハードポイントがあり、各種レーザー爆弾、対地ミサイルなどを約8t搭載可能。

原型機

ノースロップ
YF-17
1974年6月　初飛行。
1975年1月　米空軍戦闘機採用でYF-16に敗れる。

初期量産型

マクダネルダグラス
F/A-18A（単座型）/B（複座型）
1976年5月　　　YF-17を元に設計開始。
1978年11月18日　初号機初飛行。
1982年7月　　　実戦配備開始。

改良型

マクダネルダグラス
F/A-18C（単座型）/D（複座型）
1986年9月15日　初号機初飛行。
1987年10月　　 実戦配備開始。

発達型

ボーイング
F/A-18E（単座型）/F（複座型）
1995年11月29日　初号機初飛行。
1997年　　　　　マクダネルダグラスがボーイングに吸収される。
1998年12月　　　実戦配備開始。

関連項目

- F-14トムキャット→No.035

No.039
F-22 ラプター

現在、世界最強と言われる米空軍のロッキードF-22ラプターは、異次元の性能を持っている。その性能とはどんなものだろうか。

●YF-22とYF-23

1981年にスタートしたATF（新型戦術戦闘機）プログラムで、ロッキードYF-22とノースロップYF-23の競争試作が行なわれた。その結果、YF-22が採用され、1997年9月7日に量産第1号機が初飛行した。同時に搭載エンジンもP&W製YF-119とGE製YF-120でコンペが行われ、P&W製YF-119の採用が決まった。

●航空支配戦闘機

F-22のキャッチフレーズは"First Look, First Shot, First Kill"（敵よりも先に発見して、先に撃ち、先に撃墜する）というもの。高**ステルス性**、超音速巡航、高機動性、AN/APG-77レーダーとAIM-120**空対空ミサイル**のウエポンシステムなどでそれを実現している。中でもステルス性を高めるためにさまざまな先進技術が盛り込まれており、レーダー断面積は0.0001㎡とも言われている。つまり、敵レーダーの探知圏外から超音速で近付き、気付かれないうちに対空ミサイルを発射して、超音速で飛び去るという戦法。F-15やF-16との模擬戦闘訓練では、F-22はまったくレーダーで補足されることがなく、逆にF-15やF-16は訓練空域に侵入したとたんに"撃墜"される。このように、F-22はフェアな戦いではなく、アンフェアな100対0のワンサイドゲームを目指していると言われている。

従来の戦闘機とは比べ物にならない性能を持ち、米空軍に今後40年間の制空権支配を約束すると言われているF-22だが、量産しても1機160億円以上とも言われる価格が最大のネック。当初700機以上の量産が計画されていたが、約180機にまで削減された。航空自衛隊の次期主力戦闘機の候補にもなっているが、高価格の他に、機密保持のため米議会が輸出を禁じているので、現時点では導入は難しい状況だ。

ロッキード・マーチン F-22 Raptor ラプター

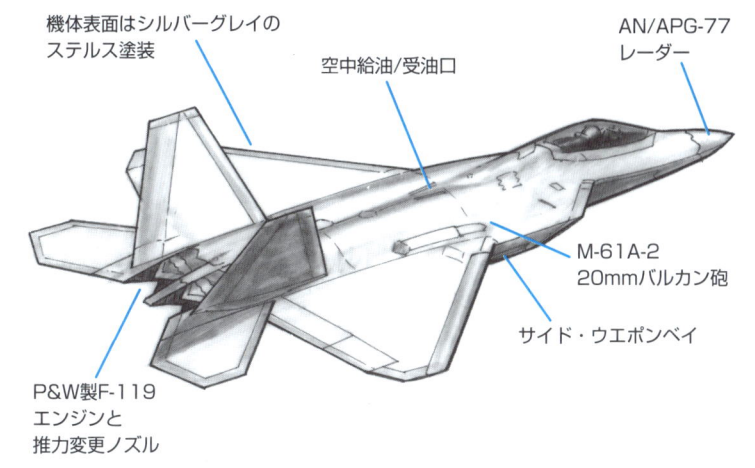

No.039

第2章●戦闘機の歴史と発達

- 機体表面はシルバーグレイのステルス塗装
- 空中給油/受油口
- AN/APG-77 レーダー
- M-61A-2 20mmバルカン砲
- サイド・ウエポンベイ
- P&W製F-119エンジンと推力変更ノズル

スペック

全幅	13.56m
全長	18.9m
全高	5.08m
最大離陸重量	36,320kg
最大速度	マッハ2.4
航続距離	3,200km
エンジン	P&W製F-119-PW-100 最大推力15.89t

武装

- M-61 20mm バルカン砲×1
- 中距離AAM　AIM-120×6
- 短距離AAM　AIM-9サイドワインダー ×4
- 胴体内ウエポンベイに1,000ポンド級の誘導爆弾などを2発、搭載可能。

1981年5月	米空軍よりATFの概念情報要求が提示され、計画が始まる。
1986年10月	ロッキードがYF-22、ノースロップがYF-23としてプロトタイプを受注。
1990年8月27日	試作型ノースロップYF-23の1号機が初飛行。
1990年9月29日	試作型ロッキードYF-22の1号機が初飛行。
1991年4月23日	コンペの結果、ロッキードF-22が正式採用。
1997年9月7日	F-22Aの1号機が初飛行。
2005年5月12日	バージニア州ラングレイ基地に部隊配備開始。
2007年2月17日	沖縄、嘉手納基地へ、3カ月間の海外初展開。

関連項目

- ステルス戦闘機→No.049
- 空対空ミサイル→No.053

No.040
F-35 ライトニング II

究極のマルチロールファイター、最後の有人戦闘機など、さまざまな言葉で形容されるF-35は現在開発中の最新鋭戦闘機だ。

●JSF計画

　F-35はアメリカ空軍のF-16とA-10、アメリカ海軍と海兵隊のF/A-18A～D、そしてアメリカ海兵隊とイギリス海、空軍のAV-8ハリアーまでもの後継機を一つの基本設計から開発しようというJoint Strike Fighter（統合攻撃戦闘機）計画から生まれた。一つの基本設計を元に開発すれば機体価格を安く押さえることができるが、戦闘機から地上攻撃機、さらに**VTOL機**までを派生型で開発するとなると、技術的なリスクは大きくなる。JSFはそういった技術的なバランスを高く取りつつも設計の共通性で価格を押さえ、"アフォーダビリティ"（取得し易さ）を追求した機体でもある。計画には今や世界を二分する軍用機メーカーとなったボーイング社とロッキードマーチン社が参加。ボーイングはX-32、ロッキードマーチンはX-35という概念実証機を試作してコンペを行い、2001年末にロッキードマーチン社の案が正式採用されることになった。

●派生型は3種類

　F-35の派生型は3種類。アメリカ空軍向けのF-35A、アメリカ海兵隊とイギリス海、空軍向けのF-35B、アメリカ海軍向けのF-35Cで、F-35BはVTOL機であるハリアーの後継機となるためSTOVL（短距離離陸／垂直着陸機）となっていて、胴対中央部にはSTOVL用のリフトファンを別に搭載している。また、艦載機F-35CはA型に比べて主翼、尾翼などが大型化されている。F-35A/B/Cは現在のところアメリカ3軍とイギリス海、空軍合計で2,500機以上の配備が予定されており、F-16の後継機として他の国にも輸出される予定だ。F-35AのSDD（システム実証開発機）1号機は2006年12月に、F-35BのSDD1号機は2008年7月にそれぞれ初飛行し、2012年頃から部隊配備が開始される予定だ。

ロッキード・マーチン F-35 Lightning II ライトニングII

Joint Strike Fighter

ある程度のステルス性能を持ったF-35だが、主翼下面と胴体下面の機外ポイントに6.8tの兵装を搭載できる。

F-35A プロトタイプ1号機AA-1

全幅　10.7m
全長　15.6m
最高速度　マッハ1.6
最大離陸重量　27.2t

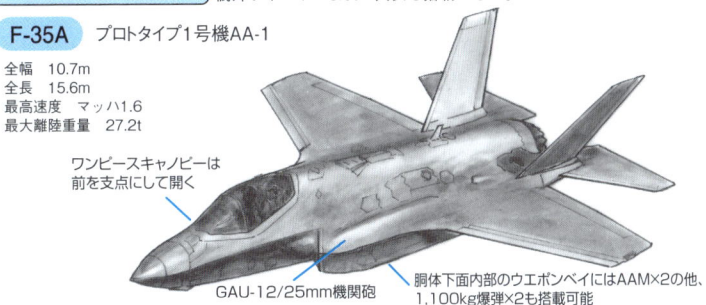

ワンピースキャノピーは前を支点にして開く

GAU-12/25mm機関砲

胴体下面内部のウエポンベイにはAAM×2の他、1,100kg爆弾×2も搭載可能

F-35のバリエーション

F-35A
CTOL（通常離着陸）型
●アメリカ空軍向け

プラット&ホイットニー
F-135エンジン（推力19.8t）

F-35B
STOVL型
●アメリカ海兵隊、イギリス向け

リフトファン
（推力8.57t）

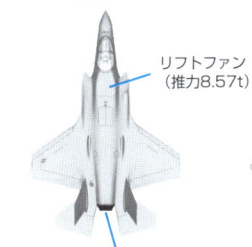

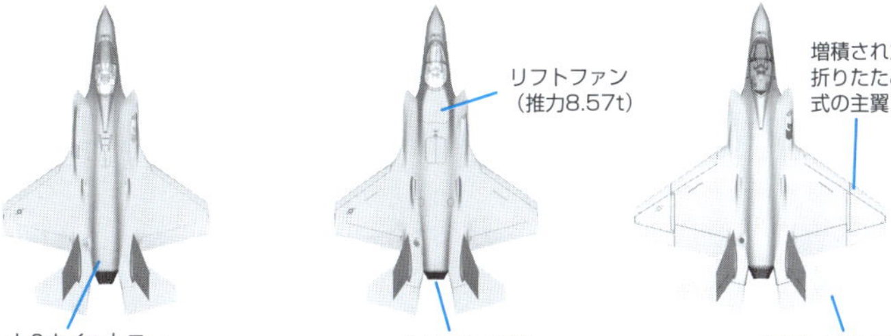

推力偏向ノズル

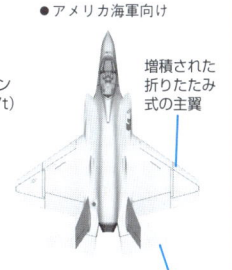

F-35C
CV（空母搭載）型
●アメリカ海軍向け

増積された折りたたみ式の主翼

大型化された尾翼

F-35BのSTOVL飛行

STOVLとはShort Take Off/Vertical Landing（短距離離陸/垂直着陸）の意味。F-35は垂直離陸もできるが、燃費向上や機体への負担のため、通常は短距離離陸する。

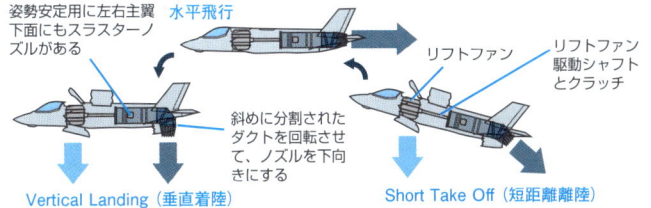

姿勢安定用に左右主翼下面にもスラスターノズルがある

水平飛行

リフトファン

リフトファン駆動シャフトとクラッチ

斜めに分割されたダクトを回転させて、ノズルを下向きにする

Vertical Landing（垂直着陸）

Short Take Off（短距離離陸）

関連項目

●VTOL機→No.067

No.041
Su-27 フランカーと MiG-29 フルクラム

スホーイSu-27フランカーとミグMiG-29フルクラムは、どちらもソ連時代の1970年代中頃から開発された旧東側最新の戦闘機だ。

●F-14/-15の対抗機

　昔から、ミグの機体は前線用の戦闘攻撃機の性格が強く、スホーイの機体は大型の防空戦闘機というという傾向があった。MiG-29とSu-27にも同じようなことが言え、MiG-29が11.36m×17.32mで最大離陸重量は約18tなのに対し、Su-27は14.7m×21.9mで最大離陸重量は約30tにもなる。どちらも1970年代に登場した米軍のF-14/-15に対抗するために開発された機体で、部隊配備はMiG-29が1983年から、Su-27が1985年から始まった。

　大きさこそ違うものの、双尾翼、双発で主翼下面に二次元**インテイク**を装備する点、**ブレンデッド・ウイング・ボディ**など、外形は良く似ており、後発のSu-27の方が滑らかで曲線的なラインを持っている。

　Su-27は大きな機体を活かした長い航続距離と豊富な搭載兵器を誇り、搭載燃料が少ないMiG-29は限定的な任務しかこなせない機体となった。とくにSu-27はその機動性が特徴で、400km/h程度で水平飛行をしながら機首を90度以上反り返らせて失速させ、時速100km/hにまで急減速した後、高度はそのままで再び水平飛行に戻る"コブラ"と呼ばれる機動ができ、発達型のSu-37では水平飛行をしながら高度を落とさずに後ろに1回転する"クルビット"ができる。

●世界への広がりと混乱

　MiG-29は旧ソ連邦各国の他、東ヨーロッパや中南米、アフリカへも輸出されている。Su-27は複座戦闘爆撃型のSu-30、並列複座型のSu-32などの発達型が生産され、旧ソ連邦各国、東南アジアやアフリカ、インド、中国などに輸出されている。この結果、各地の紛争でMiG-29とSu-27系の機体が空中戦を演じる事態も発生している。

MiG-29 フルクラム

ドイツ空軍のMiG-29G

全幅　11.36m
全長　17.32m
最高速度　マッハ2.25

MiG-29Gは輸出型をNATO仕様に改修したもの。ドイツ空軍は東西ドイツ統一により、旧東ドイツ空軍が使用していた24機のMiG-29を保有することになった。これらのMiG-29は旧西側諸国との空戦訓練などに使用されたが、稼働率の低さから2005年にはポーランドへ売却された。

Su-27P フランカーB

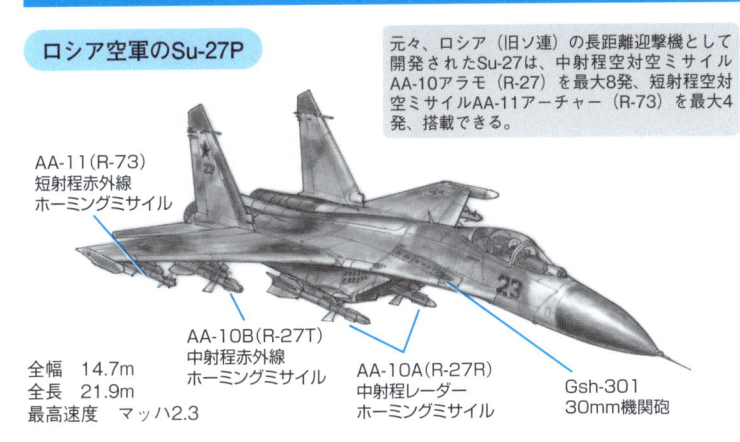

ロシア空軍のSu-27P

元々、ロシア（旧ソ連）の長距離迎撃機として開発されたSu-27は、中射程空対空ミサイルAA-10アラモ（R-27）を最大8発、短射程空対空ミサイルAA-11アーチャー（R-73）を最大4発、搭載できる。

AA-11(R-73)
短射程赤外線
ホーミングミサイル

AA-10B(R-27T)
中射程赤外線
ホーミングミサイル

AA-10A(R-27R)
中射程レーダー
ホーミングミサイル

Gsh-301
30mm機関砲

全幅　14.7m
全長　21.9m
最高速度　マッハ2.3

Su-37のクルビット

水平飛行をしながら後ろ向きに宙返りする。
この間、高度はほとんど変化しない。

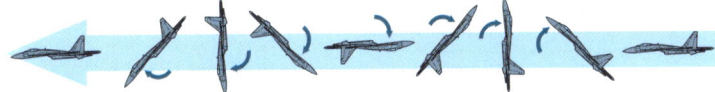

水平飛行に戻る。　垂直姿勢からさらに機首を起こす。　背面姿勢で逆方向へ飛行。　機首を後ろに倒す。　機首上げ。　水平飛行。

関連項目

● ブレンデッド・ウィング・ボディ→No.088　　● エアインテイク→No.091

No.042
マッハ3の夢

冷戦時代、相手より少しでも速くとの思いを抱いて、アメリカ空軍は最高速度マッハ3の戦闘機を求め続けた。

●トライソニックファイター

　大戦直後の1947年、すでにマッハ3を目指した戦闘機の開発がアメリカで始まっていた。リパブリックXF-103と呼ばれるこの機体は、全長25mの尖った胴体に鋭いくさび型の**インテイク**を持ち、翼はすべて**デルタ翼**だった。エンジンはターボジェットとラムジェットを組み合わせたもので、高度24,000mでマッハ3.7を目指していた。米本土上空へ高速で侵攻してくる敵爆撃機に対する迎撃機で、ラムジェット使用時の上昇率は23,000m/分というとんでもないもの。ラディカルというよりはエキセントリックな性能だった。チタニウム合金の製造加工や耐熱コーティングなど新たな技術も開発され、1957年には試作機が完成直前だったが、莫大な経費と開発の遅延などの理由でキャンセルされてしまった。

　XF-103と入れ替るように開発が始められたのがノースアメリカンXF-108レイピア。この機体はマッハ3級爆撃機XB-70ヴァルキリーの護衛用として開発されたもの。XB-70を戦闘機にしたようなデザインで、J-93ターボジェットエンジン、機体材料、機内システムなど、多くの共通部材を使用していた。全長26mという大きな機体にXF-103から引き継いだAIM-47ミサイルを3発搭載。最大速度はマッハ3.2で、XB-70の護衛のため、マッハ3での巡航性能も持つ予定だった。技術的には大きな問題もなく開発は順調に進んでいたが、1959年末、またまた予算削減という理由から、XB-70と一緒に突然キャンセルされてしまった。

　その後、ロッキードがCIA専用のマッハ3級偵察機A-12の派生型YF-12を空軍に売り込んだ。この機体は1963年8月に初飛行し、4機が試作されたが、これも予算削減でキャンセルされてしまった。なお、YF-12の空軍用偵察型がブラックバードと呼ばれる偵察機SR-71だ。

マッハ3.7のインターセプター

リパブリック XF-103 サンダーウォーリアー

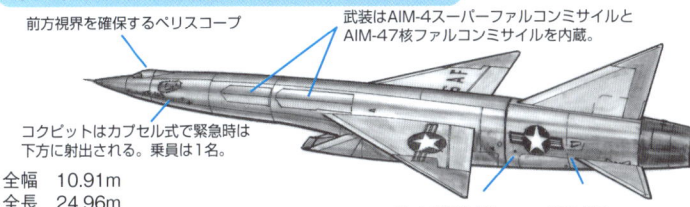

前方視界を確保するペリスコープ

武装はAIM-4スーパーファルコンミサイルとAIM-47核ファルコンミサイルを内蔵。

コクピットはカプセル式で緊急時は下方に射出される。乗員は1名。

全幅　10.91m
全長　24.96m
最高速度　マッハ3.7
実用上昇限度　24,400m

オレンダPS-13ターボジェットエンジン(推力9.5t)

XRJ-55ラムジェットエンジン(推力7t)

マッハ3.2の護衛戦闘機

ノースアメリカン XF-108 レイピア

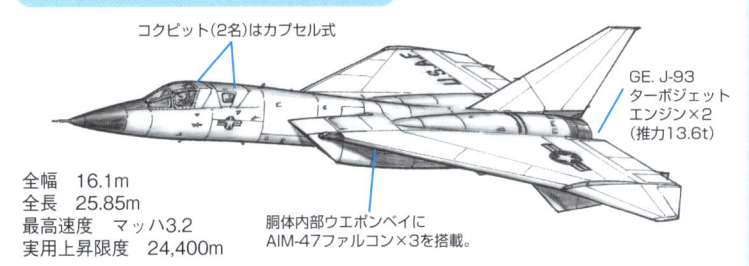

コクピット(2名)はカプセル式

GE. J-93ターボジェットエンジン×2(推力13.6t)

全幅　16.1m
全長　25.85m
最高速度　マッハ3.2
実用上昇限度　24,400m

胴体内部ウエポンベイにAIM-47ファルコン×3を搭載。

世界初のトライソニックファイター

ロッキード YF-12A

全幅　16.95m
全長　30.98m
最高速度　マッハ3.5
実用上昇限度　26,000m

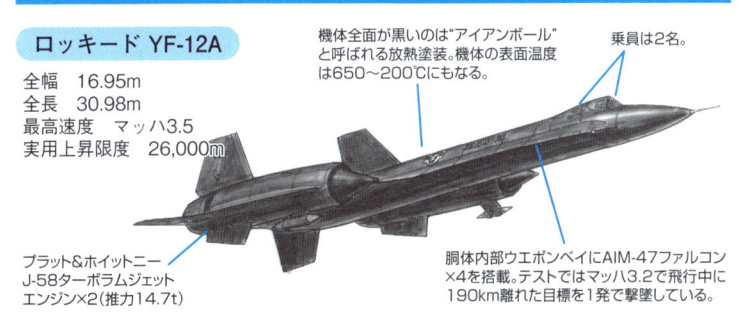

機体全面が黒いのは"アイアンボール"と呼ばれる放熱塗装。機体の表面温度は650～200℃にもなる。

乗員は2名。

プラット&ホイットニーJ-58ターボラムジェットエンジン×2(推力14.7t)

胴体内部ウエポンベイにAIM-47ファルコン×4を搭載。テストではマッハ3.2で飛行中に190km離れた目標を1発で撃墜している。

関連項目

●デルタ翼機→No.086　　　　　　●エアインテイク→No.091

No.042　第2章●戦闘機の歴史と発達

最後の有人戦闘機

　今から半世紀以上も前の1954年3月5日、ロッキードXF-104がカリフォルニア州エドワーズ空軍基地で初飛行した。1954年と言えば、第二次大戦が終わってまだ10年も経っていない頃、ジェット戦闘機がようやく軍用機として定着し始めた時代だった。鋭く尖った機首を持つミサイルのような細長い胴体と、カミソリのように薄く、小さな主翼。高い位置に取り付けられた菱形の水平尾翼。F-104はそれまでに登場したどの航空機より先進的で、異次元のスタイルと性能を持っていた。設計者のケリー・ジョンソンは"Missile with a man in it"（人間の乗ったミサイル）という表現で、この新鋭戦闘機を紹介した。

　あまりに斬新なその機体デザインのため、F-104は当時、「最後の有人戦闘機」とも表現された。航空雑誌に載った数少ないオフィシャル写真にはその表現がぴったりで、誰もがそんなことはないとわかりつつも、漠然と「そうかもしれない」とも思っていた。しかし、当然ながら、F-104のテスト飛行中にも数々の戦闘機が開発中だったし、その後も多くのジェット戦闘機が登場した。

　最近では、この表現はケリー・ジョンソンが「究極の戦闘機」の意味で使った"The ultimate fighter"が「最後の戦闘機」と訳されてしまったことが原因だとわかっている。しかし、そんな経緯とは関係なく、文句なしに「最後の有人戦闘機」だと万人に納得させてしまうほどのスマートさが、F-104にはあった。

　では、本当に「最後の有人戦闘機」となるのは何なのだろう。本当にそんな時が来るのだろうか。2010年代に入って実用化される戦闘機の中では、今のところ、F-35が最新だ。F-35は2012年から配備予定で、25年ほど使用されるとして、2040年頃には次期戦闘機との交替が始まるだろう。はたして、F-22やF-35と交替する戦闘機は無人なのだろうか。実は、現在、すでに多くの無人航空機がアメリカを中心に軍用機として運用されている。RQ-1プレデターやRQ-4グローバルホークなどの無人偵察機だけではなく、MQ-1CウォーリアやMQ-9リーパーなどのように対戦車ミサイルや誘導爆弾を搭載できる無人攻撃機も実用化されている。2009年には米空軍ニューヨークANG（州空軍）に属する第174戦闘飛行隊にF-16Cと交替する形でMQ-9の配備が始まった。一方、UCAV（無人戦闘航空機）と呼ばれる、より大型の無人ステルス艦上攻撃機の開発も進められていたが、伝統的に戦闘機パイロットの地位が尊重される米海軍ではとくに無人機へのアレルギーが強く、現在のところ開発は中止されている。

　このように、運用する側の心理的な問題もあり、また、有人戦闘機のように対空戦闘までこなす"フルスペックな戦闘機"となると、技術的な壁も高い。全体の流れとしては、陸海空とも無人兵器の割合が現在より大きくなることは間違いないが、戦闘機パイロットが完全に姿を消すのは、まだずっと先の話のようで、それまで人類が存在しているかどうかの方が問題だろう。

第3章
戦闘機の運用と種類

No.043
超音速飛行

1947年にチャック・イェーガーが音速を超えるまで、音の壁というものが存在し、超音速飛行は不可能だと信じられていた。

●音速

音の伝わる速さは空気の密度で変わるため、地表近くでは時速約1,225km/hだが、密度と気温が低い高度11,000mあたりでは時速約1,063km/hになる。つまり、地表近くでは時速1,225km/h以上でないと音速を超えられないが、高度11,000mでは時速約1,060km/hほどで超えられることになる。一般的には、海面上で気温15℃、秒速約340m/s、すなわち時速約1,225km/hをマッハ1として表している。

●音の壁

機体表面を流れる空気は、翼上面などで機体の飛行速度より速く流れている。飛行速度がマッハ0.8を超えた遷音速域になると、それらの部分では空気の流れが音速を超えるようになり、部分的に衝撃波が発生する。遷音速域において機体各部に発生する衝撃波は、空気の流れを乱し、翼の揚力を奪ったり、激しい揺れを起こしたりして操縦を困難にさせる。これが"音の壁"と呼ばれる現象で、初期のジェット機では緩いダイブ飛行に入った機体が姿勢を回復できずに音速を突破し、空中分解する事故も起きた。現在では薄くて丈夫な翼構造の開発、超音速飛行に適した翼平面の設計、高性能で強力なエンジンの開発によって、音の壁はたやすく乗り越えられる。

機体全体の飛行速度が音速を超えると、機体の先端部分と後方部分(主翼の後縁付近)の2カ所で衝撃波が発生する。このとき、機体全体の空気の流れ自体は超音速で安定するため、飛行も安定する。

航空ショーなどで、機体中央部の周りに円錐状の水蒸気の傘を作って飛ぶ戦闘機を見ることがあるが、あれは遷音速域で部分的に圧縮された空気が水蒸気となって見えているもの。機体自体が音速を超えているわけではないし、もちろん、音の壁を突破した瞬間などでもない。

マッハとは

音の伝わる速度は気温や空気の密度(高度)で大きく変化するが……

マッハ1

海面上、気温15℃で秒速約340m/s、時速約1225km/h。

音の壁

マッハ0.7

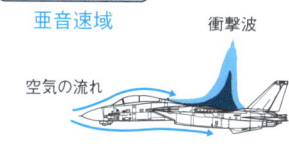

亜音速域

主翼上面など空気の流れが早いところは部分的に音速を超え、衝撃波が発生する。

マッハ0.8

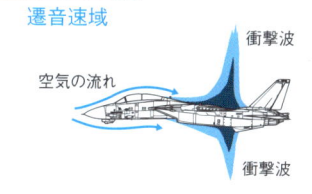

遷音速域

機体上下に衝撃波が発生する。機体各部の気流が乱れ、機体の安定性に悪影響を及ぼす。この速度域では、水蒸気の傘が見えることもある。

マッハ0.9

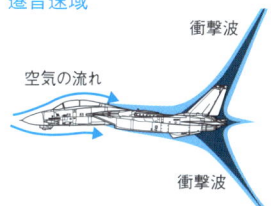

遷音速域

衝撃波は機体後方へ集まる。機体表面の空気の流れはほとんど音速に等しくなっている。操縦舵面はすべて衝撃波の中に入っているので、操縦性は著しく低下する。

マッハ1以上

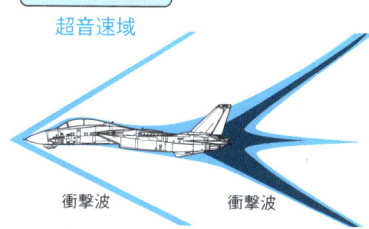

超音速域

翼前縁や機首先端に第2の衝撃波が発生する。機体全体の空気の流れ自体は超音速で安定するため、飛行も安定する。

関連項目

●世界初の超音速ジェット戦闘機→No.021　　●ソニックブーム→No.044

No.044
ソニックブーム

航空機が音速を超えて飛行すると衝撃波が発生する。衝撃波のエネルギーが地上に伝わるとさまざまな被害を及ぼす。

●衝撃波

　音は発生源から同心円の波紋として周囲に広がる。航空機が飛行すると、機体の周りには音と同じ速さで波紋が広がるが、前方への広がりは機体の飛行速度の分、圧縮される。飛行速度が増すと、機体前方の波がより圧縮されて密度が高まり、飛行速度が音速と同じになると空気の波紋は航空機より先に逃げられなくなって大きな抵抗となる。これが衝撃波だ。

　飛行速度が音速を超えると、波紋は機体より後ろに広がり、衝撃波も後方で発生する。そもそも衝撃波は空気などの中を伝播する圧力波で、伝播するうちに減衰して音波となる。空高く飛行する航空機が音速を超えると、その航空機が通過した地上では機体の先端部分と後方部分から発生した前後2回の爆発音として聞こえる。

●ソニックブーム

　衝撃波が音波にまで減衰しないうちに地上に到達すると、建物の窓ガラスが割れるような被害をもたらすことになる。これがソニックブームと呼ばれる現象だ。1950年代には、高高度を飛行すれば地上への影響はないと考えられていたが、高度5,000mを飛行する機体が地上の窓ガラスを割ることがあり、気象条件や速度によっては10,000〜20,000mを飛ぶ機体からも強いソニックブームが観測されることがある。ソニックブームが発生しやすいかどうかは機体の外形や重量なども大きく影響する。

　1960年代にアメリカで開発されたSST（超音速旅客機）計画が中止され、ヨーロッパで開発されたコンコルドも**超音速飛行**のルートが大西洋上のみと限定されたのは、このソニックブーム問題が大きい。

　軍用機でも平時においては超音速飛行ができる空域は限定されており、そのほとんどは影響の少ない海上に限られている。

衝撃波発生のメカニズム

亜音速（マッハ0.8程度まで）

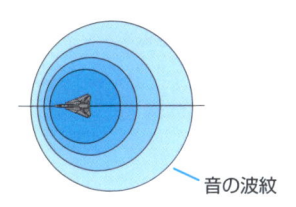

音の波紋

遷音速（マッハ0.8～1まで）

波紋の広がりが前方で圧縮される。

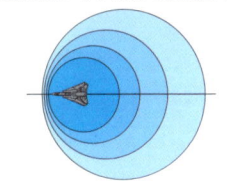

マッハ1

前方に衝撃波が発生する。

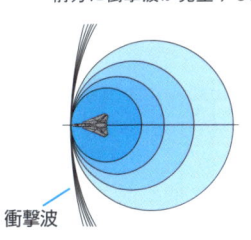

衝撃波

超音速（マッハ1以上）

衝撃波は後方で発生する。

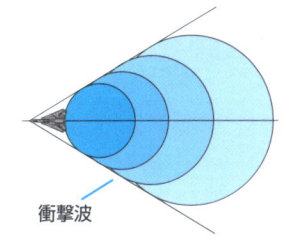

衝撃波

ソニックブーム

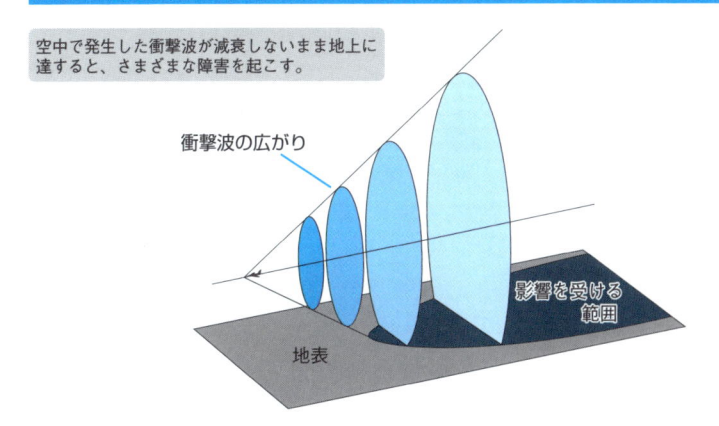

空中で発生した衝撃波が減衰しないまま地上に達すると、さまざまな障害を起こす。

衝撃波の広がり

影響を受ける範囲

地表

関連項目
●超音速飛行→No.043　　　　　●スーパークルーズ→No.045

No.045
スーパークルーズ

従来のジェット戦闘機はアフターバーナーを使用するため、超音速飛行の時間は短かったが、新世代の戦闘機は超音速巡航(スーパークルーズ)が可能だ。

●最大速度と巡航速度

　ジェット戦闘機が超音速飛行に必要な最大推力を得るためには**アフターバーナー**を併用する必要があるが、燃費が悪くなり、機体への抵抗も大きいため使用時間は大きく制限されている。例えばF-15の最大速度はマッハ2.5程度とされているが、マッハ2.3以上での飛行は1分以内に制限されている。また、アフターバーナーなしではマッハ1を超えたあたりが限界で、燃料タンクや爆弾などを搭載した状態ではアフターバーナーを使用しても最大マッハ1.5に制限されている。

　つまり、最大速度マッハ2.5と言っても、実際にはそれに近い速度で飛行できる時間は数十秒からせいぜい数分。戦闘機も巡航速度はジェット旅客機と同じ程度のマッハ0.8〜0.9で、通常、基地を発進して作戦空域への往復の大部分は亜音速で飛行している。必要な時だけ超音速で飛び、ここぞという時だけ最高速度を出すということだ。

●超音速巡航

　偵察機のロッキードSR-71やMiG-25/-31など、アフターバーナーを使用して長時間の超音速飛行が可能な機体は以前から一部、存在した。2003年に退役した超音速旅客機コンコルドも超音速巡航が可能だった。

　しかし、1980〜90年代に開発が始まったユーロファイター・タイフーンやロッキードF-22はアフターバーナーを使用せずに超音速巡航が可能だ。とくに最新鋭の**F-22**は**推力重量比**の大きなP&W製F-119ターボファンエンジン(推力15.8t)×2基を搭載し、マッハ1.7以上での超音速巡航ができる。この能力は、空対空戦闘において、敵との距離を充分に保ちながら、敵が決して追い付けない速度で優位に戦うことができるという大きなアドバンテージとなっている。

最大速度とは言うものの……

アフターバーナーを使用しないと最大速度は出せないが、

マッハ2.5　　　　　　　　　　　　　アフターバーナー

最高速度での飛行は1分以内に制限されている。

燃料タンクや武装などを搭載した状態では抵抗が大きいので、

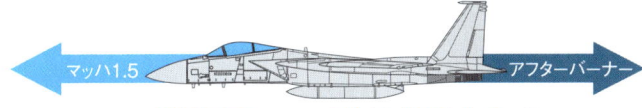

マッハ1.5　　　　　　　　　　　　　アフターバーナー

最高速度はマッハ1.5以内に制限されている。

アフターバーナーを使用すると燃費が悪いので、

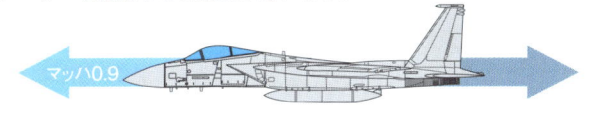

マッハ0.9

通常はアフターバーナーを使用せずマッハ0.9程度で飛行している。

スーパークルーズ

ロッキードF-22ラプターは

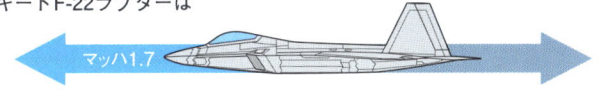

マッハ1.7

アフターバーナーなしで超音速巡航ができる。

F-22の最大速度はマッハ2.4なので、

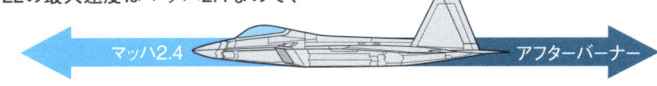

マッハ2.4　　　　　　　　　　　　　アフターバーナー

アフターバーナー使用でもそれほど速度差はない。

最新の戦闘機では
短時間しか発揮出来ない最大速度が速いことよりも、
超音速で長時間飛行できることが重要。

関連項目

●F-22ラプター→No.039　　　　　　●アフターバーナー→No.100
●推力重量比→No.101

No.046
陸上機と艦載機

陸上基地から離発着する機体を陸上機、空母から発進する機体を艦載機と呼ぶが、それぞれには性能的にも運用的にも違いがある。

●空軍機と海軍機

　少し乱暴な表現をすると、空軍で運用されるのが陸上機で、海軍で運用されるのが艦載機だ。陸上機と艦載機ではたとえ同じ任務に使用される機体でも、運用方法に大きな違いがある。艦載機は**空母**の甲板という限られた空間で運用される機体で、強力な射出力を持つスチームカタパルトによって打ち出され、制動ワイヤーによって瞬時に**着艦**できるが、それ故、最大離陸重量や着艦速度に制限がある。理論上は土地の続く限り何kmでも滑走路を使える陸上機に比べると、ほんの100mほどの距離で離発着しなければならない艦載機にはシビアな要求が課せられるということだ。着艦時に、フックでワイヤーを捕らえ損ねるトラブルがあった時には素早くエンジン出力を上げて離艦しなければならず、そのためエンジンには高いレスポンスが要求される。また、搭載弾薬量にも制限があり、着艦時の大きな衝撃に耐えるため、頑丈な降着装置(脚柱など)を備えているのも特徴だ。

●艦載機から陸上機へ

　艦載機には厳しい運用制限があり、陸上機には任務に特化した高い性能要求がある。そのため、過去には同じ機体から陸上機と艦上機が生まれたケースは少なく、唯一とも言える成功例は5,000機以上が生産され、世界中で運用されたF-4ファントムIIだ。元は海軍が開発した艦隊防空戦闘機だが、対地攻撃能力や空戦能力にも優れていたため空軍からも大量発注を受け、後に空軍機としても独自の発達を遂げた。1960年代、アメリカでは開発費を抑えるため可変翼の大型戦闘機F-111を空海軍共用の戦闘機として開発しようとした。空軍型は500機ほどが生産されて一応の成功をみたが、海軍型はどうしても重量超過を克服できずキャンセルされた。その観点からすると、F-35は大きなチャレンジだと言えよう。

陸上機と艦載機

陸上機
- 陸上の基地から運用される。
- 高い離着陸性能は要求されない。
- 専用の任務や能力が与えられる。
- 多くは陸軍や空軍の所属。
- 海軍の陸上基地所属機もある。

艦載機
- 空母から運用される。
- 高い離着陸性能が要求される（重量制限など）。
- 複数の任務や能力が与えられる。
- 海軍の所属。
- 空母以外の艦艇搭載機もある。

要求される性能や任務が異なるため、同一機種で両方を兼ねることは困難。

F-4ファントムIIの成功

最初は米海軍の艦上戦闘機として開発、生産された。

米海軍
F4H-1（後のF-4B）　原型初飛行は1958年

米海軍所属を表す "NAVY"

高性能に目を付けた米空軍も戦闘爆撃機として発注。

米空軍
F-110（後のF-4C）　1962年採用

米空軍所属を表す "AIR FORCE"

F-4ファントムIIはその後、改良、発展を重ね、世界中の空軍と海軍で5,000機以上が生産、採用された。

関連項目
- F-4ファントムII→No.034
- 空母→No.048
- 艦載機の発進と着艦→No.047

No.047
艦載機の発進と着艦

空母の甲板上には何十機もの艦載機がひしめいている。狭い飛行甲板ではどのように離着艦が行われているのだろうか。

●カタパルト発進

現代の巨大**空母**でも、甲板のサイズは最大330m×77m程度で、数十機の**艦載機**に多数の甲板員が群がり、離着艦が繰り返されている。

初期は空母の艦首を風上に向け、向い風を受けながら艦載機が自力滑走して離陸したが、米英海軍は第二次大戦中に油圧カタパルトを実用化した。大戦後、艦載機のジェット化、大型化に伴って、より強力なスチームカタパルトが開発された。現在のスチームカタパルトは長さ約90mで、総重量35tもの機体を一瞬にして約250km/hまで加速して打ち出す。F-4あたりまでは、機体の下面とカタパルトシャトルをブライドルと呼ぶワイヤーで繋いでいたが、回収や装着に手間がかかるため、現在ではすべての艦載機が前脚柱にランチバーを装着している。例えば総重量約30tのF/A-18E/Fが射出される時、機体は約80tの力で引っ張られ、パイロットには約1tの力が加わる。世界最強の絶叫マシーンだ。

●難しい着艦

空母への着艦は、甲板上に張ったワイヤー(アレスティングワイヤー)に、機体下面に装着した着艦フックを引っ掛けて行う。着艦時の侵入速度は200km/h程度。ワイヤーを捕らえた瞬間、数十メートルで機体は完全に停止する。荒波に揺られる甲板上の狭い範囲に、正確に機体を落とさなければならず、旅客機のようなソフトランディングは厳禁。総重量約30tの機体では主脚に約80t、パイロットに約1.5tの衝撃が加わる。その激しさから、空母への着艦は「制御された墜落」とも呼ばれる。もし、着艦フックがワイヤーを捕らえそこねたら、すぐにスロットルを全開にして再び離艦しなければならない。この動作をボルター(着艦復航)と呼ぶが、長さ200mほどのアングルドデッキ上でこれに失敗すると、そのまま海に墜落してしまう。

カタパルト発進

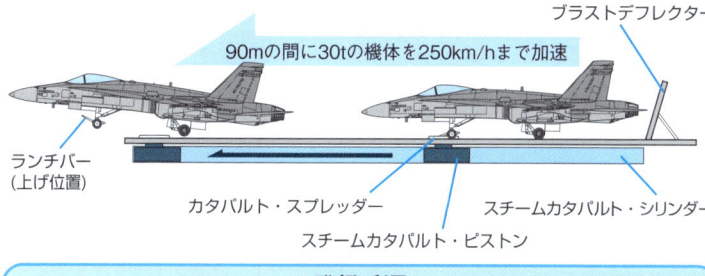

ブラストデフレクター
90mの間に30tの機体を250km/hまで加速

ランチバー（上げ位置）
カタパルト・スプレッダー
スチームカタパルト・ピストン
スチームカタパルト・シリンダー

発艦手順

1. 機体を所定の位置に移動させ、前脚のランチバー（機体とカタパルトを繋ぐフック）をカタパルト・スプレッダーに引っ掛ける。
2. 機体の主翼フラップなどは発艦（離陸）に備えてすべて下げ位置にセット。
3. 機体後方にある甲板のブラストデフレクター（ジェット排気防護壁）を起こす。
4. 最終チェックが済むと、エンジンをフルパワーにし、脚ブレーキを外す。
5. カタパルトオフィサーの合図で、カタパルト射出ボタンが押される。

アプローチと着艦

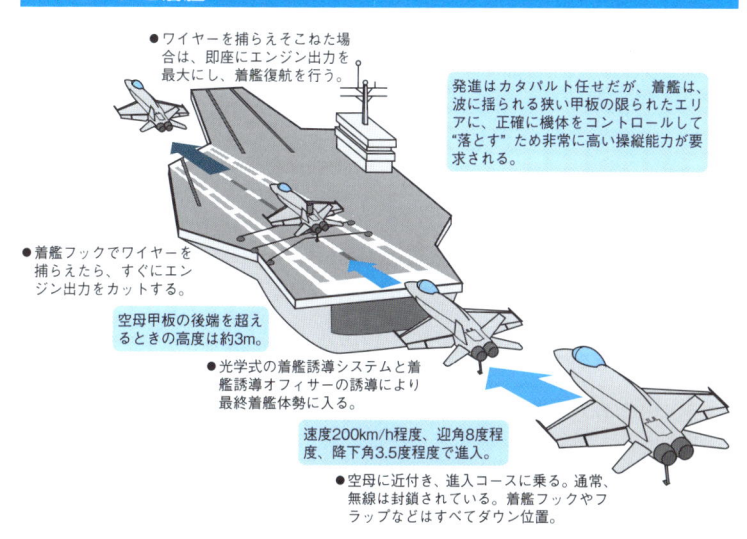

- ワイヤーを捕らえそこねた場合は、即座にエンジン出力を最大にし、着艦復航を行う。

発進はカタパルト任せだが、着艦は、波に揺られる狭い甲板の限られたエリアに、正確に機体をコントロールして"落とす"ため非常に高い操縦能力が要求される。

- 着艦フックでワイヤーを捕らえたら、すぐにエンジン出力をカットする。

空母甲板の後端を超えるときの高度は約3m。

- 光学式の着艦誘導システムと着艦誘導オフィサーの誘導により最終着艦体勢に入る。

速度200km/h程度、迎角8度程度、降下角3.5度程度で進入。

- 空母に近付き、進入コースに乗る。通常、無線は封鎖されている。着艦フックやフラップなどはすべてダウン位置。

関連項目

- 陸上機と艦載機→No.046
- 空母→No.048

No.048
空母

現在、米海軍の実戦部隊の戦闘機はすべて空母をベースに運用されている。空母の運用とはどういうものだろうか。

●現在はアメリカが独占

現在のような船体の前後を貫く飛行甲板を持つ航空母艦は1918年に完成したイギリスのアーガスが最初だった。その後、第二次大戦中には日本とアメリカの間で空母を中心とした機動部隊（機動性の高い攻撃部隊）の戦いが繰り広げられた。大戦終了時、米海軍は大型空母20隻、軽空母と護衛空母約80隻もの戦力を保有し、現在では原子力空母10隻と、世界唯一とも言える圧倒的な空母戦力を誇っている。

現代の空母は、固定翼艦載機を運用できる正規空母、カタパルトや着艦装置を持たずハリアーなどのSTOVL機を運用する軽空母、ヘリコプターやVTOL機を搭載する強襲揚陸艦（ヘリ空母）に分類される。現在、アメリカ以外で正規空母を保有するのはフランス、ロシア、ブラジルが各1隻ずつで、軽空母を保有する国はイギリスなど数カ国がある。

●空母のしくみ

現在の正規空母の飛行甲板は着艦エリアが斜めに配置されたアングルドデッキで、前半で**発艦**作業、後半で**着艦**作業が同時に行える。飛行甲板の下は格納甲板（ハンガーデッキ）で、艦載機の修理、補修などを行う。格納甲板に全機を収容するスペースはなく、アメリカ海軍では基本的に運用中の艦載機は飛行甲板上に繋留する。現在、アメリカの空母には空母航空団（CVW）に所属する艦載機が搭載されていて、その内訳は戦闘攻撃飛行隊（VFA）×4、電子攻撃飛行隊（VAQ）×1、早期警戒飛行隊（VAW）×1、対潜ヘリ飛行隊（HS）×1、空母輸送飛行隊（VRC）×1などとなっている。

即時展開可能な洋上基地である空母はイージス艦などの防空網に守られているが、自衛兵器として、シースパロー対空ミサイルや20mmバルカン砲を内蔵したCIWS（近距離防空火器システム）なども装備している。

現代の空母

| 正規空母 | ●固定翼艦載機を運用できる。
●カタパルトや着艦装置を持つ。 |

保有国＝アメリカ（100,000t級原子力空母10隻）　フランス（40,000t原子力空母1隻）
　　　　ロシア（67,000t、スキージャンプ式通常推進型空母1隻）　ブラジル（33,000t、旧フランス海軍空母）

| 軽空母 | ●STOVL（短距離離陸/垂直着陸）機を運用する。
●滑走距離を縮めるためスキージャンプ式甲板を持つ。 |

保有国＝イギリス（20,000t級スキージャンプ式空母2隻）　インド（28,000t級スキージャンプ式空母1隻）
　　　　イタリア（14,000～27,000t級スキージャンプ式空母2隻）　スペイン（17,000t級スキージャンプ式空母1隻）
　　　　タイ（11,000t級スキージャンプ式空母1隻）

| 強襲揚陸艦 | ●VTOL（垂直着陸）機を運用する。
●大型輸送ヘリ、攻撃ヘリを運用する。 |

保有国＝アメリカ（40,000t級12隻）、他にイギリス、フランス、イタリア、スペイン、韓国なども少数を運用している。

原子力空母のフライトデッキ

米海軍原子力空母

CVN-72エイブラハムリンカーン　1989年就役

ラベル: 20mm CIWS／ブラストデフレクター／エレベーター／アイランド（艦橋、指揮所やマストをまとめたもの）／エレベーター／シースパロー対空ミサイルランチャー／シースパロー対空ミサイルランチャー／スチームカタパルト／20mm CIWS／スチームカタパルト／アレスティングワイヤー（着艦用ワイヤー）4カ所／エレベーター／20mm CIWS／シースパロー対空ミサイルランチャー

満載排水量　102,000t
全長　332.1m
フライトデッキ幅　78.3m
速力　30ノット
乗員　3,200名
航空要員　2,870名
搭載機数　86機

船体の中心線に対して着艦エリアが斜めに設けられている甲板をアングルドデッキという。着艦に失敗しても他機に衝突する可能性が少なく、離着艦を同時に行える。

アメリカ空母航空団（CVW）の編成

戦闘攻撃飛行隊（VFA）＝F/A-18C/DまたはF/A-18E/F×4飛行隊、合計60機
電子攻撃飛行隊（VAQ）＝EA-6B×1飛行隊、合計4～5機
早期警戒飛行隊（VAW）＝E-2C×1飛行隊、合計4～5機
対潜ヘリ飛行隊（HS）＝SH-60FまたはHH-60H×1飛行隊6～10機
空母輸送飛行隊（VRC）＝C-2A×1飛行隊1～2機

関連項目

●艦載機の発進と着艦→No.047　　　●VTOL機→No.067

第3章●戦闘機の運用と種類

No.049
ステルス戦闘機

ステルスという言葉は、忍者戦闘機と呼ばれたロッキードF-117の登場によって広まった。具体的にはどのようなことを指すのだろうか。

● "見えない"ということ

ステルス（stealth）は敵に発見され難い特性のこと。迷彩塗装などの効果で視認されにくいことはLow-Visibility（ロー・ビジビリティ：低視認性）という別の概念で、軍用機におけるステルス性とはレーダーやセンサーに捕捉され難いことを指す。決して透明やスケルトンの機体があるわけではない。敵のレーダーに映らなければ、存在しないのと同じなのだ。

●ステルス技術

レーダーは目標に対して電波を発射し、その反射波を捕らえて目標を探知するので、反射波をなくせばよい。発射された電波を別の方向へ逸らす形状にしたり、電波を吸収する材料や塗料などを使用する方法がある。

初のステルス機であるF-117は、反射波を逸らすために機体がすべて平面の組み合わせで構成されていたが、最新の**F-22**では、技術の進歩により従来の戦闘機に近い形になった。平面形で横方向の線は主翼前縁の後退角と主翼後縁の前進角と同じに揃えられており、キャノピー枠、脚扉、機体各部のパネルラインもすべてどちらかの角度の鋸型に設計されている。

F-117はフェライト粉末を混ぜた電波吸収材（RAM）で機体全面を塗装し、その補修が大変だったが、F-22ではシルバーグレイの新しいRAMが開発されている。また、赤外線センサーに対するステルス性のため、大きな熱源となるエンジン排気口は推力偏向ノズルの奥に収められている。

●レーダー断面積（RCS/Radar Cross Section）

ステルス性を表すRCSの値が小さければ、レーダーに捕らえられ難い。RCSの計算は複雑で、正確な値は軍事機密なので、あくまでも比較参考値。ステルス性を考慮していない**F-15**は6㎡程度、F-117が0.0005㎡程度で、F-22では0.0001㎡、ミツバチと同じ程度と言われている。

ステルスとは

ステルス(stealth)＝こっそりと、忍んで → レーダーやセンサーに補足され難いこと。

方法 → レーダー波（電波）を逸らす。レーダー波（電波）を吸収する。

ロービジビリティ(Low-Visibility) → 視認されにくいこと。

方法 → 迷彩塗装などを施す。

世界初のステルス戦闘機
ロッキード F-117

- 1981年　初号機初飛行
- 1988年　存在を初公表
- 1991年　湾岸戦争参加
- 2008年　退役

レーダー波を反射して逸らすため、機体全面が平面で構成されている。

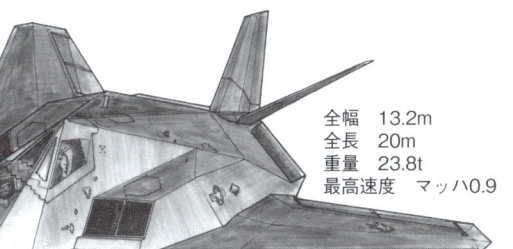

全幅　13.2m
全長　20m
重量　23.8t
最高速度　マッハ0.9

インテイクはメッシュでカバーされている。

レーダー断面積

ステルス性はレーダー断面積（RCS/Radar Cross Section）の大小で測られる。レーダー断面積が小さいほどレーダーに捕らえられ難い。

F-15のレーダー断面積は約6m^2

$\dfrac{1}{60000}$

F-22のレーダー断面積は約0.0001m^2

F-15のレーダー断面積をこのページの面積（約12cm×18cm）とすると……
F-22のレーダー断面積はこれくらい。

0.0036cm^2

関連項目
- F-15イーグル→No.036
- F-22ラプター→No.039

No.050
空対空戦闘

戦闘機の第一の任務は空対空戦闘において勝利すること。しかも、敵戦闘機を撃墜して制空権を掌握することが最大の任務だ。

●相手より先に撃て

　空対空戦闘は、敵を発見し、敵に接近し(機動を含む)、敵を攻撃し、戦域から離脱するという順で行われる。空戦での勝利の必須条件は、敵より先に発見して、敵より先に撃つこと。目視であろうと、レーダーであろうと、先に相手を発見した方が絶対に有利だ。敵味方の数が同じ場合、戦闘機として、またはパイロットとして重要な条件は、①奇襲攻撃ができること、②奇襲攻撃を受けないこと、③相手より高い運動性を持つことの順だ(奇襲とは、相手が気付く前に攻撃すること)。

●警戒を怠るな

　第一次大戦から現在まで、撃墜された戦闘機の約75％が、まったく、または、回避行動がとれない手後れの状態になるまで相手の存在に気付いていなかったという統計がある。レーダーがなかった時代には、自分が警戒を怠ったがために撃墜される例が多かった。機体の下方は時々機体を傾けて覗き込めるが、後方はもっとも警戒すべき方向だ。多くのレシプロ戦闘機が後期型で視界の良いバブルキャノピーを装備したのはこの理由だ。パイロットは飛行方向を12時として方向を時計に見立てる。戦闘機編隊は最小2機でチームを組み、互いに距離や高度をとって飛行し、絶えず位置を変えて、死角をカバーし合いながら飛行する。

　逆に相手に見つからないように身を隠すことも重要。レーダー万能の時代でも、通信を封鎖し、雲に自機の影を落とさず、飛行機雲を曳かず、直線飛行をせず、低空を飛行するという古典的基本は、ある程度有効だ。

　攻撃が完了するまでに敵に気付かれたり、逆に敵の存在に気付いて奇襲性がなくなると、互いに接近して優位な位置で戦闘を進めようとする。そして、より一層接近した機動飛行が**ドッグファイト**と呼ばれる。

空対空戦闘

索敵 ➡ 発見 ➡ 接近 → 攻撃 → 離脱
接近 → ドッグファイト

勝利の必須条件
- 敵より先に発見する。
- 敵より先に攻撃する。
- 敵より高い運動性を持つ。

チェック・シックス

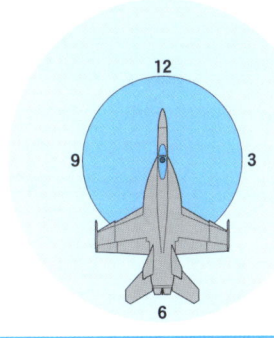

6時の方向は常に警戒しなければならない。「チェック・シックス!!」は戦闘機パイロットの合い言葉だ。

2機の基本隊形

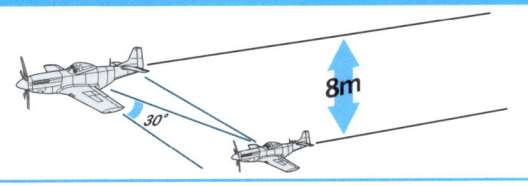

8m / 30°

米軍の基本飛行隊形。
2機の高度差は8mで、先行機から斜め後方30°の位置にもう1機が占位する。
この基本隊形を最小ユニットとし、8mの高度差と2機分の間隔を開けて、2機ずつを組み合わせて編隊を大きくしていく。

関連項目
- ドッグファイト→No.051
- ロックオン→No.052

No.051
ドッグファイト

ドッグファイトとは、戦闘機同士の接近した格闘戦のことだ。犬が相手のしっぽを追い掛け合うことからこう呼ばれている。

●ドッグファイトの基本

　空中戦の最終手段であるドッグファイトは、ただやみくもに相手を追い掛けるだけではない。第一次大戦以降、長い間に培われて来たさまざまなセオリーがあり、相手の背後に回るための戦術や効率的な機動方法がある。旋回率やエンジンレスポンスなど、機体の性能差も重要な要素だが、相手との位置関係、速度や高度などの物理的エネルギーを利用して優位に進めるのが基本。ドッグファイトの主導権をとれば、相手にプレッシャーを与え続けてミスを誘える。一瞬のミスを犯せば、すぐ撃墜されることになる。

●防御側と攻撃側

　機動パターンは、防御側が攻撃を回避して形勢を逆転するためのものと、攻撃側が防御側の回避行動を抑えて攻撃するためのものがある。多くの場合、ドッグファイトは不利な位置にある防御側が回避行動をとるところから始まる。攻撃側が接近した時、防御側が最初にとる基本機動は、攻撃機の進行方向へ向かって鋭く旋回するブレイク。これで攻撃側は防御側を追い越してしまう。防御側の基本機動は旋回や方向転換で位置関係を逆転させることだ。そのために、連続横転するシザース、旋回しながら急降下するスパイラル・ダイブなどがあり、反転急降下するスプリットSや急上昇反転するインメルマン・ターンなど、攻撃側と逆の方向へ逃げる機動がある。

　一方、攻撃側は追い越さないように、いったん上昇反転して速度を落とすハイスピード・ヨーヨーや、逆方向に反転するロールアウェイで対抗し、わざと防御側の旋回の外側へ出て連続反転するバレルロールアタックなども使う。追っても防御側との差が詰まらない時は、旋回降下して速度を上げるロースピード・ヨーヨーもある。実際の戦闘では、お互いにこれらの機動飛行を応用、変形して連続使用するし、参加機数が増えればもっと複雑になる。

ドッグファイトとは

| 接近した空中での格闘戦。空対空戦闘での最終手段。 | いつでも起こるものではない。できれば避けたい事態。 |

No.051　第3章●戦闘機の運用と種類

基本的な機動
速度、高度などの物理的エネルギーを利用して、相手より有利な位置（後方）を占める。

ブレイク　　【防御側】

防御側が攻撃側の進行方向へ向かって鋭く旋回する。
▼
攻撃側は防御側を追い越して前に出てしまう。
▼
攻撃側もブレイクを行い、双方繰り返すとシザースになる。最後は運動性の高い方が勝つ。

スパイラル・ダイブ　　【防御側】

防御側は大きな旋回率を維持しながら、降下、旋回する。
▼
攻撃側は防御側を追って旋回する。
▼
防御側は旋回の途中に一瞬、速度を落とせば攻撃側の後ろに回り込める。

インメルマン・ターン　　【防御側】

垂直上昇しながら機体を横転（回転）させ、背面飛行に移ったところで再び横転して水平飛行に移る。
▼
大きな旋回をすることなく、望む方向へ機体を向けることができる。

ハイスピード・ヨーヨー　　【攻撃側】

防御側が攻撃側の進行方向へ向かってブレイクすると。
▼
攻撃側は上昇、反転して速度を落とし、再び防御側の後方に占位する。

バレルロール・アタック　　【攻撃側】

防御側が攻撃側の進行方向へ向かってブレイクすると。
▼
攻撃側は防御側を追い越しながら、旋回方向の外側で複数回横転する。
▼
攻撃側は速度を落とさずに方向を変えて、再び防御側の後方に占位できる。

ロースピード・ヨーヨー　　【攻撃側】

防御側が攻撃側の進行方向へ向かってブレイクすると。
▼
攻撃側は降下、反転して速度を上げ、上昇して再び防御側の後方に占位する。

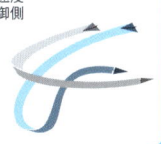

関連項目
●空対空戦闘→No.050

113

No.052
ロックオン

レーダーなどの射撃照準装置に目標を捕らえることをロックオンというが、具体的にはどういうことなのだろうか。

●火器管制装置

　ミサイルや機関砲で敵機を攻撃する時、相手と自機の速度や距離、進路、位置関係などの複雑な要素をすべて考慮しなければならない。レシプロ時代は簡単な照準器とパイロットの勘でこなしていたが、現代のジェット戦闘機ではレーダーと火器管制装置（FCS）がそれを処理してくれる。

　火器管制装置とは索敵／攻撃レーダー、プロセッサー、**HUD**などの総称で、パイロットは操縦桿のモード切り替えスイッチや武装コントロールスイッチを操作し、HUDに投影される情報に従って攻撃する。

●ロックオン

　現代の空中戦では、視認距離外からレーダー誘導AAMを使用して攻撃するBVR（視認距離外）戦闘と、相手を目視のうえ、機関砲や赤外線誘導AAMで攻撃するWVR（視認距離内）戦闘がある。自機に危険が及ぶ可能性の低いBVR戦闘が基本だが、レーダーは気象条件や地理条件によっても左右されるため、時にはWVR戦闘で格闘戦になることもある。

　ロックオンとは索敵レーダーが相手を補足し、敵味方や優先順位の識別後に攻撃準備ができた状態。格闘戦で双方の機体がよほど急激な機動をしない限り、レーダーは相手を補足し続けるので、機関砲かミサイルかを選び、HUDの射撃レティクル内に目標マークを入れて、トリガーを引く。

　BVR戦闘では双方のレーダー探知距離が重要。お互いが存在を確認した後でレーダー誘導AAMが発射されれば**チャフ**散布などの対抗手段もとれるが、相手の探知距離の方が長ければ、こちらが気付く前に、すでにAAMが発射されているので、回避することは難しい。WVR戦闘や格闘戦ではロックオンされても回避機動で外すことができるし、**フレア**で逃れる方法もある。ロックオンに気付きさえすれば、逃れる方法はあるのだ。

ロックオンとは……

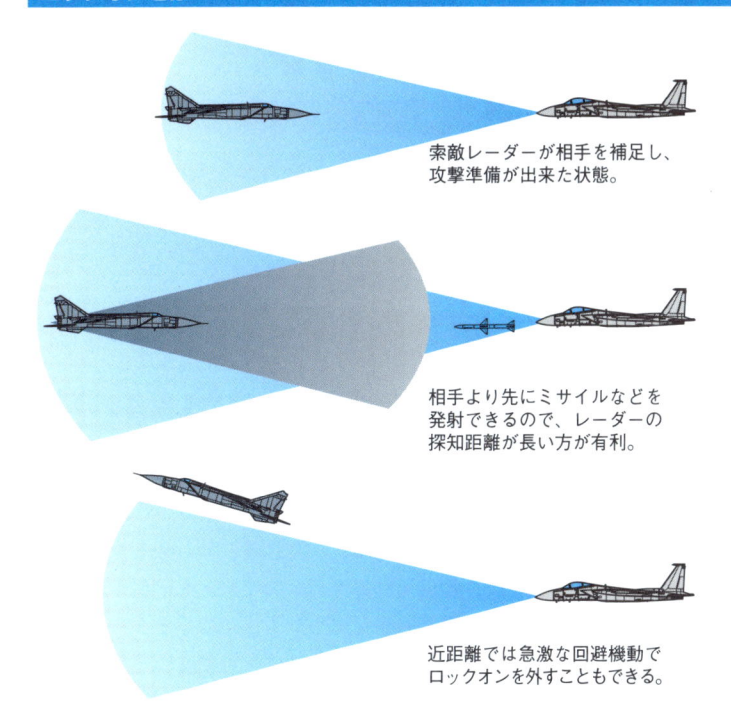

索敵レーダーが相手を補足し、攻撃準備が出来た状態。

相手より先にミサイルなどを発射できるので、レーダーの探知距離が長い方が有利。

近距離では急激な回避機動でロックオンを外すこともできる。

火器管制装置（FCS）

F-15C イーグル

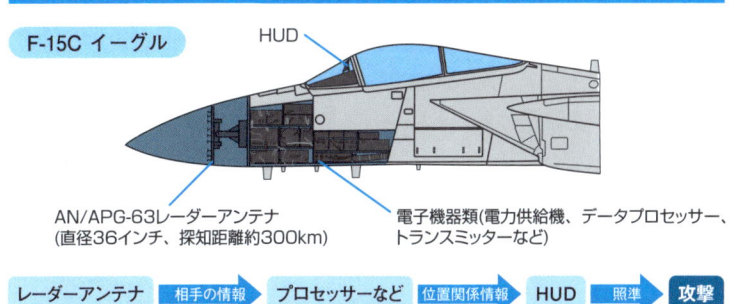

HUD

AN/APG-63レーダーアンテナ
（直径36インチ、探知距離約300km）

電子機器類（電力供給機、データプロセッサー、トランスミッターなど）

レーダーアンテナ → 相手の情報 → プロセッサーなど → 位置関係情報 → HUD → 照準 → 攻撃

関連項目
- チャフとフレア→No.054
- ガンサイトとHUD→No.093

No.052 第3章●戦闘機の運用と種類

No.053
空対空ミサイル

現代の戦闘機が持つ最大の対空兵器は空対空ミサイルだ。これらにはどのような種類があり、どのように使用されるのだろうか。

●ミサイル万能時代

　空対空ミサイル（AAM：Air to Air Missile）が初めて実戦で使用されたのは1958年9月24日、台湾海峡をめぐる中台紛争だった。冷戦まっただ中、米ソの代理戦争の様相を呈していたこの紛争で、中華民国（台湾）空軍のF-86Fセイバーは最新鋭のGAR-8サイドワインダー空対空ミサイルを使用。中国（共産）空軍のMiG-17を10機撃墜（AAMによる撃墜は内4機）して損害はゼロという戦果を挙げている。その後、AIM-9と改称されたサイドワインダーは、改良を重ねて合計15万発以上が生産され、現在でも各国で主力短射程AAMとして広く使用されている。このセンセーショナルなデビューの後、ベトナム戦で再び機銃が見直されるまではミサイル万能時代と呼ばれ、固定機銃を搭載しない戦闘機が作られた。

●空対空ミサイルの種類

　現在使用されているAAMは誘導方式によって3種類に大別される。AIM-9サイドワインダーに代表される赤外線ホーミング式は目標機が排気ノズルから出す赤外線を追尾するもので、母機は発射後すぐに回避行動に移れる（撃ちっ放し）。射程距離20km未満の短射程AAMだが、構造も扱いも簡単で基本的なミサイルだ。次にベトナム戦で活躍したAIM-7スパローは、母機が目標機に向けて照射する電波の反射波を追尾するセミアクティブ・ホーミング式で、射程距離50km程度の中射程AAM。母機は発射後しばらくはレーダー波を照射するため、すぐには回避行動に移れない。最後はミサイル自体が電波などを発射してその反射波を追尾する、撃ちっ放し可能なアクティブ・ホーミング式。F-14が搭載したAIM-54フェニックスや新鋭のAIM-120などがあるが、射程距離は50～200kmほどもあり、発射直後はプリセット誘導方式や慣性誘導方式と併用される。

空対空ミサイルとは？

AAM（Air to Air Missile）＝空対空ミサイル

戦闘機　対　戦闘機　　などのように飛行機同士の
戦闘機　対　爆撃機　　戦闘に使うミサイル。

空対空ミサイルの種類

赤外線ホーミング方式

撃ちっ放しですぐに回避行動に移れる。
フレアによる妨害に弱い。

相手機の排気ノズルから出る赤外線を
ミサイル自身が追尾する。

AIM-9M サイドワインダー
全長2.87m　射程距離18km

セミアクティブ・ホーミング方式

ミサイルが命中するまでレーダー
波を目標に照射するため、回避で
きず、反撃される可能性もある。

母機が照射するレーダー波の
反射波を追尾する。

AIM-7F スパロー
全長3.66m　射程距離40km

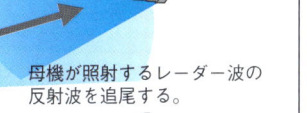

アクティブ・ホーミング方式

撃ちっ放しですぐに回避行動に移れる。
フレアによる妨害に強い。

最終段階ではミサイル自身の
レーダーによって追尾する。

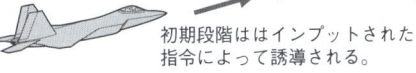

初期段階ははインプットされた
指令によって誘導される。

AIM-120
全長3.65m　射程距離50km

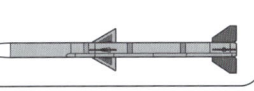

関連項目

●ロックオン→No.052　　　　　　●チャフとフレア→No.054

No.054
チャフとフレア

チャフとフレアは物理的な自衛手段。チャフはレーダー波を、フレアは赤外線探知装置を、妨害、かく乱するものだ。

●チャフ（chaff）

チャフは第二次大戦中、ドイツの各種レーダーを妨害するためにイギリスで開発された目くらまし装置。イギリスでウインドウと呼ばれたチャフは、アルミ箔をレーダーの波長に合わせて切ったものだった。チャフを飛行中に散布すると、レーダー波を乱反射し、敵のレーダースコープには夥しい数の輝点が表れる。また、チャフの量や散布方法によって、別の場所にあたかも大編隊がいるかのような偽の像を写し出すこともできる。

現代のチャフもまったく同じで、グラスファイバーやプラスチックフィルムにアルミをコーティングしたもの。何種類かをカートリッジ式に搭載する。空戦中に敵のアクティブ・ホーミング**ミサイル**が出すレーダー波をキャッチすると、自動的にチャフが散布され、瞬時に自機の後方で新たな"目標"となって、ミサイルを逸らす。まるで、スミを吐くイカのようだ。

●フレア（flare）

フレアは赤外線探知に対する目くらまし装置。赤外線追尾ミサイルは飛行機のエンジン排気ノズルから出る赤外線を追尾するものなので、それより強い赤外線を発生させれば、そちらへ誘導することができる。フレアはマグネシウムと火薬などを材料とし、機体から発射されると数秒間激しく燃焼して大きな熱源となる。昔は太陽を偽の熱源にすることもあった。

敵の赤外線ホーミングミサイルが近付くと、機体後方へフレアを発射し、急旋回して回避する。最近のミサイルでは、熱源を点ではなく、面として認識する赤外線画像追尾方式になったため、フレアもそれに応じて同時に多数発射するようになった。数十発のフレアを一斉に発射する様子は、昼の仕掛け花火のようだ。フレアもカートリッジ式で、チャフと同様、機体下面やパイロンに装着された発射装置に装填される。

チャフはレーダー波を撹乱する

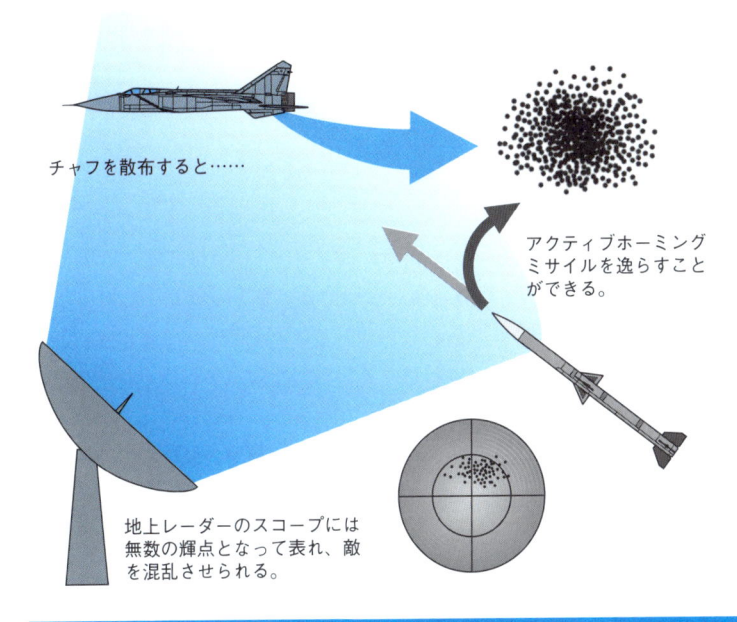

チャフを散布すると……

アクティブホーミングミサイルを逸らすことができる。

地上レーダーのスコープには無数の輝点となって表れ、敵を混乱させられる。

フレアは偽の熱源を作る

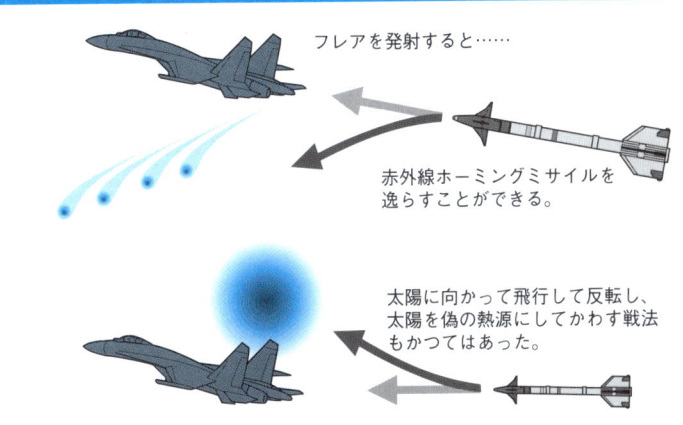

フレアを発射すると……

赤外線ホーミングミサイルを逸らすことができる。

太陽に向かって飛行して反転し、太陽を偽の熱源にしてかわす戦法もかつてはあった。

関連項目

●ロックオン→No.052　　●空対空ミサイル→No.053

No.055
対爆撃機用の核ミサイル!?

敵爆撃機編隊のまん中に、核ミサイルを打ち込んで一気にせん滅する。想像するだに恐ろしい空対空兵器が存在した。

●増幅された脅威

　冷戦真っただ中の1950年代初頭、ソ連の長距離爆撃機が大編隊で北米大陸へ飛来し、核攻撃をするという恐怖が蔓延していた。軍備増強のために敵は過大評価され、アメリカにはソ連爆撃機を撃退する能力が求められた。当時は精密な誘導兵器も高性能レーダーもまだ存在しなかった。対空兵器の精度の低さは爆発力でカバーするという発想で、当然のように核兵器の使用が検討された。米海軍では広い海域に潜む敵潜水艦を攻撃するために核爆雷を開発していた。

●空中で炸裂した核ミサイル

　1954年、米空軍はF-89スコーピオンから発射可能な核搭載ミサイルの開発を開始。翌55年に完成したMB-1（後のAIR-2）ジーニーは訓練弾なども含めて数千発が生産され、F-89とともに米空軍防空軍団に配備された。発射母機は、1960年代にF-101ブードゥーへ、70年代にはF-106デルタダートへ替わったが、ジーニーは1984年12月まで15分以内に緊急発進できるアラート体制が取られていた。1957年7月19日に1度だけ行われたテストでは、母機のF-89Jから発射されたジーニーがネバダ上空14,000フィートで炸裂。爆発地点にはドーナツ型の雲が現れた。爆発地点直下には米空軍士官5名とカメラマン1名がいて、彼等は爆発後1時間、そこにいることを命じられていた。これは米国民に対するデモンストレーションであり、検査の結果、彼等に異常はなかったという発表がされたことは言うまでもない。

　ジーニーは正確には無誘導のロケットだが、AIM-4ファルコンから発達したセミアクティブ・ホーミング方式の核ミサイルAIM-26も1,900発が生産され、1971年までF-102/-106の搭載兵器として配備されていた。

空対空核兵器

AIR-2 ジーニー 核ロケット

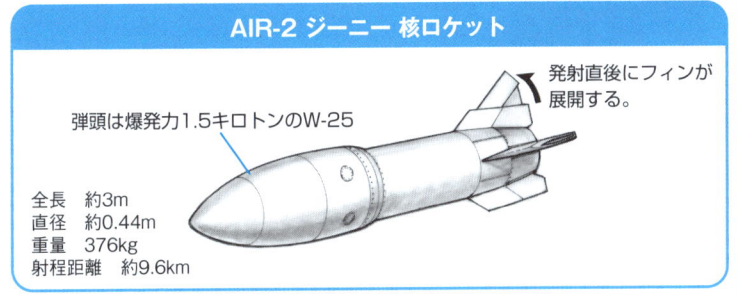

発射直後にフィンが展開する。

弾頭は爆発力1.5キロトンのW-25

- 全長　約3m
- 直径　約0.44m
- 重量　376kg
- 射程距離　約9.6km

ジーニーを搭載したF-89Jスコーピオン

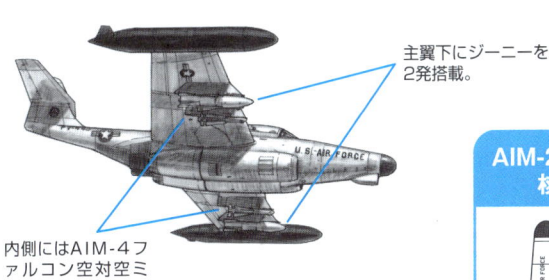

主翼下にジーニーを2発搭載。

内側にはAIM-4ファルコン空対空ミサイルを搭載。

AIM-26 ファルコン 核ミサイル

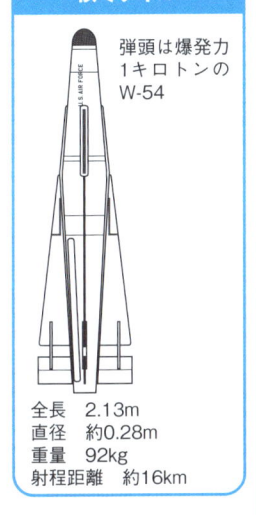

弾頭は爆発力1キロトンのW-54

- 全長　2.13m
- 直径　約0.28m
- 重量　92kg
- 射程距離　約16km

核装備の空対空兵器と搭載母機の変遷

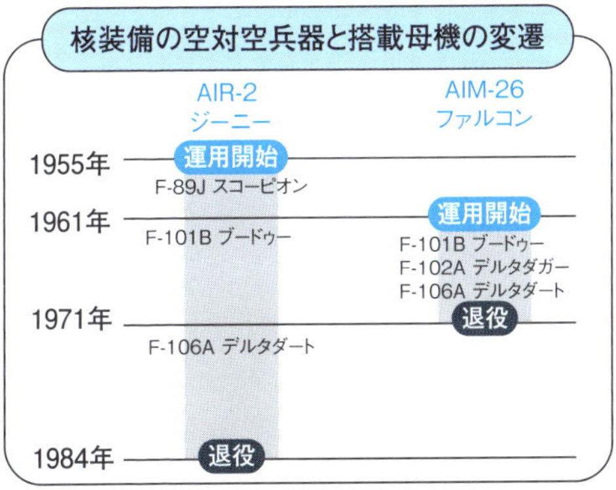

	AIR-2 ジーニー	AIM-26 ファルコン
1955年	運用開始 F-89J スコーピオン	
1961年	F-101B ブードゥー	運用開始 F-101B ブードゥー / F-102A デルタダガー / F-106A デルタダート
1971年	F-106A デルタダート	退役
1984年	退役	

関連項目

- 空対空ミサイル→No.053

No.055　第3章●戦闘機の運用と種類

No.056
空中給油

戦闘機は少しでも速く、遠くへ飛びたいもの。とくに航続距離は空中給油の実用化によって、理論上は無限となった。

●空飛ぶガソリンスタンド

空中給油の歴史は古く、1920年代にアメリカでテストされたのが始まり。冷戦時代に米ソがお互いの本土を直接爆撃する戦略が考えられると、長距離爆撃機の航続距離を伸ばすため、空中給油の必要が出て来た。

空中給油が実用化されたのは1940年代末。1949年2月末には、KB-29給油機から空中給油を受けたB-50戦略爆撃機が、世界一周約37,500kmを94時間で無着陸飛行し、その有効性を実証した。その後、米空軍ではKC-97やジェット旅客機B-707の原型となったKC-135などいくつかの専用給油機を開発。現在は旅客機DC-10から派生したKC-10を使用しており、その燃料タンク容量は20万リットルを超える。

●二つの形式

現在、世界で採用されている給油方式は米空軍が採用しているフライングブーム式と米海軍が採用しているプローブ・アンド・ドローグ式がある。前者は給油機の尾部下面に装着した棒状の給油ブームを伸ばし、受油側の受け口（リセプタクル）に差し込む方式。給油ブームには小さな翼が付いていて、給油機のブームオペレーターが操作する。一度に1機しか給油できないが、KC-10では1分間に最大5,700リットルを給油できる。

後者は給油機から伸ばされた給油ホースの先に付けられた金属製のバスケット（ドローグ）に受油側の受油ブーム（プローブ）を差し込む方式で、受油側のパイロットが機体を操作する。受油側の操縦は難しく、バスケットに差し込みそこなうと燃料切れで帰投できなくなる可能性もある。給油量は1分間に最大2,000リットル程度だが、複数機（3機程度）に同時給油できる。システムがキット化されていて、専用の給油機以外にも攻撃機や戦闘機を給油機に改造できるという利点もある。世界的にはこの方式が標準だ。

空中給油の長所と形式

飛行しながら給油すると…… → 航続距離や滞空時間が延ばせる。 基地に戻らなくてもよい。

フライングブーム式

KC-135RとF-22

- 大量に給油（1分間に3,000～5,000ℓ）できるが、1機ずつしか給油できない。
- 専用の給油機が必要。
- ブームオペレーターがブームを操作して受油機のリセプタクルに差し入れるので、受油機のパイロットは比較的、楽。
- 現在、この方式を採用しているのは、米空軍と、米空軍の機体を使用している自衛隊、NATOの一部など。

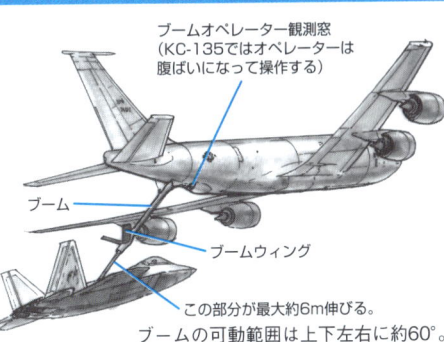

ブームオペレーター観測窓（KC-135ではオペレーターは腹ばいになって操作する）
ブーム
ブームウィング
この部分が最大約6m伸びる。
ブームの可動範囲は上下左右に約60°。

プローブ・アンド・ドローグ式

KC-130FとF/A-18

- 給油量は少ない（1分間に2,000ℓ）が、同時に複数機に給油できる。
- ドローグとホースリールをキット化してどんな機体でも応急の給油機にすることができる。

給油ポッド
給油ホース
バスケット（鉄製のカゴで中心部に給油口がある）

- 受油機のプローブを吹き流しのように揺れる給油機バスケットに差し込むので、受油機のパイロットは大変。
- 現在、この方式を採用しているのは、米海軍と米海兵隊など、世界では標準となっている。

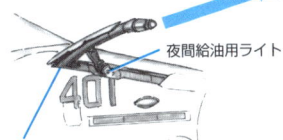

夜間給油用ライト
起倒式の受油プローブ（通常は格納されている）

関連項目

● 戦闘機の航続距離→No.006　　● 戦闘機の燃料はガソリン？→No.008

No.057
最大武装搭載量

戦闘機は基本的に爆弾を搭載することは少ない。しかし、ミサイルや機関砲の弾をどれだけ携行できるかというのは重要な問題だ。

●機銃を続けて撃つと

　重量がかさむ爆弾類を運ぶように設計された爆撃機と比べると、戦闘機の機体は小さい。そのため、搭載できる武装の種類や数量は限られており、その組み合わせなども任務によって決められている。

　第二次大戦中の戦闘機は機銃が主武装だが、その携行弾数はP-51Dが12.7mm機銃×6の合計で1,880発、零戦52型が20mm機銃×2と7.7mm機銃×2の合計で約1,600発だった。P-51の搭載した12.7mm機銃は発射速度が毎分約500発なので、一斉射撃すると1分保たない。実際には空中戦で射撃の機会は一瞬なので、それで充分ということだ。

●バルカン砲は一瞬

　米軍戦闘機の標準装備となっているM-61**バルカン砲**は、毎分約6,000発という驚異的な発射速度を持っている。しかし、F-15の携行弾数は950発。つまり、連続10秒ほどで撃ちつくす計算だが、ほんの一瞬、トリガーに指をかけるだけで威力は充分発揮できる。

●ミサイルの搭載量

　空対空ミサイルは搭載できる場所が限られているので、自ずと搭載数も決まってくる。F-15Cには主翼下面に左右2カ所ずつ、胴体下面の左右前後に4カ所、胴体下面中央に1カ所と合計9カ所の武装搭載場所(ハードポイント)がある。そのうち、胴体下面左右前後の4カ所はAIM-7/-120空対空ミサイル専用のポイントで、AIM-9空対空ミサイルは主翼下内側パイロンの左右に2発ずつ搭載する。胴体下面中央と主翼下面内側の3カ所には増槽や各種爆弾ラックなどを搭載し、主翼下面外側はあまり使われない。F-15の制空戦闘形態はAIM-7/-120×4、AIM-9×4で、多くの機体でこのようにいくつかの搭載形態が決められている。

武装搭載量

戦闘機が搭載できる弾薬や爆弾の量は限られている。

P-51Dムスタング ➡ 12.7mm機銃×6の合計1,880発

零戦52型 ➡ 20mm機銃×2と7.7mm機銃×2の合計約1,600発

一斉射撃すれば1分以内で撃ちつくす。

F-15Cイーグル ➡ M-61/20mmバルカン砲, 950発

M-61の発射速度は毎分6,000発なので10秒ほどで撃ちつくす。

空中戦での1回の射撃は数秒以内なので、携行量が少な過ぎることはない。

武装搭載位置

機種によって、武装を搭載できる場所と量が決まっている。

F-15Cイーグルのハードポイント

ハードポイントは機体左側から順にステーションナンバー（Sta.no.）がつけられている。

ステーション **3, 4, 6, 7** はAIM-7/AIM-120空対空ミサイルの専用ステーション。

ステーション **2, 5, 8** には燃料配管があり、機外搭載タンクを搭載できる。

AIM-9空対空ミサイルは **2, 8** ステーションに取り付けたパイロンの両側面に専用ランチャーを装着し、計4発搭載できる。

ステーション **1, 9** はECMポッドなど軽量物用だが、実際にはあまり使用されていない。

各ステーションの許容重量

- **1, 9** ➡ 約450kg（各）
- **2, 8** ➡ 約2,310kg（各）
- **5** ➡ 約2,040kg
- **3, 4, 6, 7** ➡ 約230kg（各）

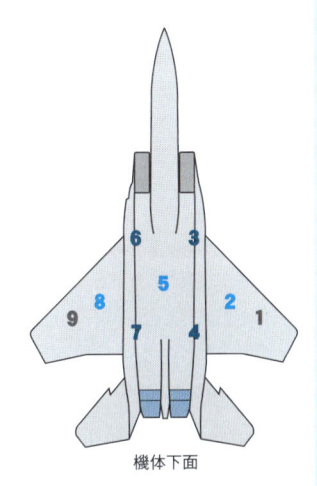

機体下面

関連項目

- 空対空ミサイル→No.053
- バルカン砲→No.105

No.058
ECM（ジャミング）

軍用機の通信、航法、兵器の誘導などにはすべて電波が使われるので、現代の航空戦では電子戦能力の優劣が勝敗を決するとも言われる。

●すべての電波を妨害せよ

戦闘機が基地から戦闘空域まで進出して敵と戦い、帰投するまでの間は、基地や友軍機との交信、航法装置、レーダーによる索敵、**空対空ミサイル**の誘導など、あらゆる行動が電波を使う電子機器によって成り立っている。防御側も同じ状況だ。つまり、それらの電波を妨害（ジャミング）すれば、戦いを有利に進められ、場合によっては相手を無力化できるということだ。

電子戦は大きく、妨害、欺瞞、探知などに分けられ、妨害や欺瞞などの手段をECM（Electronic Counter Measures）と呼ぶ。

電子戦の歴史は古く、索敵／探知レーダーが実用化された第二次大戦のドイツとイギリスではすでに激しい電子戦が繰り広げられていた。敵が出す電波を探知するのは、やはり電波を使ったレーダーで、妨害された方は周波数を変えたり通信方法を変えたりする。妨害する方は即座にそれを察知して新たな妨害を加える。このように電子戦は絶えずイタチごっこを繰り返すことになる。複雑かつ、単純な騙し合いなのだ。

レーダーに捕らえられにくい**ステルス機**は究極の対電子戦対策と言えるが、逆に捜索レーダーを作動させたり空対空ミサイルの誘導電波を発すると、それで存在がバレるというジレンマもある。

●戦闘機のECM装置

電波を探知、解析し、妨害する任務は多くの電子機器を必要とするので、専門の電子戦機が世界中で開発、配備されている。しかし、電子戦機がいつも作戦に同行できるとは限らないので、戦闘機も簡単ながら、敵機のレーダーが出す電波を捕らえる警戒アンテナや、レーダー波を妨害する装置も装備している。米空軍機はそれらをポッド式にして機外に搭載することが多く、ベトナム戦では、探知レーダーを妨害するECMを組織的に行った。

電子戦 Electronic Warfare

ECM (Electronic Counter Measures)

電子対策
相手に対する
電子攻撃。
Electronic Attackとも言う。
小さな発信装置でも行えるので、
戦闘機も行う。

◎アクティブECM
●レーダーや通信に対する妨害。
（強力な妨害電波の発信）
◎パッシブECM
●チャフの散布による欺瞞
●おとり電波の発信

ECMとECCMは絶えず入れ替って際限なく続く。

ECCM (Electronic Counter Counter Measures)

対電子対策
ECMに対抗する
防御処置。
Electronic Protectionとも言う。
主に地上側がとる行動。

●レーダーや通信の周波数を変える。
●レーダー波の強さを変える。

ELINT (Electronic Inteligence)

電子情報収集
相手の電子情報を集めること。
Electronic Supportとも言う。
大型の電子偵察専用機や
情報収集艦が行う。

電子戦の基本で、平時から仮想敵国の電子能力や、状況などを偵察し、情報を収集している。

飛行中の戦闘機は……

- 航法/索敵レーダー
- 地形追随用レーダー
- ドップラーレーダー
- 目標指示レーザー
- 前方監視赤外線
- 後方警戒レーダー
- ジャミングポッド
- 通信機
- 航法用アンテナ
- 電波高度計

など、電磁波を出す多数の機器を搭載している。
これらを使うか、使わないか、また、どう使うのかも大きな意味では
ECMで、ステルス性と相反する要素だ。

関連項目
- ステルス戦闘機→No.049
- 空対空ミサイル→No.053

No.059
対地攻撃兵器

戦闘機といえども、時には対地攻撃を行うことがある。また、対地攻撃を任務の一つとして設計されている機体もある。

●対地攻撃兵器の種類

　航空機が搭載する攻撃兵器は推進装置を持たない自由落下兵器と推進装置を持つ自力飛翔兵器に分けられ、前者は通常爆弾と誘導爆弾に、後者は**ロケット弾**とミサイルに大別される。通常爆弾は無誘導で落下して目標に到達し、誘導爆弾はレーザー指示やTV画像などによって目標へ誘導されるもの。投下後に翼を展開して数十kmを滑空するものもある。スマート爆弾とも呼ばれるレーザー誘導爆弾はベトナム戦から使われ始め、湾岸戦争で有名になった。最近では事前に目標の座標を入力しておくGPS誘導のJDAMやレーザー誘導をプラスしたLJDAMと呼ばれる爆弾もある。

　ロケット弾は第二次大戦中から地上を広い範囲で攻撃する場合に使われていた。射程が長く、精密誘導が行えるミサイルはピンポイントの攻撃に適しており、地上目標の他に水上の艦船などに対する対艦ミサイルもある。

●敵レーダーを破壊せよ

　対地攻撃で重要なのは、味方航空機にとって脅威となる対空火器とその管制に使われるレーダーを無力化すること。ベトナム戦では多くの米軍機がソ連製のSA-2対空ミサイルに撃墜されたため、そのレーダーが発する電波を元に対空レーダー/ミサイルサイトを重点的に攻撃する任務がF-100、F-105、F-4などに与えられた。この任務はワイルドウィーゼル（野イタチ）という名前で呼ばれ、その後、F-105G、F-4Gという専用機が作られた。現在の米空軍ではF-16CJ/DJが任務を担当している。

　また対空レーダーやミサイルサイトだけでなく、対空砲や通信施設なども含めた敵防空システムのすべてを攻撃することをSEAD（敵防空網制圧）と呼び、通常、航空攻撃に先立って行われる。SEAD任務には物理的な破壊だけでなく、ECMなどによる通信/レーダー網の無力化も含まれる。

対地攻撃兵器の種類

航空機が搭載する攻撃兵器

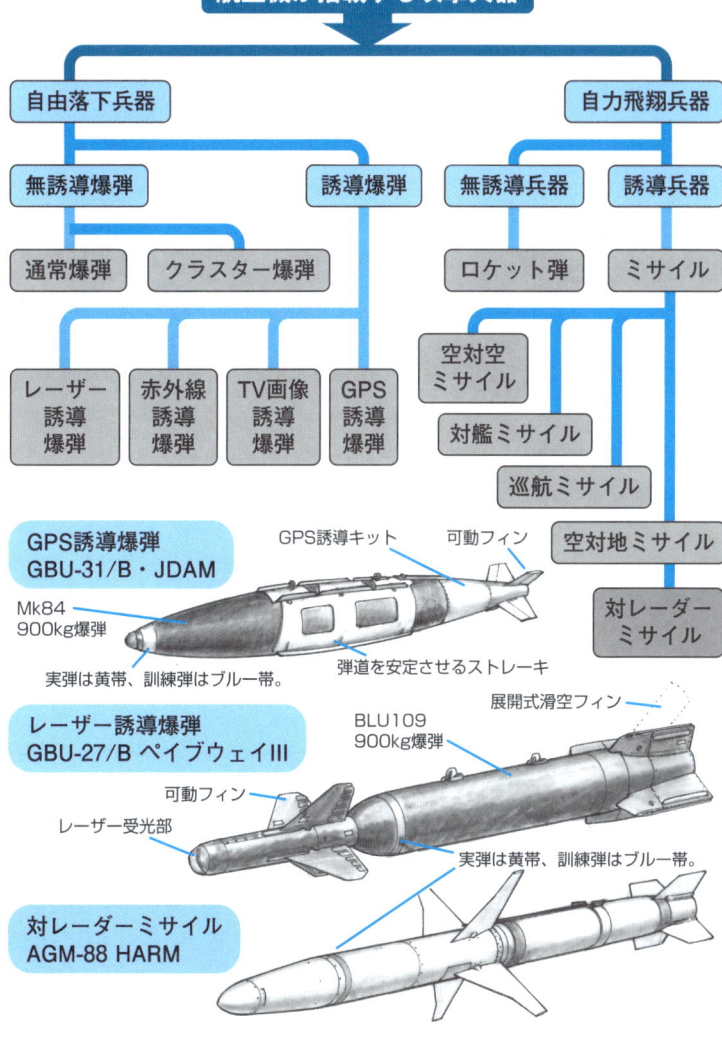

- 自由落下兵器
  - 無誘導爆弾
    - 通常爆弾
    - クラスター爆弾
  - 誘導爆弾
    - レーザー誘導爆弾
    - 赤外線誘導爆弾
    - TV画像誘導爆弾
    - GPS誘導爆弾
- 自力飛翔兵器
  - 無誘導兵器
    - ロケット弾
  - 誘導兵器
    - ミサイル
      - 空対空ミサイル
      - 対艦ミサイル
      - 巡航ミサイル
      - 空対地ミサイル
      - 対レーダーミサイル

GPS誘導爆弾 GBU-31/B・JDAM
- GPS誘導キット
- 可動フィン
- Mk84 900kg爆弾
- 実弾は黄帯、訓練弾はブルー帯。
- 弾道を安定させるストレーキ

レーザー誘導爆弾 GBU-27/B ペイブウェイIII
- 展開式滑空フィン
- BLU109 900kg爆弾
- 可動フィン
- レーザー受光部
- 実弾は黄帯、訓練弾はブルー帯。

対レーダーミサイル AGM-88 HARM

関連項目

- ●ロケット弾→No.060
- ●地対空兵器→No.064

No.060
ロケット弾

ロケット弾もミサイルと並んでポピュラーな航空兵器だが、ミサイルとロケットではどんな違いがあるのだろうか。

●自力飛翔兵器

爆弾など"上から落とすだけ"の自由落下兵器に対し、母機から発射された後、ロケットモーターやジェットエンジンなど自前の推進力で目標まで飛ぶ兵器を自力飛翔兵器と呼ぶ。そして、この中で発射後に誘導されないものをロケット、誘導されるものを**ミサイル**として区別する。ミサイルはその誘導方式によってさらに分類されるが、ロケットは誘導なしなので、ただ飛ぶだけ。分類も弾頭重量と直径、使用目標の違いぐらいだ。

●ロケットの歴史

航空兵器としてのロケットは第一次大戦から使用されており、改良されながら現在も使用されている。第二次大戦中、連合軍では対地攻撃兵器としてF4UコルセアやP-51ムスタングが5インチHVAR(高速航空用ロケット弾)などを使用したが、ドイツ空軍は連合軍爆撃機に対してロケット弾を使用し、ある程度の効果を挙げた。その影響もあって、戦後、アメリカではジェット機の性能が向上してくると、機銃に代わってロケット弾が空対空の主兵器になった。朝鮮戦争で活躍したF-86セイバーの派生型F-86Dでは機首の機銃を廃し、機首下面に2.75インチロケット弾(マイティマウス)を24発収容するポッドを搭載。米本土防空を任務としたF-89Dスコーピオンでは翼端ポッドに合計104発を搭載するまでになった。口径70mm(2.75インチ)の機関砲を戦闘機に搭載することは重量や発射時の反動を考えるとほとんど不可能だが、ロケット弾なら大きめのポッドと火器管制装置を搭載すればよい。しかし、ロケット弾は前述の通り"数撃ちゃ当たる"的な無誘導兵器で、いくら的の大きい対爆撃機用にしても、運用には限界があった。**超音速戦闘機**が登場するようになると、対空兵器としてはより高速で、誘導できるミサイルが主流になった。

戦闘機が搭載する兵器

自力飛翔兵器

自前の推進力で目標まで飛ぶ兵器。

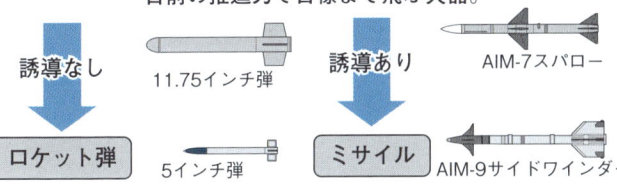

誘導なし → ロケット弾
- 11.75インチ弾
- 5インチ弾

誘導あり → ミサイル
- AIM-7スパロー
- AIM-9サイドワインダー

第二次大戦時のロケット弾

米軍が地上攻撃用に大量使用した5インチHVAR

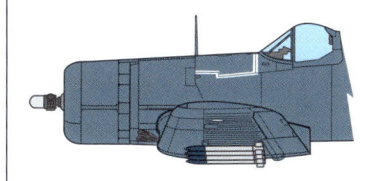

米陸軍、海軍、海兵隊のほぼすべての戦闘機で朝鮮戦争頃まで使用された。

ドイツ空軍が対爆撃機用に使用した21センチロケット弾

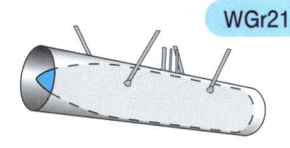

WGr21

Fw190、Bf109などの主翼下にチューブ式ランチャーが取り付けられた。
1kmほどの距離で、編隊をめがけて発射される。

ベトナム戦以降のロケット弾

ベトナム戦以降の標準となった5インチロケット弾（ズーニー）

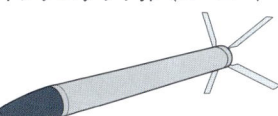

米軍だけでなく、航空自衛隊でも127mmロケット弾と呼ばれて現役。
2～4発収容のポッドを使用する。全長2.4m、重量50kgで、発射後に尾部のフィンが展開する。

一斉に多弾発射する2.75インチロケット弾（マイティマウス）

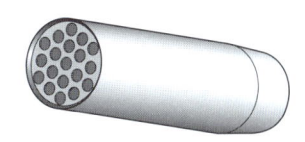

通常は19発収容のポッドを使用する。ロケット弾の形は5インチ弾とほぼ同じ。全長1.2m、重量8.4kgで、展開する尾部のフィンは3枚。

関連項目

● 世界初の超音速ジェット戦闘機→No.021　　● 空対空ミサイル→No.053

No.060　第3章●戦闘機の運用と種類

No.061
赤外線探知装置

最近のジェット戦闘機では、索敵などに、レーダーだけでなく赤外線センサーを使用した監視装置を装備する機体が増えている。

●赤外線探知装置

　熱源(敵機)を捜索、探知するために使用する赤外線センサーをIRST(Infra-Red Search and Track)と呼ぶ。このセンサーは相手が出す赤外線を探知するだけで、こちらからレーダー波などを出さないので、捜索レーダー波などから自機の存在や位置などを逆に探知されることなく相手を発見、攻撃することができる。

　この装置を最初に搭載した戦闘機は1960年代の米空軍F-101Bブードゥーだが、当時の精度はあまり高くなかった。IRSTを有効な探知装置として装備したのは1980年代の旧ソ連戦闘機Su-27とMiG-29。このIRSTは機首上面に装備され、探知距離60km程度で、レーザー測距装置と組み合わされている。その後、現代の戦闘機において、IRSTは必須装置となっていて、ラファール、タイフーンなどでも同様のものが採用されている。

●LANTIRNとSniper

　赤外線センサーを使用して明瞭な地形映像をコクピットに投影するFLIR(Forward Looking Infra-Red：赤外線前方監視装置)が多くの軍用機に採用されている。米軍で開発された、LANTIRN(ランターン)と呼ばれるシステムは、FLIRや地形追随レーダーを内蔵した航法ポッドと赤外線追跡装置やレーザー目標指示器を内蔵した照準(目標補足)ポッドからなり、F-15EやF-16の胴体下側面に搭載される。このシステムを搭載すると、夜間でも低空を飛行しながら、正確に敵の地上目標を攻撃でき、レーザー爆弾などの精密爆撃が可能になる。なお、F/A-18にも同様のFLIRポッドとレーザー目標指示ポッドが搭載されている。

　2005年からはFLIRやレーザー目標指示器の他にTVカメラも装備したSniper(スナイパー)と呼ばれる新しい照準ポッドも使用されている。

Su-27のIRST

赤外線センサー
IRST (Infra-Red Search and Track)
レーザー測距装置も内蔵。

機首上面にIRSTを装備するスタイルはMiG-29やSu-27など80年代の旧ソ連機によって確立され、現在ではスタンダードな装備となっている。

LANTIRN（ランターン）

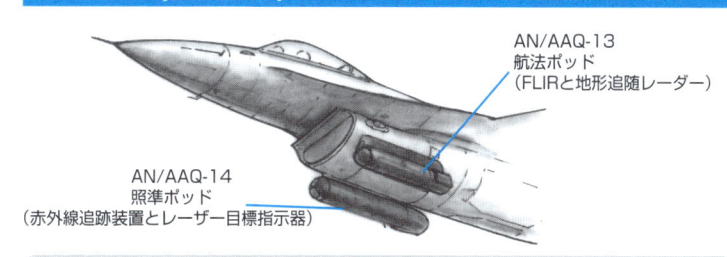

AN/AAQ-13
航法ポッド
（FLIRと地形追随レーダー）

AN/AAQ-14
照準ポッド
（赤外線追跡装置とレーザー目標指示器）

湾岸戦争のニュース映像で"ライク・ア・ニンテンドー"と説明された、レーザー爆弾が目標に命中する明瞭な赤外線画像は、このLANTIRNシステムのものだ。

Sniper（スナイパー）

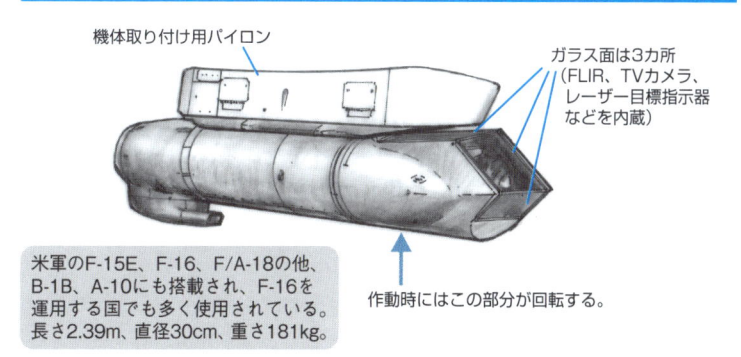

機体取り付け用パイロン

ガラス面は3カ所
（FLIR、TVカメラ、
レーザー目標指示器
などを内蔵）

米軍のF-15E、F-16、F/A-18の他、B-1B、A-10にも搭載され、F-16を運用する国でも多く使用されている。長さ2.39m、直径30cm、重さ181kg。

作動時にはこの部分が回転する。

関連項目

●ステルス戦闘機→No.049

No.062
国籍マーク

戦闘機に限らず軍用機には国籍を表すマークが所定の位置に記入されている。国籍マークを見れば、どこの国の飛行機かがわかるのだ。

●基本はラウンデル

　第一次大戦から現在まで、軍用機にはさまざまな国籍マークが記入されているが、使用されている色は国旗と同じものが多く、形は円形や同心円などのラウンデルマークが圧倒的に多い。

　円形の代表が日本機の"日の丸"だが、世界的には単色（白縁はあるが）の国籍マークは珍しく、多くは2～3色を同心円に配したタイプだ。イギリスは、現在、外側をダークブルー、内側を赤に塗り分けているが、第二次大戦時には外からダークブルー、白、赤の3色を5：3：1（直径比）で塗り分けていた。フランスは外側から赤、白、ブルーの順だが、このブルーはイギリスのようなダークブルーではなく国旗と同じミディアムブルーだ。

　ラウンデルマークは配色や比率の違いだけなので、見なれない国では識別が難しいこともあるが、カナダのメープル、オーストラリアのカンガルー、ニュージーランドのキウィなどは一目瞭然で、微笑ましくもある。

　雑誌などでも目にする機会が多いアメリカ機は、現在、星を囲む丸の両側に長方形がついたタイプだが、第二次大戦中期までは星を囲む丸だけだった。ロシアはソ連時代を含め、一貫して赤い星を使用している。

●場所とバリエーション

　多くの場合、国籍マークは胴体の左右両側と主翼の左右上下面、計6カ所に記入されているが、現在のアメリカ機では主翼上下面とも、左側だけになっている。また、国籍マークは敵味方の識別の目的から大きくはっきりと記入されるのが基本だが、最近では迷彩効果を考慮して、サイズを極端に小さくしたり、機体の迷彩塗装と同じグレイ系で記入されることも多い。とくにアメリカ空軍機では国籍マークのロービジビリティ化が進んでいて、良く見ないと国籍マークがわからない。

アメリカ国籍マークの変遷

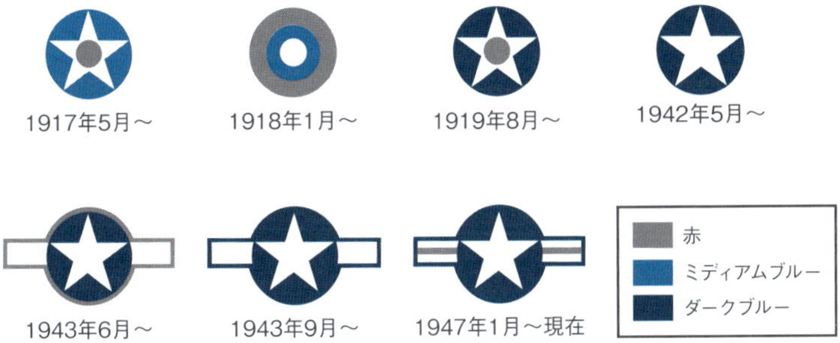

- 1917年5月〜
- 1918年1月〜
- 1919年8月〜
- 1942年5月〜
- 1943年6月〜
- 1943年9月〜
- 1947年1月〜現在

■ 赤
■ ミディアムブルー
■ ダークブルー

国籍マークのいろいろ

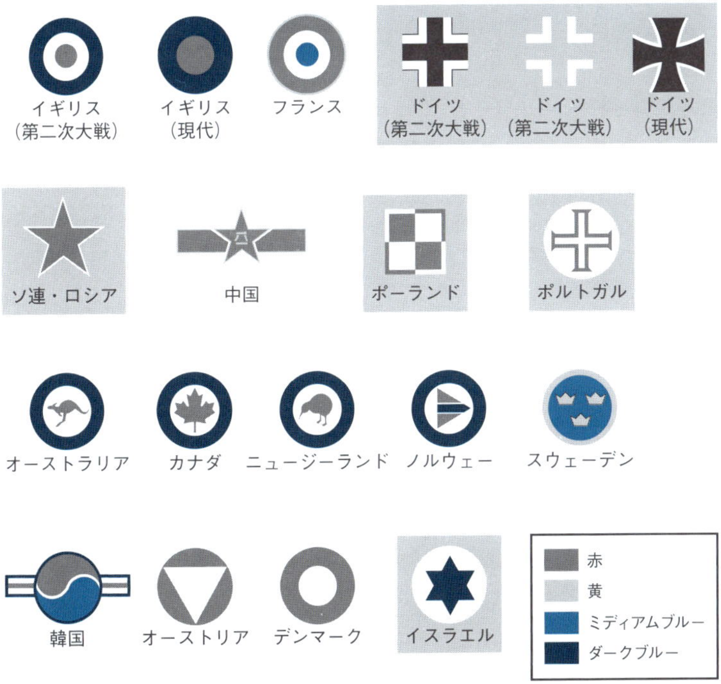

- イギリス（第二次大戦）
- イギリス（現代）
- フランス
- ドイツ（第二次大戦）
- ドイツ（第二次大戦）
- ドイツ（現代）
- ソ連・ロシア
- 中国
- ポーランド
- ポルトガル
- オーストラリア
- カナダ
- ニュージーランド
- ノルウェー
- スウェーデン
- 韓国
- オーストリア
- デンマーク
- イスラエル

■ 赤
■ 黄
■ ミディアムブルー
■ ダークブルー

関連項目
- アグレッサー→No.063
- 飛行隊マークとスコードロンカラー→p.238

No.062 第3章●戦闘機の運用と種類

No.063
アグレッサー

アメリカや日本には、演習時に仮想敵の役割を果たす専門の飛行隊があり、これらの部隊は飛行パターンに至るまで、敵をそのまま演じる。

●アグレッサーとアドバーサリー

世界中の軍隊には、昔から訓練時に敵をシミュレートする特殊部隊がある。一般に仮想敵部隊はアグレッサー（Aggressor）と呼ばれるが、米海軍/海兵隊ではアドバーサリー（Adversary）と呼ぶ。どちらも「対抗する、反対する相手」という意味でそれほど大きな意味の違いはない。

現在、米海軍では映画で一躍、有名になった"トップガン"のNFWS（戦闘機兵器学校）から改編されたNSAWC（海軍攻撃航空戦センター）とVFC-12/-13/-111の4つの飛行隊がネバダ州ファロン基地などでアドバーサリー任務に当たっている。現在の使用機種はF/A-18C、F-5N、F-16Aなど多彩で、旧東側や共産国の機体と同じ塗装を施し、機首や尾翼に赤い星を記入して、空戦訓練の相手役を務める。米空軍でも同じネバダ州のネリス基地に64/65AGSの二つのアグレッサー飛行隊を置き、F-15とF-16に特別な迷彩を施している。ドイツには旧東ドイツで使用していたMiG-29をそのまま使用した部隊があり、各国を回って訓練の相手をしていたこともあった。また、最近では各国で採用されているSu-27系の機体と米軍の飛行隊が実際に空中戦の訓練を行うこともある。

●空中戦のエキスパート

アグレッサー飛行隊はその任務の性格から、飛行技術のみならず、敵味方双方の空戦方法などを熟知していなければならない。所属するパイロットは高い技量を持つ教官クラスで、訓練で挑んでくる味方の機体をことごとく"撃墜"するエキスパート。これが"トップガン"と言われるゆえんだ。航空自衛隊では宮崎県新田原基地にある飛行教導隊がF-15を使ってその任務に当たっている。各地の飛行隊を回って、高いレベルの戦技を教え込み、全部隊参加で行われる戦技競技会では最強の敵となる。

仮想敵部隊

アグレッサー ＝ 仮想敵

実戦飛行隊

- **アグレッサー飛行隊**
  - 米空軍　　　第64/65アグレッサー飛行隊
  - 　　　　　　F-15C　F-16C
  - 航空自衛隊　飛行教導隊
  - 　　　　　　F-15J/DJ

- **アドバーサリー飛行隊**
  - 米海軍　　　第12/13/111戦闘混成飛行隊、
  - 　　　　　　海軍攻撃航空戦センター
  - 　　　　　　F/A-18　F-16A　F-5E/N
  - 米海兵隊　　第401海兵戦闘訓練飛行隊
  - 　　　　　　F-5E

空戦演習

- **レッドフラッグ**
  毎年ネバダとアラスカで開催される米空軍主催の演習。20カ国が参加する世界最大の演習で、アグレッサー部隊と激しい空中戦が繰り広げられる。

- **戦技競技会**
  航空自衛隊の飛行隊が参加する日本の空戦演習。F-15部門、F-4部門などに分かれて成績を競う。

米海軍　VFC-12（第12戦闘混成飛行隊）

F/A-18C ホーネット　2007年

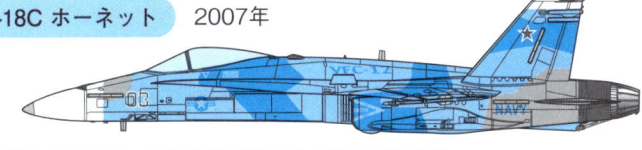

仮想敵であるロシアのSu-27フランカーのようなブルー系迷彩塗装。垂直尾翼と主翼には赤い星のマークも記入している。

MiG-21のシルエットを塗装した航空自衛隊の

F-4EJ　1984年

ライトグレイの通常塗装の上からグリーンでMiG-21のシルエットを実物大で塗装した。側面もシルエットが塗装されていて、空中ではライトグレイが空に溶け込んで、一回り小さく見えた。

デルタ翼のシルエット

関連項目
- 国籍マーク→No.062

No.063　第3章●戦闘機の運用と種類

No.064
地対空兵器

敵地上空へ侵入する航空機にとって、敵の迎撃機と同様に脅威なのが対空砲や地対空ミサイルだ。対空火器の歴史は軍用機と同時に始まる。

●対空砲

　複葉機が頭上を飛び交った第一次大戦では、野砲を改良したものや機銃を上空に向けて撃っていたが、第二次大戦では、一定の高度を侵入してくる爆撃機に向かって、専用の高射砲(速射砲、高角砲)が使用された。とくに、ドイツでは対空レーダーを持つ射撃管制装置との運用で多くの戦果を挙げた。低空で侵入する戦闘機や急降下爆撃機に対しては、対空機銃や機関砲が使用されたが、これらは多砲身、多銃身化され、侵入してくる敵機に対して弾幕を張る方法で使用された。

　それまでの砲弾が、目標までの距離や到達時間を予め計算して起爆時間を設定する時限信管だったのに対し、1943年からアメリカ海軍が使用したVT信管(近接信管)は、上空で砲弾が目標の15m以内を通過すると起爆する小型レーダーを備えており、命中率(破壊率)は飛躍的に上がった。このVT信管は太平洋戦争におけるアメリカ最大の発明とも言われており、開発思想は現在の対空砲やミサイルにも応用されている。

●地対空ミサイル

　現在、対空兵器の主流となっている地対空ミサイルは、第二次大戦中のドイツで開発され、冷戦中には大挙押し寄せる敵爆撃機編隊を一度にせん滅する核弾頭搭載の対空ミサイルなども開発された。ベトナム戦争や中東戦争では対空レーダーとチームを組んだSA-2/-3によって多くの戦闘機が撃墜された。低空侵入する攻撃機用として1960年代に開発されたホークミサイルは現在も使用されており、空対空ミサイルから派生したシースパローやスタンダードといった艦対空ミサイルも使用されている。また、肩に担いで発射する携帯用赤外線対空ミサイル、スティンガーなども近距離では充分、脅威となる。

対空兵器のカバー範囲

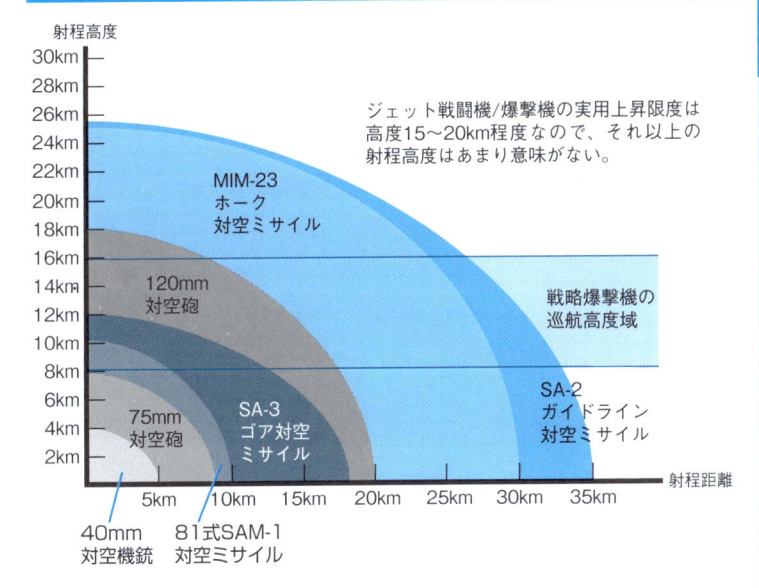

射程高度
- 30km
- 28km
- 26km
- 24km
- 22km
- 20km
- 18km
- 16km
- 14km
- 12km
- 10km
- 8km
- 6km
- 4km
- 2km

MIM-23 ホーク 対空ミサイル

120mm 対空砲

ジェット戦闘機/爆撃機の実用上昇限度は高度15～20km程度なので、それ以上の射程高度はあまり意味がない。

戦略爆撃機の巡航高度域

SA-2 ガイドライン 対空ミサイル

75mm 対空砲

SA-3 ゴア対空ミサイル

射程距離
5km　10km　15km　20km　25km　30km　35km

40mm 対空機銃

81式SAM-1 対空ミサイル

対空ミサイル

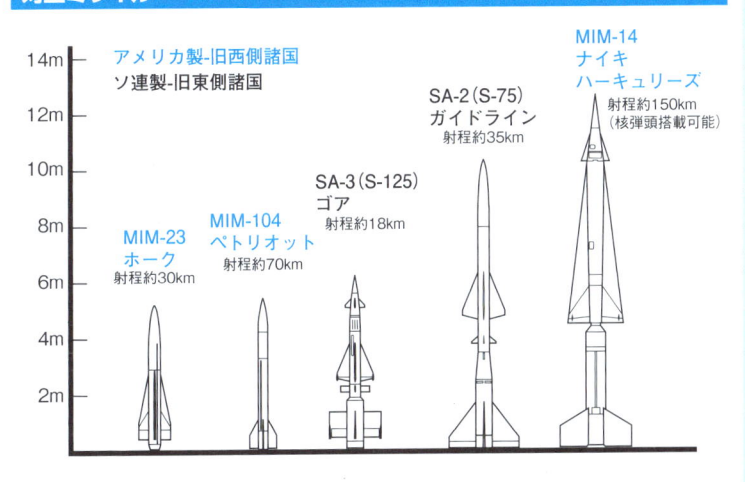

- 14m
- 12m
- 10m
- 8m
- 6m
- 4m
- 2m

アメリカ製-旧西側諸国
ソ連製-旧東側諸国

MIM-23 ホーク
射程約30km

MIM-104 ペトリオット
射程約70km

SA-3（S-125）ゴア
射程約18km

SA-2（S-75）ガイドライン
射程約35km

MIM-14 ナイキ ハーキュリーズ
射程約150km
（核弾頭搭載可能）

関連項目

● 対地攻撃兵器→No.059

No.065
派生型

一つの基本的な機体の設計から、部分的に改修を施し、別の目的に使用される機体を派生型と呼ぶ。昔も今も数多く見られる。

●一つの機体であれこれこなす

　派生型は同じ基本設計の機体が目的に応じて発達、派生していくものだが、派生型が作られる理由は大きく分けて二つある。一つは基本設計が優れているため、別の機体を作るよりもその機体を改修した方が高性能になる場合。高速で長距離を飛べる戦闘機があれば、その性能はそのまま偵察機に生かせるし、搭載量が大きい戦闘機だと、攻撃機に転用するのは容易なことだ。次に、新たに別の機体を開発すると生産コストがかさむため、多少強引に別の任務用に改修する場合。同じ国の空軍と海軍で同じ機体を共有したり、現有の戦闘機を新しい攻撃機に転用するということだ。

●実際にはなかなか難しい

　派生型の実際を見てみると、成功した例は少ない。第二次大戦では大型の**双発戦闘機**が爆撃機や**夜間戦闘機**に使用されることが多かった。初期の単座ジェット戦闘機では、機種転換訓練用に複座の練習機が作られることが多かった。P-80シューティングスターから生まれたT-33練習機は、P-80の1,500機を遥かに超える6,000機以上が生産されて、世界中で使用された。艦上戦闘機のF-4ファントムⅡでは途中から戦闘爆撃機としての能力が強化され、偵察型のRF-4も多数生産された。また、F-15を戦闘爆撃機型にしたF-15Eも、戦闘機型の半分ほどの機数が生産されている。F/A-18はもともと戦闘機と攻撃機の任務を合わせ持っているが、退役する電子戦機EA-6Bプラウラーの代替機としてEA-18Gも生産される。

　失敗例はたくさんあるが、大きなものは1960年代に開発されたF-111だろう。米空軍の大型戦闘機を米海軍の艦上戦闘機としても採用しようと、あれこれ改修したのだがどうにもならず、海軍型はキャンセルされて、F-14が開発された。空軍型も純粋な戦闘機としては成功しなかった。

部分的に改修を施した派生型

派生型

優れた基本設計の機体から別用途の機体が作られることが多い。

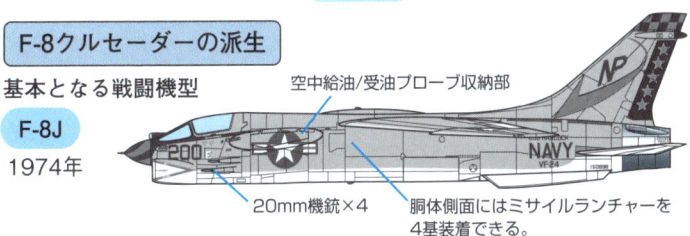

```
        戦闘機
      ↙  ↓  ↘
  偵察機  攻撃機  練習機
```

F-8クルセーダーの派生

基本となる戦闘機型

F-8J
1974年

- 空中給油/受油プローブ収納部
- 20mm機銃×4
- 胴体側面にはミサイルランチャーを4基装着できる。

派生した写真偵察機型

RF-8G
1980年

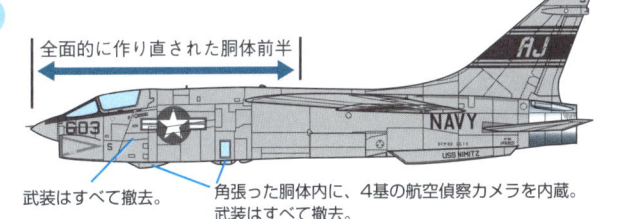

- 全面的に作り直された胴体前半
- 武装はすべて撤去。
- 角張った胴体内に、4基の航空偵察カメラを内蔵。武装はすべて撤去。

EA-18Gグロウラー

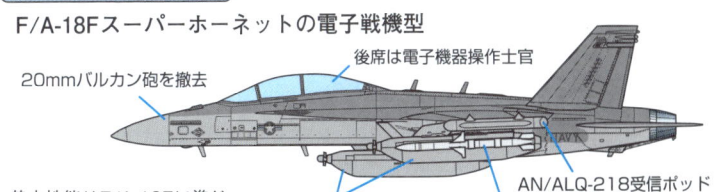

F/A-18Fスーパーホーネットの電子戦機型

- 20mmバルカン砲を撤去
- 後席は電子機器操作士官
- 基本性能はF/A-18Fに準じ、強力な対地攻撃能力を維持している。
- AN/ALQ-99TJS（戦術電子妨害システム）ポッド
- AN/ALQ-218受信ポッド
- AGM-88 HARM 対レーダーミサイル

関連項目
- レシプロ双発戦闘機→No.031
- 夜間戦闘機→No.068

No.066
空冷 / 液冷エンジン換装機

同じ基本設計を持つ機体で、発達型として、空冷エンジンと液冷エンジンを積み換えたものがいくつかあった。

●空冷から液冷へ

空冷エンジンは液冷に比べて機構が簡単で、整備性が良いという利点があったが、前面面積が大きく、空気抵抗が増すという欠点もあった。そこで、各国では第二次大戦初期に配備されていた空冷エンジン搭載の戦闘機に液冷エンジンを搭載して、性能を上げようとした。

イタリアが1939年から配備を開始した空冷エンジン搭載のマッキC.200は最大速度510km/h程度だったが、同盟国ドイツのDB601液冷エンジンに換装して胴体を再設計したC.202は最高速度が600km/hを超えた。アメリカ陸軍が1937年に採用し世界中でも使用されていたカーチスP-36ホークは扱いやすい機体ではあったが、最高速度がやはり500km/h程度だった。P-36に液冷のアリソンV-1710エンジンに換装したP-40は最高速度が約60km/h向上し、同じ液冷のマーリンエンジンを搭載した発達型と合わせて約13,700機が生産された。

ドイツでは大戦中期の1941年からFw190が空冷エンジンを搭載して活躍していたが、1944年に過給器付き液冷エンジンを搭載したFw190Dを高高度戦闘機として配備した。機首に環状ラジエターを装備したため、空冷エンジン装備機のような外形をしている。

●空冷に戻した日本

日本でもドイツのDB601を国産化したエンジン"ハ40"搭載のキ61を生産したが、技術力不足によりトラブルが多かった。その発達型のⅡ型に至ってはエンジンが量産できず、工場に首なしの機体が275機も並ぶことになった。そこで、急遽、これらの機体に空冷エンジンを搭載して完成したのがキ100だ。元のキ61の胴体幅はわずか84cmで、空冷エンジンの直径は122cmもあったが、胴体前半を板で被って整形した。

エンジン換装機

カーチス P-36A
全幅　11.38m
全長　8.68m
最高速度　500km/h

ライトR-1820 空冷エンジン
(1,200hp)

カーチス P-40B
全幅　11.37m
全長　9.66m
最高速度　560km/h

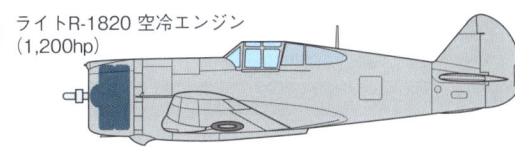

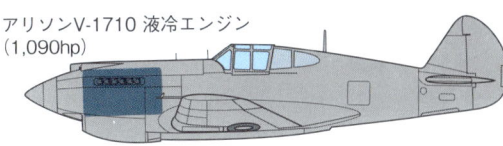

アリソンV-1710 液冷エンジン
(1,090hp)

マッキ C.200
全幅　10.57m
全長　8.2m
最高速度　510km/h

フィアットA74RC38 空冷エンジン
(870hp)

マッキ C.202
全幅　10.58m
全長　8.85m
最高速度　600km/h

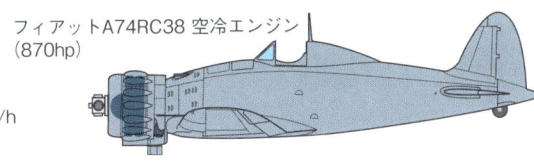

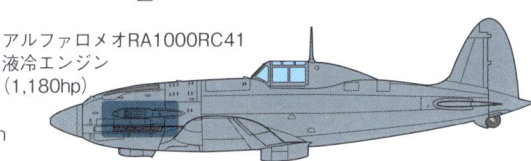

アルファロメオRA1000RC41
液冷エンジン
(1,180hp)

※RA1000RC41 はダイムラーベンツDB601のライセンス版。

川崎 キ61-II改
全幅　12.00m
全長　9.16m
最高速度　610km/h

川崎ハ140液冷エンジン
(1,450hp)

川崎 キ100-I
全幅　12.00m
全長　8.82m
最高速度　580km/h

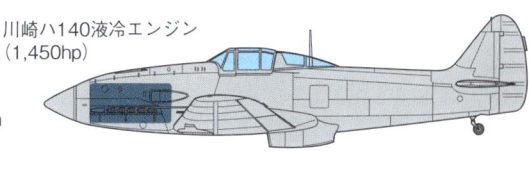

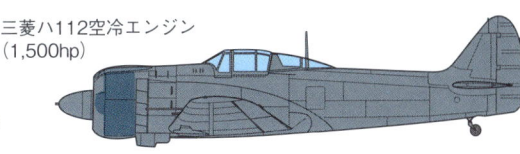

三菱ハ112空冷エンジン
(1,500hp)

関連項目
●レシプロエンジン→No.097

No.067
VTOL機

滑走路を必要とせず、その場から離陸してその場へ着陸できるVTOL機の開発は、長年、軍用機として一つの大きなテーマだった。

●試行錯誤の開発

　第二次大戦末期、垂直に離着陸できる航空機としてすでにヘリコプターが実用化されていたが、胴体上の大きな回転翼が抵抗となって固定翼機のような速度性能を発揮できないという短所があった。そこで考えられたのが、VTOL(Vertical Take-Off and Landing：垂直離着陸)機だ。当然ながら、垂直に離着陸するにはエンジンが持つ推力だけで機体の総重量を超えなければならず、どうやってスムーズに垂直上昇から水平飛行へ移行するかということも難関だった。VTOL機には飛行方向の転換方式や離着陸時の姿勢によって、テイルシッター方式、リフトエンジン方式、ベクタードスラスト方式、ティルトウィング方式などがある。

　世界初のVTOL機は1954年8月に初飛行したコンベアXFY-1。機首を上に向けた姿勢で離着陸するテイルシッター型で、巡洋艦などの甲板から離着陸する防空戦闘機として計画されたが、実用性にはほど遠かった。世界初の実用VTOL機は1966年8月(原形のケストレルは1960年)に初飛行したハリアーで、開発したイギリスだけでなくアメリカなど数カ国で採用されている。発達型や派生型を含めた生産数は600機以上で、一応の成功を収めた。ハリアーが採用したのはベクタードスラスト方式。胴体中央に搭載したエンジンの推力を前後左右4カ所のノズルに分散し、ノズルを下向きから後ろ向きに動かすことによってスムーズな離着陸を実現している。ハリアーはアメリカでは攻撃機として配備されているが、イギリス海軍ではスキージャンプ台のような甲板を持つ**空母**に防空戦闘機として配備されている。実用VTOL機としては他にソ連のYaK-38フォージャーもあるが、ハリアーに対抗してとりあえず配備しただけの機体で、ベクタードスラストとリフトエンジンを合わせた複合方式が災いして性能は低かった。

VTOL機とは？

Vertical Take-Off and Landing ＝ 垂直離着陸

テイルシッターVTOL機

コンベア XFY
- 全幅　8.43m
- 全長　10.67m
- 全高　6.96m
- 最大速度　980km/h

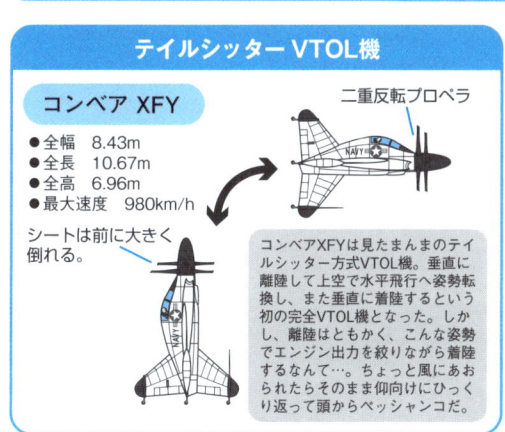

二重反転プロペラ

シートは前に大きく倒れる。

コンベアXFYは見たまんまのテイルシッター方式VTOL機。垂直に離陸して上空で水平飛行へ姿勢転換し、また垂直に着陸するという初の完全VTOL機となった。しかし、離陸はともかく、こんな姿勢でエンジン出力を絞りながら着陸するなんて…。ちょっと風にあおられたらそのまま仰向けにひっくり返って頭からペッシャンコだ。

ベクタードスラストVTOL機

AV-8B ハリアーII

水平飛行時

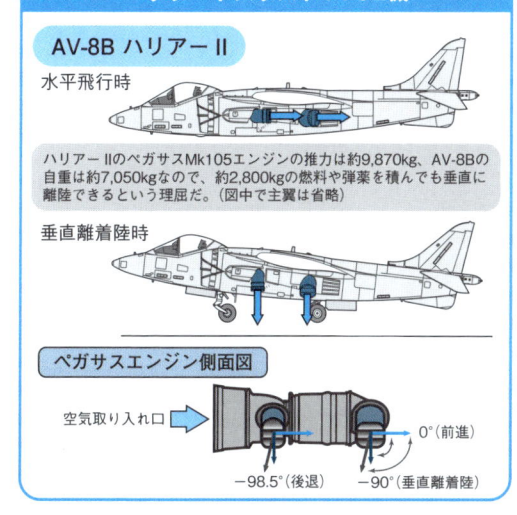

ハリアーIIのペガサスMk105エンジンの推力は約9,870kg、AV-8Bの自重は約7,050kgなので、約2,800kgの燃料や弾薬を積んでも垂直に離陸できるという理屈だ。（図中で主翼は省略）

垂直離着陸時

ペガサスエンジン側面図

空気取り入れ口

0°（前進）
-98.5°（後退）
-90°（垂直離着陸）

ティルトウイングVTOL機

水平飛行時

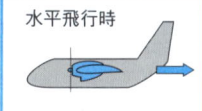

垂直離着陸時

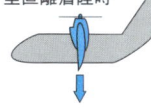

付け根を支点として、翼を垂直から水平に動かす。プロペラ機に多い方式で、プロペラ部分だけを起倒させるティルトローター方式もある。

リフトエンジンVTOL機

水平飛行時

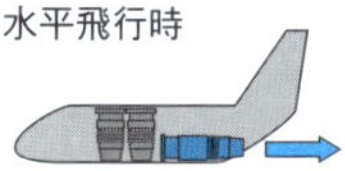

垂直離着陸時

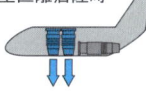

垂直離着陸用と水平飛行用に別のエンジンを使用。どちらの姿勢でも不要なエンジンを搭載するので、重量効率が悪い。ジェット機に多い方式。

関連項目
- 空母→No.048

No.068
夜間戦闘機

夜陰に乗じて侵攻してくる爆撃機を迎撃するため、通常の戦闘機を夜間に飛ばしていたが、夜間迎撃専用の機体が作られるようになった。

●夜空の戦い

1917年、ドイツのゴータ爆撃機がロンドンを夜間爆撃して、航空機による夜間戦闘の歴史が始まった。初期には特別な装備を持たずに、ただ夜間に飛んでいるだけで、有効に迎撃できず、着陸時の事故なども多かった。

夜間戦闘機が発達したのは第二次大戦で、ヨーロッパ上空ではドイツ本土を夜間爆撃するイギリス空軍爆撃機とそれを迎撃するドイツ空軍戦闘機、そしてそれに対抗するイギリス空軍戦闘機の間で闇夜の戦いが繰り広げられた。ドイツ空軍では、1940年頃にはやや旧式化した双発戦闘機を黒1色で塗装しただけで夜間戦闘に使用していたが、1942年頃になると、目視が効かない夜間に敵を探すための機載レーダーや敵から発見されにくくするための消焔式排気管など夜間戦闘機のために開発された装備を持つ機体が配備された。それに対して、イギリス空軍も**双発戦闘機**にレーダーを搭載し、護衛機として夜間戦闘に投入した。

ドイツは地上の警戒レーダーを使用して夜間戦闘機部隊を誘導したが、イギリス機はウインドウ(**チャフ**)を使ってレーダーを妨害。ドイツ軍は予め上空でイギリス爆撃機隊を待ち受ける戦法を採って対抗した。1943年には最初から夜間戦闘機として開発されたハインケルHe219ウーフーが完成。末期には初のジェット夜間戦闘機Me262B-1も作られた。

日本では大戦末期、双発戦闘機月光の胴体に斜め上向き機銃とレーダー(電波探信儀)を搭載し、B-29の夜間迎撃に使用した。アメリカは1943年にディッシュアンテナ式レーダーや旋回機銃を装備した夜間専用のP-61ブラックウィドウを開発し、対日、対独の両戦線に投入した。朝鮮戦争ではP-82GツインムスタングやF7F-3Nタイガーキャット、F4U-5Nコルセアなどの夜間戦闘機型が多く投入されている。

夜間専用に開発された戦闘機

どちらも乗員二人以上の大型戦闘機

ハインケル He219A-2 ウーフー

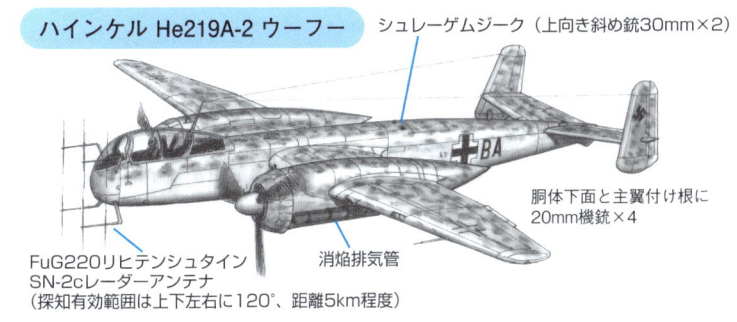

- シュレーゲムジーク（上向き斜め銃30mm×2）
- 胴体下面と主翼付け根に20mm機銃×4
- FuG220リヒテンシュタイン SN-2cレーダーアンテナ（探知有効範囲は上下左右に120°、距離5km程度）
- 消焔排気管

ノースロップ P-61B ブラックウィドウ

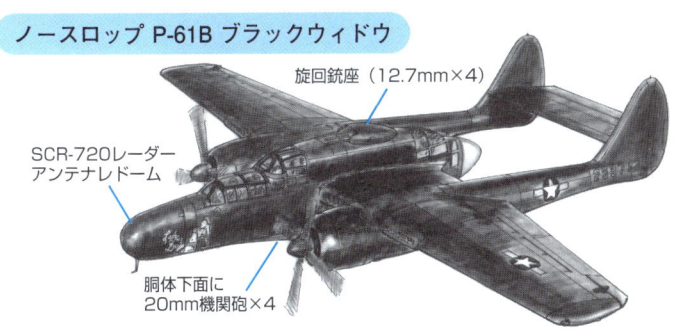

- 旋回銃座（12.7mm×4）
- SCR-720レーダーアンテナレドーム
- 胴体下面に20mm機関砲×4

B-29迎撃用の夜間戦闘機

中島 J1N1-Sa 月光11甲型

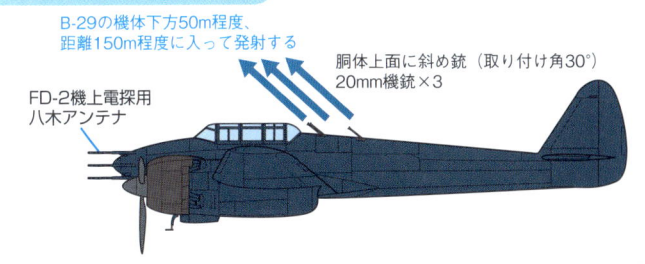

- B-29の機体下方50m程度、距離150m程度に入って発射する
- 胴体上面に斜め銃（取り付け角30°）20mm機銃×3
- FD-2機上電探用八木アンテナ

関連項目

- レシプロ双発戦闘機→No.031
- チャフとフレア→No.054

147

No.069
双子戦闘機

同じ機体を2機くっつけて双胴機を作るという発送は、第二次大戦中、各国であった。しかし、性能は2倍とはいかなかった。

●航続距離を伸ばす

　第二次大戦後半、B-17やB-24などの連合軍爆撃機はP-51ムスタングという名戦闘機の護衛を受けてドイツ本土の爆撃任務に当たっていた。しかし、より航続距離の長い戦略爆撃機B-29に実用化のメドが立ち、広大な太平洋から長駆、日本本土への爆撃となると、いかに高い航続性能を持つP-51でもすべてをカバーできるわけではなかった。そこでアメリカ陸軍はB-29に随伴できる長距離護衛戦闘機の開発を指示。それに応じる形で開発されたのがP-51を左右に連結したP-82。その名も"ツインムスタング"だった。胴体部分と外翼は基本的にP-51の後期型を流用しているが、一枚になった水平尾翼や中央翼など新規に設計された部分も多い。結局、P-82は第二次大戦には間に合わなかったが、約270機が生産され、レーダーを搭載した夜間戦闘期として朝鮮戦争で活躍した。1947年2月28日、P-82B"ベティ・ジョー"がハワイ、ニューヨーク間、7,994kmを14時間31分で飛び、レシプロ戦闘機による無着陸、無給油飛行記録を樹立した。ツインムスタングはどちらの座席でも操縦することができ、パイロットは交替で休むことができる。

●その他の双子機

　既存の機体を並列に2機連結して新しい機体を作るという発想はそもそもドイツで生まれた。第二次大戦中のドイツでは、He111双発爆撃機を2機繋いで中央にエンジンを追加した5発のHe111Zを大型グライダーの曳航機として運用。やはり長距離戦闘機としてBf109Eの双子機Me109ZやDo335の双子機Do635なども計画されたが、実用には至らなかった。双子機の開発は見た目ほど簡単ではなく、それほどのメリットもなかったということだ。

実用化された唯一の双子戦闘機

ノースアメリカン P-82B ツインムスタング

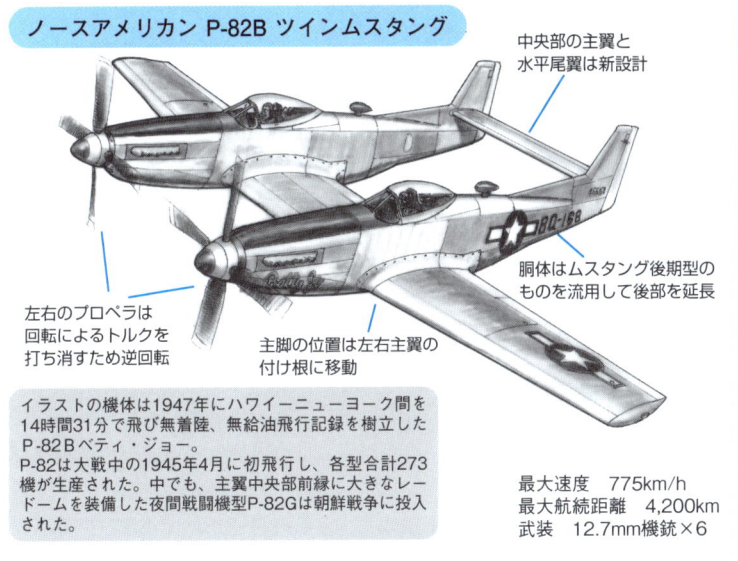

中央部の主翼と水平尾翼は新設計

胴体はムスタング後期型のものを流用して後部を延長

左右のプロペラは回転によるトルクを打ち消すため逆回転

主脚の位置は左右主翼の付け根に移動

イラストの機体は1947年にハワイーニューヨーク間を14時間31分で飛び無着陸、無給油飛行記録を樹立したP-82Bベティ・ジョー。
P-82は大戦中の1945年4月に初飛行し、各型合計273機が生産された。中でも、主翼中央部前縁に大きなレドームを装備した夜間戦闘機型P-82Gは朝鮮戦争に投入された。

最大速度　775km/h
最大航続距離　4,200km
武装　12.7mm機銃×6

計画に終わったドイツの双子機

ドルニエ Do635 ツインプファイル

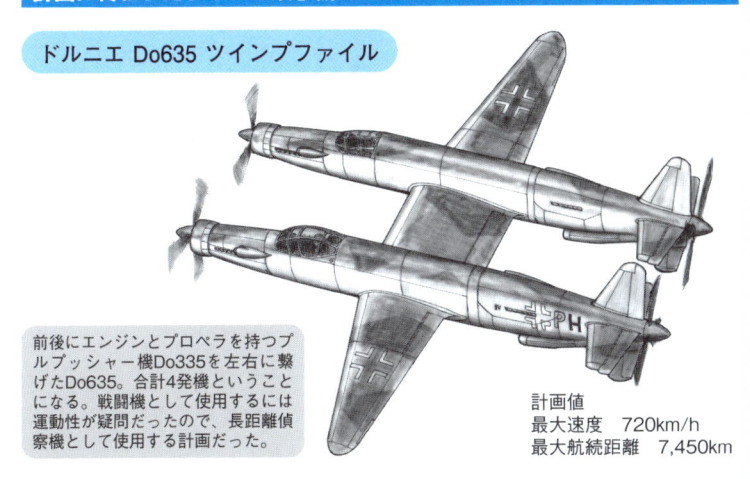

前後にエンジンとプロペラを持つプルプッシャー機Do335を左右に繋げたDo635。合計4発機ということになる。戦闘機として使用するには運動性が疑問だったので、長距離偵察機として使用する計画だった。

計画値
最大速度　720km/h
最大航続距離　7,450km

関連項目

●戦闘機の航続距離→No.006

No.070
プッシャー機

レシプロ機のプロペラは機体の先端にあるのが普通だが、エンジンをコクピットの後方に置き、機体の後端にプロペラを持つ機体もある。

●引くか押すか

　レシプロ機において、プロペラを機体の先端に配置し、機体がプロペラの作る空気の流れに引っ張られるものをトラクター式(牽引式)と言い、逆にプロペラを機体の後端に配置し、機体がプロペラの作る空気の流れに押されるものをプッシャー式(推進式)と言う。初めて動力飛行に成功したライト兄弟機を含め、機銃のプロペラ同調装置が発明されるまでの戦闘機や、大型爆撃機など、初期の航空機にはプッシャー式が多かった。

　プッシャー式には、空気抵抗が減る、前方の視界が良くなる、プロペラ後流による翼への障害がない、などの利点がある。とくに戦闘機には、機体前方中央部に集中して機銃を搭載することができるのも大きな利点だ。

●背中が怖い

　では、上記のようにメリットの多いプッシャー式が、どうして一般的な形態にならなかったのだろうか。プッシャー式の欠点は、プロペラに機体から外れたパーツなどの異物が当って損傷しやすくなる、トラクター式に比べて機体の安定性が悪い、など何点かある。しかし、一般化しなかったもっとも大きな理由は、背中にエンジンとプロペラがあるのは落ち着かないと言う心理的なものだった。万が一、墜落や不時着した時、後ろにある重いエンジンに押しつぶされる可能性と、空中でコクピットから脱出する時に後ろで回転するプロペラに巻き込まれる可能性だ。そのため、震電では、まずプロペラを爆破してから脱出するようになっており、前後にプロペラを配置したドルニエDo335では初期の射出座席が装備されていた。

　日本海軍の震電、アメリカ陸軍のXP-54、XP-55、XP-56などが大戦中に試作されたが、震電とXP-55は先翼式、XP-54は双胴式、XP-56は無尾翼と、尾翼の配置と機体の安定確保に苦労している。

レシプロ機のエンジンとプロペラの配置

主流となった **トラクター式** エンジンとプロペラは機体の前部にあって、機体がプロペラの作用で引っ張られる。

初期に多かった **プッシャー式** エンジンとプロペラは機体の後部にあって、機体がプロペラの作用で押される。

長所
- 空気抵抗が減る。
- 前方の視界が良くなる。
- プロペラ後流による翼への障害がない。
- 武装を機体前方中央部に集中できる。

短所
- プロペラに異物が当って損傷しやすくなる。
- トラクター式に比べて機体の安定性が悪い。
- 不時着時にエンジンに押しつぶされる可能性。
- 脱出時にプロペラに巻き込まれる可能性。

日本海軍が試作したプッシャー機

九州飛行機 J7W 局地戦闘機・震電

最大速度750km/hを目指したが初飛行直後に終戦となった。

コクピットより後ろはほとんどエンジン。

機首に30mm機関砲×4

プロペラは直径3.4m

前後にプロペラを持つプル・プッシャー機

ドルニエ Do335A プファイル

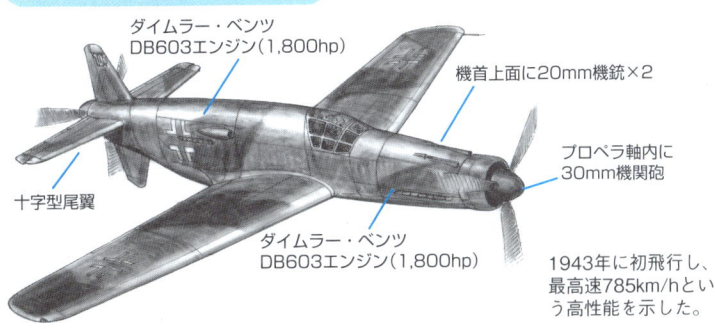

ダイムラー・ベンツ DB603エンジン（1,800hp）

機首上面に20mm機銃×2

プロペラ軸内に30mm機関砲

十字型尾翼

ダイムラー・ベンツ DB603エンジン（1,800hp）

1943年に初飛行し、最高速785km/hという高性能を示した。

関連項目
- 緊急脱出！→No.092
- 機首の機銃はどうしてプロペラに当たらないのか→No.108

No.071
木製戦闘機

第一次大戦時代の戦闘機は多くが木製で布張りだった。その後、全金属製の機体が主流となる中、全木製の戦闘機も作られていた。

●全木製高速戦闘機

現在、航空機の主材料として使用されているジュラルミンは、第一次大戦以前の1909年にドイツで開発されていた。軽くて強いジュラルミンは航空機の材料に最適だったが、戦時中に欠乏することが考えられ、イギリスで主な構造に木材を使用した戦闘機が開発、製造された。1940年に初飛行したデ・ハビランドDH98モスキートは全幅16.5m、全長12.5mという大型機ながら、最高速度は軽く650km/hを超える高速機だった。

モスキートでは、軽いバルサを芯材にして両側を樺の合板で挟んだサンドイッチ材が胴体や主翼の外皮に多用されており、主翼桁にはエゾマツなどが使用されていた。木製戦闘機でもっとも大きな問題になるのが接着材の性質と接着方法。いくら木材だからといって釘を打つわけにはいかず、また、使用する接着剤が悪ければ機体が空中分解することもある。イギリスでは家具職人の技術を取り入れて特殊な接着剤を開発することにより、この問題を解決したが、東南アジアなど、高温多湿の地域に進出した部隊では、防湿、防腐なども重要な課題だった。

●木製戦闘機の明暗

ドイツでも機体の50％ほどに木材を使用した双発戦闘機Ta154を1943年に開発したが、接着剤の開発がうまくいかず、約50機の生産にとどまった。大戦末期には主翼と垂直尾翼の桁と外皮に木材を使用した小型ジェット戦闘機ハインケルHe162も生産したが、時すでに遅しだった。

ソ連では大戦初期から木製モノコックの胴体を持つポリカルポフI-16や機体の一部が木製の戦闘機が量産され、充分な戦力になっていた。末期に資源が枯渇した日本では、疾風を木製化したキ106が試作されたが、強度不足のうえ重量が増加し、ほとんど使い物にならなかった。

木製戦闘機

第一次大戦・複葉機

木製リブや木製構造材と布貼りや合板貼り。

一部 → 木製機
ジュラルミンなど金属材料不足の対策。

主流 → 第二次大戦・単葉機
ジュラルミンを使用した全金属製。

問題点
- 接着剤など強度の確保が難しい。
- 湿度や高温に弱い（防腐、防湿）。

最も成功した木製戦闘機

デ・ハビラント モスキートFB.Mk.VI

戦闘機型、夜間戦闘機型、爆撃機型、偵察機型など、合計約7,800機が生産された。

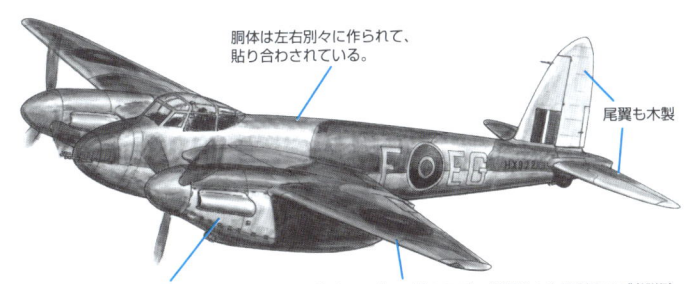

- 胴体は左右別々に作られて、貼り合わされている。
- 尾翼も木製
- 力のかかる主翼中央部とエンジンフレームは鋼管溶接。
- 主翼構造はエゾマツ製のスパー（横桁）と合板製のリブ（縦桁）

モスキートの主翼構造

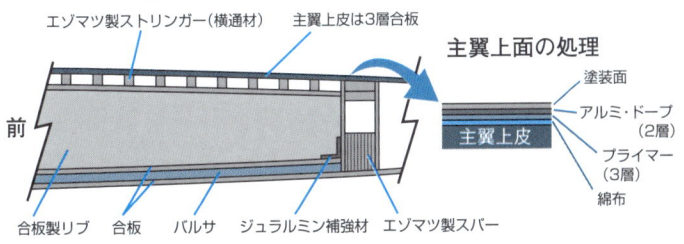

- エゾマツ製ストリンガー（横通材）
- 主翼上皮は3層合板
- 合板製リブ
- 合板
- バルサ
- ジュラルミン補強材
- エゾマツ製スパー

主翼上面の処理

主翼上皮
- 塗装面
- アルミ・ドープ（2層）
- プライマー（3層）
- 綿布

関連項目
- 戦闘機の材料→No.012

No.072
ロケット戦闘機

ジェットでもプロペラでもないロケットモーターを推力にして、時速900km以上の高速を出した戦闘機が、今から60年以上も前にあった。

●ドイツの彗星

1944年7月、ドイツ上空を飛行する連合軍パイロット達は、凄まじい速度で水蒸気の筋を曳きながら上昇してくる機体を見るようになった。その機体は音もなく編隊の下方から近付き、一気に上方へ抜けたかと思うと、急降下に移って、瞬く間に視界から消えた。あまりの速さにB-17の旋回機銃は間に合わず、護衛戦闘機も追い付くことはできなかった。この高速機はメッサーシュミットMe163コメート、ドイツが世界で初めて実用化に成功した有人ロケット戦闘機だった。8月になるとB-17が3機、護衛のP-51が3機、相次いで撃墜され、連合軍パイロット達は恐怖に怯えた。

ドイツでは1930年代からロケットモーターの研究開発が行われており、大戦時には実用化されていた。Me163の機体デザインは無尾翼機で有名なアレキサンダー・リピッシュ博士。液体ロケットモーターの元祖、ヘルムート・ヴァルターが開発したHWK109-509を搭載し、最高速度950km/h、高度10,000mまで約3分という、当時としては異次元の性能を持っていた。テスト中の1941年10月2日には時速1,011km/hを記録し、史上初めて時速1,000km/hを超えた航空機となっている。ただ、ロケットモーターの燃焼時間は約8分しかなく、基地上空付近だけの狭い範囲しか迎撃できなかった。そのため、Me163の特性を知った連合軍機が基地上空を迂回して飛行するようになると、出撃する機会すらなくなってしまった。

●断末魔の対爆撃機用迎撃機

その後、日本ではMe163を参考にしたロケット戦闘機秋水が試作され、ドイツでも垂直に打ち出されるBa349ナッターという木製ロケット機が作られた。敗色濃厚の自国上空を飛ぶ爆撃機にせめて一矢報いたいとの思いは同じだったが、どちらも実用化される前に終戦となった。

ロケット戦闘機

実用化された唯一のロケット戦闘機

メッサーシュミットMe163Bコメート

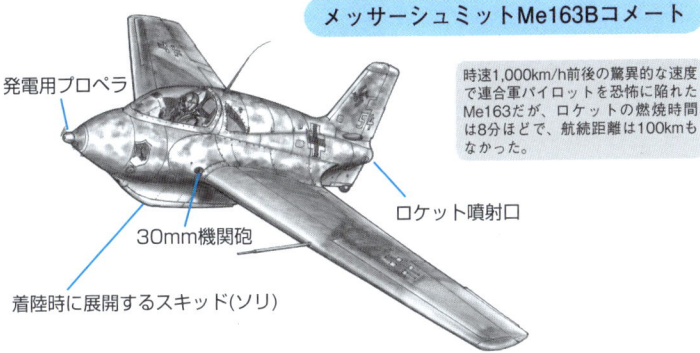

時速1,000km/h前後の驚異的な速度で連合軍パイロットを恐怖に陥れたMe163だが、ロケットの燃焼時間は8分ほどで、航続距離は100kmもなかった。

- 発電用プロペラ
- 30mm機関砲
- 着陸時に展開するスキッド(ソリ)
- ロケット噴射口

Me163の攻撃方法

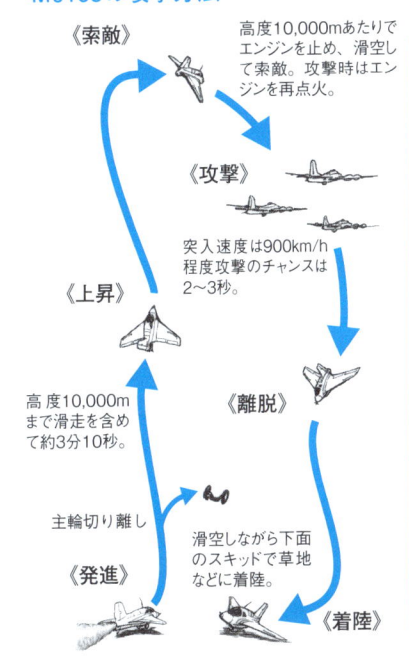

《索敵》 高度10,000mあたりでエンジンを止め、滑空して索敵。攻撃時はエンジンを再点火。

《攻撃》 突入速度は900km/h程度攻撃のチャンスは2〜3秒。

《離脱》

《上昇》

高度10,000mまで滑走を含めて約3分10秒。

主輪切り離し

《発進》

滑空しながら下面のスキッドで草地などに着陸。

《着陸》

垂直発進する木製ロケット戦闘機

バッフェムBa349ナッター

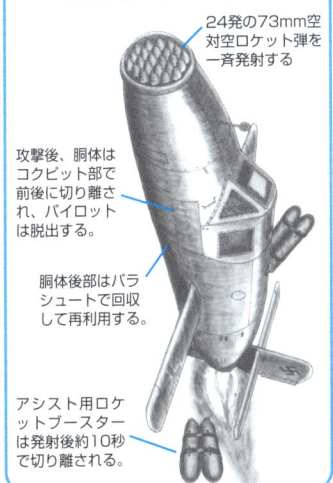

- 24発の73mm空対空ロケット弾を一斉発射する
- 攻撃後、胴体はコクピット部で前後に切り離され、パイロットは脱出する。
- 胴体後部はパラシュートで回収して再利用する。
- アシスト用ロケットブースターは発射後約10秒で切り離される。

関連項目

●もっとも速い戦闘機は？→No.015

No.073
寄生戦闘機

戦闘機の任務の一つは爆撃機の援護だ。戦闘機の航続距離の短さをカバーするため、爆撃機に戦闘機を搭載する構想がいくつかあった。

●空中空母

　初期の戦闘機は**航続距離**が短く、敵地に侵攻する爆撃機の全行程を護衛できなかった。その解決策として考えられたのが、爆撃機に小型の護衛戦闘機を搭載する方法。親子戦闘機やパラサイトファイターとも呼ばれる。

　寄生戦闘機の構想は古く、1910年代末から20年代にかけて、イギリスとアメリカで飛行船に複葉機を搭載したテストが繰り返され、30年代にはアメリカで2隻の飛行船にカーチスF9Cを搭載した部隊が短期間編成されている。長時間滞空できる飛行船から戦闘機を発進させることから、空中空母とも呼ばれたが、飛行船の事故などで中止された。

●爆撃機＋戦闘機

　大型爆撃機に数機の戦闘機を搭載してしまうという突飛な計画を考案したのがソ連のヴァフミストロフ。彼は1931年からさまざまな機体の組み合わせをテストし、4発爆撃機のツポレフTB-3の主翼上下面にI-5戦闘機2機とI-16戦闘機2機、胴体下面にI-Z戦闘機1機を搭載したズベノ-6を製作。1941年に戦闘機2機を搭載したタイプが実戦投入された。

　第二次大戦後のアメリカでは、12,000km以上の航続距離を誇るコンベアB-36戦略爆撃機の護衛用にさまざまなパラサイト計画が考えられた。1947年に完成したマクダネルXF-85ゴブリンは全幅6.4m、全長4.5mという小型戦闘機で、B-36の爆弾倉に主翼を折りたたんで収納され、空中で発進、回収される計画だった。テストはB-29で行われたが、トラピーズと呼ばれる吊下装置への回収がうまくいかず、計画は中止された。その後、1950年代中頃に、B-36の胴体内にRF-84偵察機を収容するFICON計画や主翼端へRF-84を連結する計画があったが、本格的な運用には至らず、空中給油の実用化によって、構想自体が無意味になった。

全長4.5mの寄生戦闘機

マクダネル XF-85　　アメリカ・1947年

F1マシンなみに狭いコクピット。パイロットには身長173cm以下、体重はパラシュートを含んで91kg以下という制限があった。

母機の胴体内にある拘束装置をつかまえるリトラクタブル式のフック。

全幅　6.4m
全長　4.5m
全高　2.5m

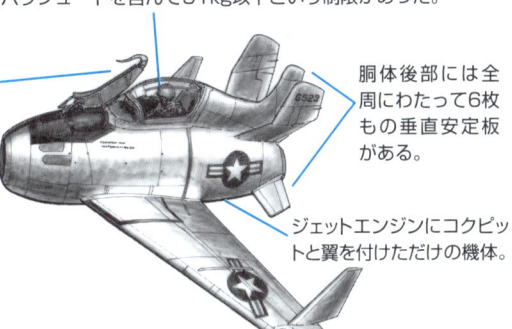

胴体後部には全周にわたって6枚もの垂直安定板がある。

ジェットエンジンにコクピットと翼を付けただけの機体。

母機B-36にアプローチするXF85

XF-85ゴブリンの母機には大型爆撃機B-36を使用する計画だったが、実際にはB-29を使ったテストが行われた時点で計画自体が中止された。

XF-85の全幅は、主翼を折りたたむと1.7mほどになる。

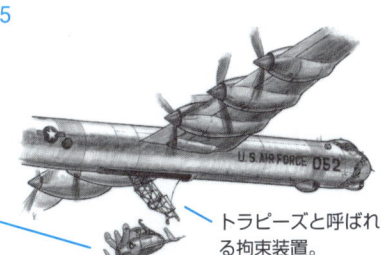

トラピーズと呼ばれる拘束装置。

プロジェクト Tom-Tom

B-36の主翼端にRF-84Fを連結する計画。1950年代初頭にテストが行われたが、空中給油システムが広がったことにより、戦闘機が爆撃機に寄生するという考えが衰退した。

B-36は全幅70m、全長50mという大型爆撃機。レシプロエンジン6発＋ジェットエンジン4発で40tの爆弾を搭載して約8,000kmを飛行できる。

関連項目
●戦闘機の航続距離→No.006

No.073　第3章●戦闘機の運用と種類

No.074
ゲタ履き戦闘機

ゲタ履きとは、大きなフロートを付けたということだが、速度性能が勝負の戦闘機にゲタを履かせるとどうなるのだろうか。

●意外と速い水上機

　水上機とは水面から離発着できるように大きなフロートを装着した機体で、機体の下面そのものが艇体になった大型の機体は飛行艇と呼ぶ。水上機の歴史は古く、1911年には米海軍で最初の実用水上機カーチスA-1が採用されている。水上機は大きなフロートを持っているので、抵抗が大きく、鈍足だと思われがちだが、滑走距離を長くとれる水上滑走により翼を小さくできたことなどから、1920～30年代には陸上機以上の速度性能を持っていた。イタリアのスピードレーサー、マッキMC.72は1931年に709.2km/hという驚異的な速度を記録している。

●日本が唯一

　水上戦闘機を実用化したのは後にも先にも第二次大戦中の**日本海軍**だけで、飛行場のない島などで制空権を確保するために開発された。唯一、新規開発された機体は強風と呼ばれ、大型飛行艇を開発していた川西航空機（現在の新明和）が担当したが、完成までの繋ぎとして零戦にフロートを付けた二式水上戦闘機も327機が製造されている。この二式水戦は零戦に比べて速度や上昇性能で劣ってはいたが、北方、南方に伸びた前線のあちこちで重宝がられた。

　一方、1943年に採用された強風は水上機のハンデを克服するため、大型エンジンとそのトルクを相殺する二重反転プロペラ、層流翼などの特徴を持っていたが、その頃には日本軍が劣勢となっており活躍の場も少なかった。この強風を陸上機へ改修したのが紫電と紫電改。通常とは逆のパターンで開発された両機は合計約1,420機が生産されて大戦末期に活躍した。なお、アメリカではF4F、イギリスではスピットファイアの水上機型が試作されたが、どちらも量産には至っていない。

速度記録を持つ水上機

マッキ MC.72　イタリア・1933年

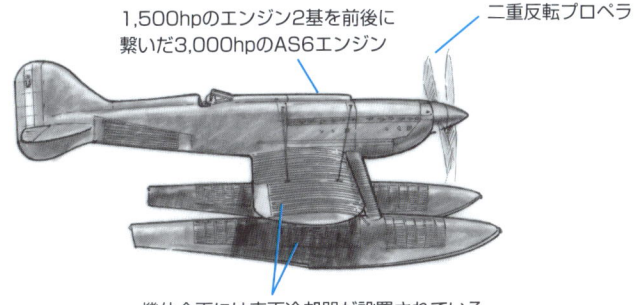

- 1,500hpのエンジン2基を前後に繋いだ3,000hpのAS6エンジン
- 二重反転プロペラ
- 機体全面には表面冷却器が設置されている。

全幅　9.48m
全長　8.32m

水上機のスピードレースである、シュナイダーレースのために製作され、1934年10月に709.2km/mという驚異的な速度記録を打ち立てた。水上機の速度記録としては現在もまだ破られていない。

唯一、新規開発された水上戦闘機

川西航空機 強風　日本・1942年

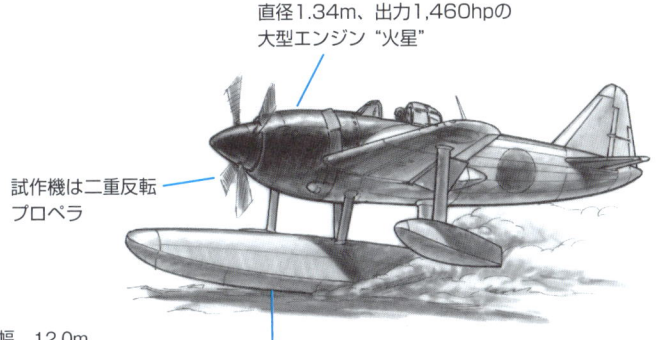

- 直径1.34m、出力1,460hpの大型エンジン"火星"
- 試作機は二重反転プロペラ
- 長さ9mもある主フロート

全幅　12.0m
全長　10.59m
全高　4.75m
最高速度　490km/h

関連項目
●第二次大戦 日本海軍の戦闘機→No.025　　●水上ジェット戦闘機→No.075

No.075
水上ジェット戦闘機

水上戦闘機は、第二次大戦中に日本軍だけが実戦で運用した機種だが、連合軍は水上戦闘機のジェット化を計画していた。

●島伝い侵攻

　大戦中、連合軍側には太平洋戦域の島しょでの戦いで有効な水上戦闘機を持てなかったというトラウマがあった。第二次大戦に入って性能が向上した陸上機に比べべると、水上機の性能が劣るのはしかたない。そこで、当時の最新技術であったジェットエンジンを搭載してそのハンデを補おうと、1943年、イギリス航空省はサンダース・ロー社に水上ジェット戦闘機を発注した。この機体は単座ながら全長が15mを越す大型機で、推力1.5tのジェットエンジンを2基搭載していた。SR.A/1と呼ばれたこの機体は戦後の1947年7月に初飛行し、世界初の水上ジェット機となったが、3機が試作されただけで計画は中止された。50年代に入って開発された陸上機に比べて性能が劣るという"当たり前"の理由だった。

●超音速水上戦闘機

　アメリカにおいても、滑走路を必要としない広大な海から離着水し港湾や艦隊の防空を担う水上戦闘機は、ある時期、魅力的だった。1951年に開発が開始されたコンベアXF2Yシーダートはフロートではなくハイドロスキーと呼ばれる引き込み式のスキーを装着し、デルタ翼と小型潜航艇のような機首を持っていた。アメリカ海軍は全面核戦争で空母や基地が壊滅してもシェルターに隠れたこの機体が生き残って戦えると考えていた。しかし、シーダートが初飛行した1953年4月には、すでに空母航空団はジェット化されており、さまざまな運用上の制約がある水上戦闘機の必要性はどこにもなかった。本機はテスト中に降下飛行でマッハを1を突破して初の超音速水上機となったが、1954年11月には公開テスト中に機体が空中分解するなど事故も多く、増加試作機YF2Yが4機作られたところで1957年に計画がキャンセルされた。

世界初の水上ジェット機

サンダース・ロー SR.A/1

イギリス空軍が大戦末期に試作した水上ジェット戦闘機。

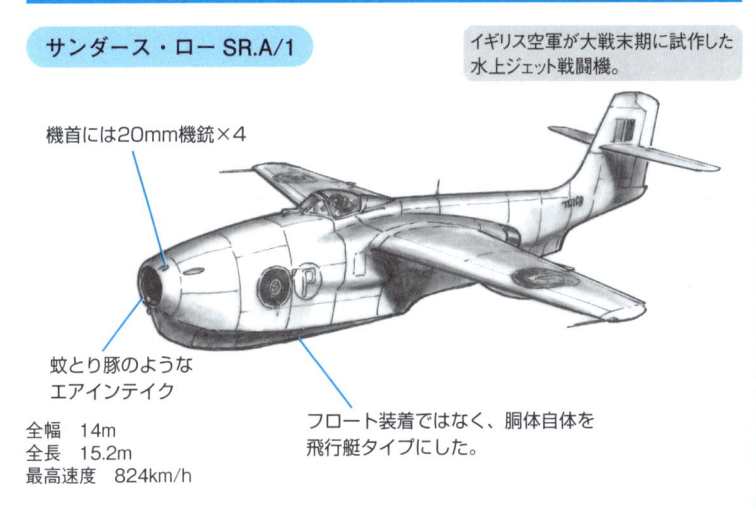

機首には20mm機銃×4

蚊とり豚のようなエアインテイク

フロート装着ではなく、胴体自体を飛行艇タイプにした。

全幅　14m
全長　15.2m
最高速度　824km/h

世界初の超音速水上ジェット機

コンベア F2Y シーダート

アメリカ海軍が1950年代に試作した水上ジェット戦闘機。

インテイクは海水の飛沫を吸い込まないよう、胴体上面に設けられている。

全幅　9.3m
全長　12.2m
最高速度　1,046km/h

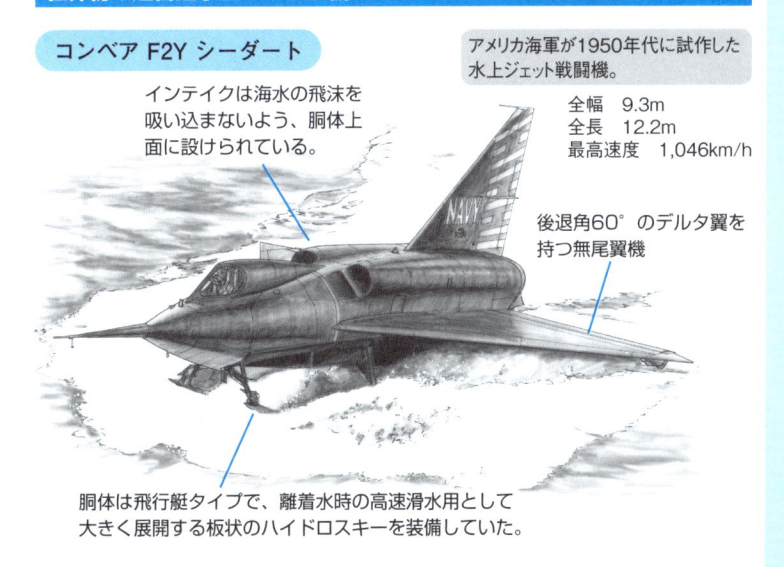

後退角60°のデルタ翼を持つ無尾翼機

胴体は飛行艇タイプで、離着水時の高速滑水用として大きく展開する板状のハイドロスキーを装備していた。

関連項目

●ゲタ履き戦闘機→No.074

No.076
潜水空母

潜水艦に航空機を搭載して、それを偵察などに使う構想は古くからあったが、第二次大戦中の日本には、海底空母と呼ばれた潜水艦があった。

●伊400と晴嵐

　第二次大戦中、**日本海軍**には全長122m、潜航時排水量6,560tという当時、世界最大の伊400型潜水艦があった。潜水艦の代名詞とも言われるドイツのUボートがだいたい全長70m前後だったことを考えると、伊400型がいかに巨大な潜水艦だったかがわかる。

　伊400型には専用の搭載機として開発された特殊攻撃機、晴嵐3機が搭載されていた。晴嵐は全幅12.26m、全長11.64mで最大速度約470km/h(フロートなしで560km/h)、フロート装着時には250kg爆弾、フロートを取り外すと800kg爆弾または航空魚雷を1発搭載可能だった。これを航続距離約70,000kmという伊400型に積んで、米本土やパナマ運河を攻撃しようという壮大な計画があった。晴嵐は内径3.5mの格納筒に、フロートを外し、主翼や尾翼を折りたたんで収容されていた。

　晴嵐を搭載した2隻の伊400型は1945年7月に南西太平洋のウルシー環礁へ向けて出撃した。これは史上初の水中空母部隊だったが、攻撃前に敗戦を迎えたため、2隻は本土へ回航され、晴嵐は無人のまま、エンジンも始動せずにカタパルトで打ち出され、太平洋へ沈んでいった。

●唯一の米本土空襲

　潜水艦発進の航空機による米本土攻撃は、大戦中期、すでに零式小型水上偵察機によって果たされていた。全長8.5mで出力340hpというエンジンを搭載したコンパクトな零式小型水偵1機が、1942年9月、伊25潜水艦から発進して米本土西海岸オレゴン州の山林に焼夷弾を投下した。被害らしい被害はなかったが、米本土が軍用機に攻撃された唯一の例で、アメリカ国民に与えた心理的な影響は大きかった。後に、スティーブン・スピルバーグがこの攻撃をヒントに映画『1941』を製作している。

伊400からカタパルト発進する晴嵐

晴嵐は実戦で運用する際、フロートは装着せずに出撃することになっていた。フロート無しだと800kg爆弾、または魚雷1発を搭載することができ、最大速度も大幅に向上した。

晴嵐の組み立て手順

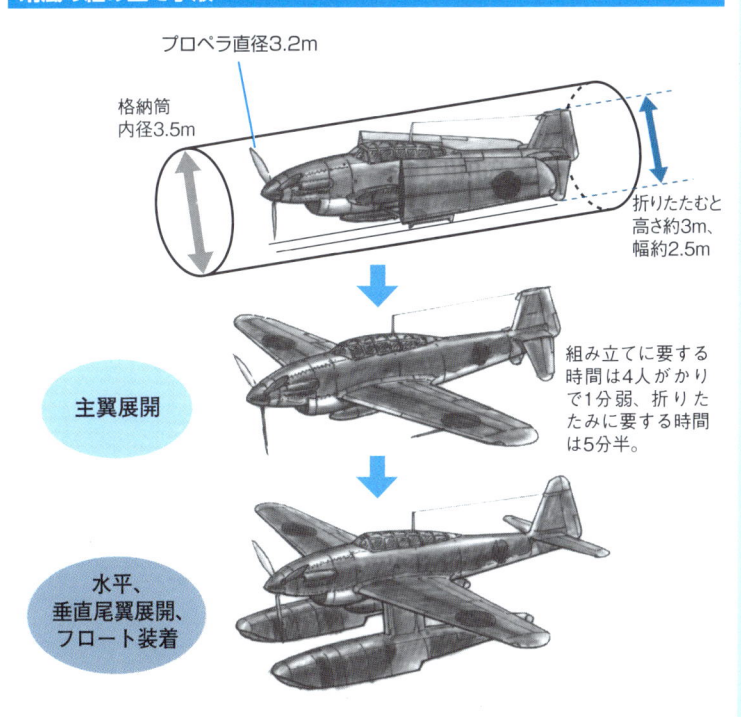

プロペラ直径3.2m

格納筒内径3.5m

折りたたむと高さ約3m、幅約2.5m

主翼展開

組み立てに要する時間は4人がかりで1分弱、折りたたみに要する時間は5分半。

水平、垂直尾翼展開、フロート装着

関連項目
- 第二次大戦 日本海軍の戦闘機→No.025

本当に見えなかったステルス機

　1980年代に入る前後から、アメリカが"見えない"戦闘機を極秘に開発中だという噂があった。F/A-18ホーネットとF-20タイガーシャークの間が空いていたことから、その名称はF-19ではないかとも言われるようになっていた頃、1986年7月11日、カリフォルニアの山中にステルス機と思われる機体が墜落した。事故現場は国家制限地域にされ、事故機の破片をすべて回収した後に、全く別のスクラップ機の部品をばらまくという隠ぺい工作まで行われた。この事態に、アメリカだけではなく日本など世界のマスコミが騒いだが、米国防総省はステルス機の存在自体は認めたものの、詳細に関してはノーコメントを貫いた。

　そんな時、アメリカの模型メーカー、テスター社から1/48スケールで"F-19 Stealth Fighter"というプラモデル・キットがセンセーショナルに発売された。もちろん、まだ米国防総省はステルス機の性能や諸元を明らかにしていなかったのだが、そのキットの説明書にはステルス機に関する説明とともに、詳細な機体データも載せられていた。また、訓練機用として、バブルキャノピーのパーツがセットされている点もクサかった。この模型を見た元CIA長官のスタンズフィールド・ターナーが「おもちゃメーカーにも有能な人材がいるものだ」とか、「この模型でもっとも重要な機密がソ連に漏れなければいいが」と、呑気な発言をしたため、騒ぎはいっそう大きくなった。その結果、米議会でもこの模型の件が取り上げられ、米国防総省はロッキードに対して機密保持体制の再調査と結果報告を命じるまでになった。

　このテスター製F-19は全体が緩やかな曲線で構成された単座戦闘機で、大きな双垂直尾翼は内側に傾き、コクピット後方にはスリット状のインテイクが設けられていた。確かに特異な外形ではあったが、どこか古い印象で、60年代のSF特撮モノに登場する敵メカかゾウリエビのようだった。F-19は1/72、1/48の2スケールで発売された。同社からはソ連のステルス機MiG-37"フェレット"という架空のキットも発売されていて、これは結構かっこいいデザインだった。また、老舗プラモメーカー、モノグラムからも1/72F-19が発売されたが、こちらは別のコンセプトイラストを基にしたイメージキットだった。

　翌1987年には、ステルス機のニックネームが"ナイトホーク"ではないかという話が伝えられ、1988年になると、ステルス機の名称がF-19ではなくF-117だというスクープも伝えられた。そして、同年11月10日、米国防総省はたった1枚の不鮮明な写真と18行の文章で、ステルス戦闘機F-117の存在を公表した。平面と直線のみで構成されたその姿は、F-19とはまったく異なるもので、どこにも似た部分はなかった。今となっては、F-19キットの発売と元CIA長官の発言は事実を隠ぺいするためのディスインフォメーションだったのではないか、とも言われている。今でもF-19は見えないままだ。

第4章
戦闘機の構造と装備

No.077
飛行機はどのようにして操縦するか？

飛行機の操縦には操縦桿やフットペダルとスロットルを使う。具体的にはどのように操作すると、機体はどのように動くのだろうか。

●ステアリングとアクセル

　飛行機は自動車のステアリングやアクセルと同じ機能を持つ操縦桿(コントロールスティック)やフットペダルとスロットルで操縦する。操縦桿はパイロットの膝の間にあり、前後に倒すと尾翼の昇降舵が動き、左右に倒すと主翼の補助翼やスポイラーが動く。フットペダルを左右に踏むと方向舵が動く。操縦桿とフットペダルを使った3軸方向の基本的な操縦方法は初期の複葉機時代から現在のジェット戦闘機に至るまで変わっていない。

　車のアクセルに当たるのがスロットル(車でもそう言うことがあるが)で、スロットルレバーは通常、左側のコンソール上にあり、パイロットが左手で操作できるようになっている。スロットルレバーを前方に押すとエンジンの出力が上がってスピードも増し、手前に引くと出力が下がる。

●どのようにして伝えるか

　複葉機時代から初期のジェット戦闘機あたりまでは、操縦桿やフットペダルからロッドやワイヤーを介して、直接、各舵面を動かしていた。しかし、飛行機が大型化、高速化すると舵を作動させるのに人力では対応できなくなり、人力を油圧ブースターで何倍かに増幅させる油圧操縦方式が一般的となった。ブースターまではそれまでと同じロッドやワイヤーで伝達されているので、操縦桿には各舵面の動きに対する手ごたえが伝わる。

　1970年代、操縦桿と各舵面を入力/出力装置とし、その間を電気的に繋ぐ方式が考案された。フライ・バイ・ワイヤ(索ではなく電線)と呼ばれるこのシステムはF-16で実用化され、一般的になった。操縦桿を大きく動かす必要がないため、F-16やラファールでは手首だけで動かす操縦桿が右コンソール上に配置されている。現在、電線の代わりに光ファイバーを使ってブロードバンド化するフライ・バイ・ライトも研究されている。

3軸周りの操縦

一次操縦翼面

エレベーター（昇降舵）
エルロン（補助翼）
ラダー（方向舵）

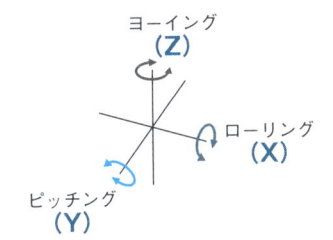

ヨーイング (Z)
ローリング (X)
ピッチング (Y)

ピッチングはエレベーターで

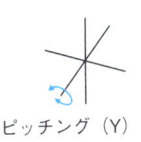

ピッチング (Y)

操縦桿を前後に動かすと、エレベーターが上下する。

ローリングはエルロンで

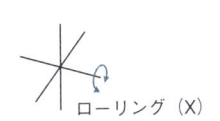

ローリング (X)

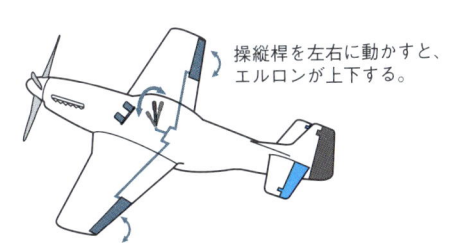

操縦桿を左右に動かすと、エルロンが上下する。

ヨーイングはラダーで

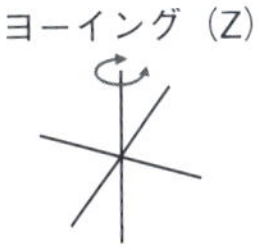

ヨーイング (Z)

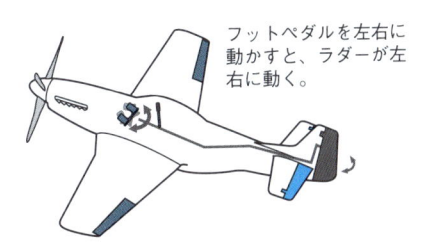

フットペダルを左右に動かすと、ラダーが左右に動く。

関連項目
● ラダーとエレベーター→No.078
● エルロンとスポイラー→No.079

No.077 第4章●戦闘機の構造と装備

No.078
ラダーとエレベーター

垂直尾翼にはラダー（方向舵）、水平尾翼にはエレベーター（昇降舵）と呼ばれる操縦翼面（動翼）があり、姿勢のコントロールを担っている。

●ヨーイングとピッチング

　機体の重心位置を中心として、機首や尾部を左右方向に動かすことをヨーイングといい、上下方向に動かすことをピッチングという。例えば、垂直尾翼に装備されているラダーを左に動かすと、空気の流れによって尾翼が右側に押され、重心位置を中心としたモーメントで機首は左を向く。同じように、ラダーを右に動かすと機首も右を向くという原理だ。

　水平尾翼のエレベーターも同じ原理で、エレベーターを下げると水平尾翼に揚力が働いて尾部が上がり、重心位置を中心としたモーメントによって機首は下がる、逆にエレベーターを上げると尾部が下がって、機首は上がる。飛行機は常に、これらのモーメントによって姿勢を変更している。

●オールフライングテイル

　第二次大戦中の戦闘機では、エレベーターは水平尾翼の後半1/3程度の面積だったが、俊敏な機動性が要求される現代の戦闘機では、水平尾翼そのものが可動する方式が採用されている。これはオールフライングテイル（全遊動式尾翼）と呼ばれ、左右が同じように動いてエレベーターの働きをするだけでなく、左右をバラバラに動かすこともできる。

　一方、ラダーは機体の高速化に伴って、逆に小さくなる傾向にあるが、これは横方向のコントロールが主翼の舵面などと合わせて行われることが多いため。全遊動式の垂直尾翼は、戦闘機ではノースアメリカンXF-107で採用された程度で、現在では採用されていない。

　ラファールやタイフーンなどのヨーロッパ系戦闘機が胴体前部に装備しているカナードも、水平尾翼と反対の位置にあって、基本的に同じ働きをする。姿勢をコントロールするのにまず尾部を上下させるか、機首を上下させるかの違いで、車のFR式とFF式の違いに近い。

ラダーとヨーイング

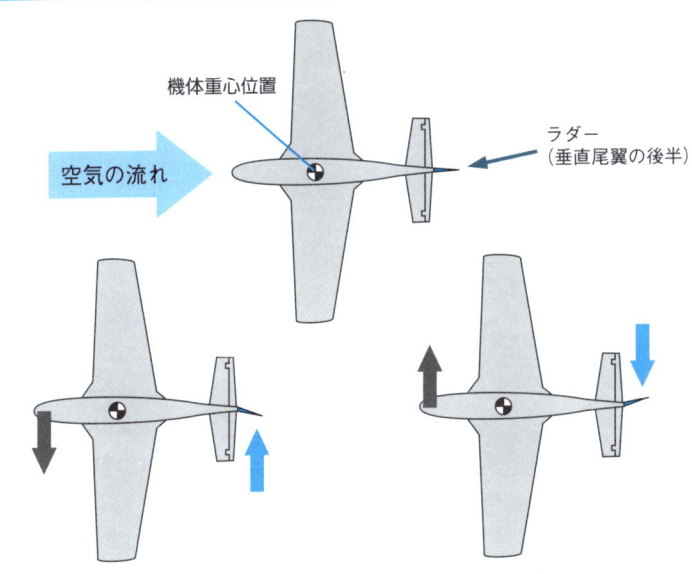

空気の流れ

機体重心位置

ラダー
（垂直尾翼の後半）

ラダーを左に動かすと垂直尾翼が右に押され、その反作用で機首が左に動く。

ラダーを右に動かすと垂直尾翼が左に押され、その反作用で機首が右に動く。

エレベーターとピッチング

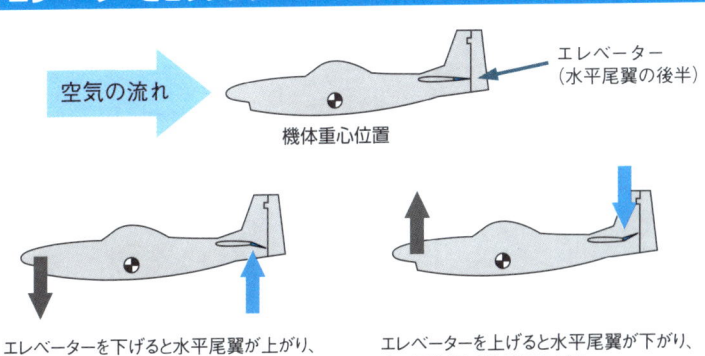

空気の流れ

エレベーター
（水平尾翼の後半）

機体重心位置

エレベーターを下げると水平尾翼が上がり、その反作用で機首が下がる。

エレベーターを上げると水平尾翼が下がり、その反作用で機首が上がる。

関連項目
- 飛行機はどのようにして操縦するか？→No.077
- エルロンとスポイラー→No.079

No.079
エルロンとスポイラー

主翼は飛行機が浮かび上がる揚力を発生させる部分だが、表面や後端には姿勢のコントロールに関する装置も備えている。

●エルロン

　左右方向のヨーイング、上下方向のピッチングに加え、機体の前後を結ぶ軸を中心にして、ねじ回しのように回る動きをローリングと呼ぶ。つまり、前後方向から見て左右主翼の端が上がったり下がったりする動きだが、これをコントロールしているのが主翼後縁の外側近くにあるエルロン（補助翼）だ。左右のエルロンは対称で、基本的には反対方向に作動する。右のエルロンを上げると右主翼に下向きの力が働き、同時に左のエルロンは下がるので左主翼には上向きの力が働く。その結果、機体は後ろから見て時計回りに回転する。これに、**ラダー**による左右方向の動きを加えて旋回するというわけだ。このように、飛行機はラダーでヨーイング、**エレベーター**でピッチング、エルロンでローリングと3軸方向のコントロールをしており、これらをまとめて一次操縦翼面とも呼ぶ。

　デルタ翼機や全翼機には水平尾翼がないため、エルロンを左右同時に上下させて、エレベーターの機能も持たせている。これをとくにエレボンと呼ぶが、これはエレベーターとエルロンの合成語（elev + on）だ。

●スポイラー

　主翼表面には、通常、翼面とツライチになっていて、作動時には板状に立ち上がる装置があり、揚力や空気の流れをスポイルするという意味からスポイラーと呼ばれている。スポイラーにはさまざまな役目があるが、飛行中に左右片方だけを作動させるとエルロンと同じ効果を得ることができる。また、飛行中に左右両方を作動させると揚力が減るので機体を降下させることができ、着陸時、接地直後に大きく作動させると空気抵抗が増してブレーキと同じ効果を得ることができる。微妙なコントロールができる便利な装置なので、戦闘機だけでなく、旅客機などにも多用されている。

エルロンの働き

下向きの力

空気の流れ

上向きの力

エルロンを下げると主翼が上がり、
エルロンを上げると主翼が下がる。

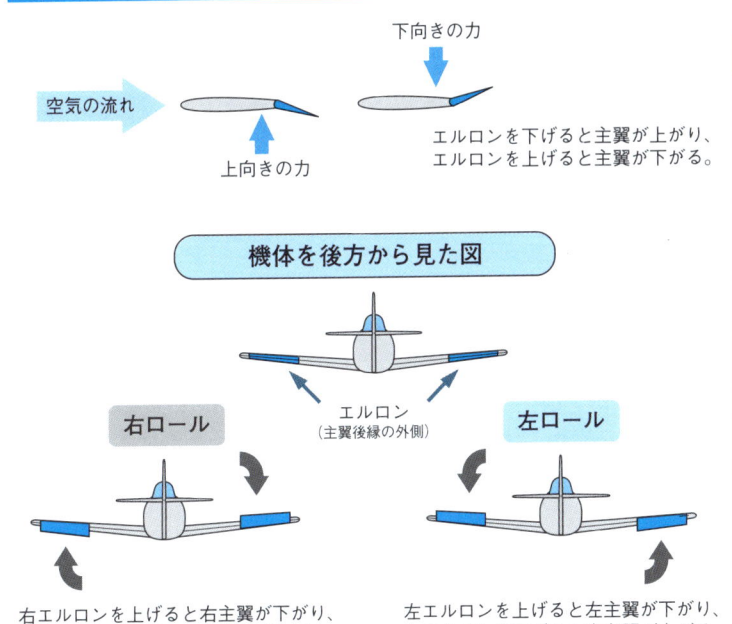

機体を後方から見た図

エルロン
（主翼後縁の外側）

右ロール　　　　　　　　　　　　　左ロール

右エルロンを上げると右主翼が下がり、　　左エルロンを上げると左主翼が下がり、
左エルロンを下げると左主翼が上がる。　　右エルロンを下げると右主翼が上がる。

スポイラーの働き

下向きの力

空気の流れ

スポイラーを作動させる（上げる）と
揚力が減って、主翼が下がる。

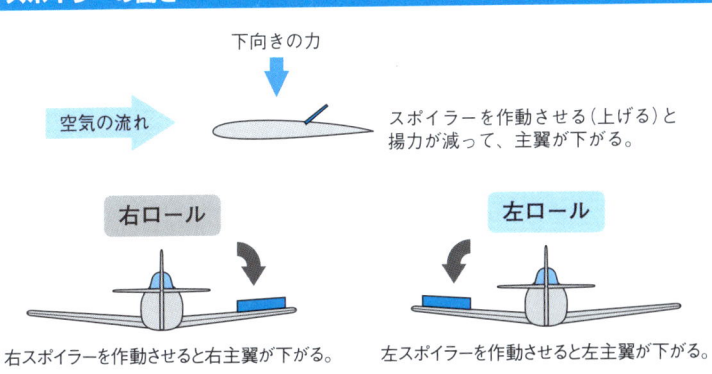

右ロール　　　　　　　　　　　　　左ロール

右スポイラーを作動させると右主翼が下がる。　左スポイラーを作動させると左主翼が下がる。

関連項目
● 飛行機はどのようにして操縦するか？→No.077　● ラダーとエレベーター→No.078

No.080
フラップ

主翼には、フラップという揚力を増大させるための装置が装備されている。これは安全に離着陸するために欠かせないものだ。

●相反する条件

　飛行機が高速で飛ぶには、抵抗となる主翼はできるだけ小さい方がいい。しかし、小さい主翼では得られる揚力も小さいため、失速を防ぐには離着陸速度を高くする必要があり、滑走距離も長くなってしまう。つまり、離着陸時には低速でも大きな揚力が得られる大きな主翼が必要だが、いったん飛び立ってしまうと主翼は小さくてよいという矛盾が生まれる。ならば、離着陸時だけ主翼の形を変えて揚力を増やせばよいと考えられたのが、高揚力装置で、その中でもっとも重要な働きをするのがフラップだ。

　フラップは通常、主翼後端の内側（胴体寄り）に装備されていて、横に長い短冊状の形をしている。フラップ後方を下げたり、フラップ自体を下げながら後方にせり出させて、主翼断面を変形させたり、主翼面積を増やすように作動する。それらよって、主翼上下表面の気流の向きを変え、揚力を増大するというものだ。

●フラップの種類

　フラップには構造によってさまざまなものがあるが、戦闘機などの小型機では後ろが下に折れ曲がるだけの単純フラップが多い。第二次大戦中、零戦やF4Fが装備していたのは主翼下面が分かれて開くスプリット・フラップ。隼、疾風、雷電、紫電改などの日本機は空戦時に旋回性を高めるためにも使用できる空戦フラップを装備していたが、これは、構造的には後ろにせり出しながら下がるファウラー・フラップだった。翼が薄く、離着陸速度が高いジェット戦闘機では、フラップの付け根から圧縮空気を吹き出して効率を高めるフラップを装備している機体も多く、これはBLC（吹き出し）フラップと呼ばれている。艦載機であるF/A-18は主翼下面とフラップとの間に隙間があるスロッテッド・フラップを装備している。

フラップの役目

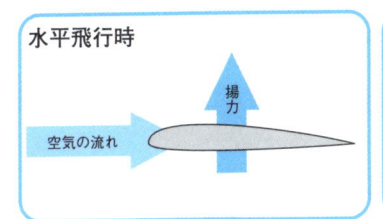

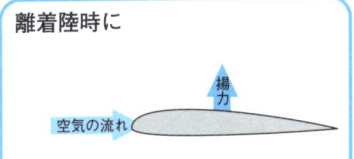

水平飛行時

空気の流れ → 揚力 ↑

離着陸時に

空気の流れ → 揚力 ↑

速度を落とすと、揚力も減少する。

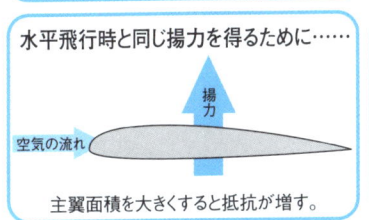

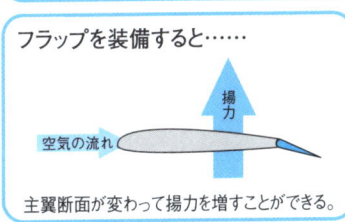

水平飛行時と同じ揚力を得るために……

空気の流れ → 揚力 ↑

主翼面積を大きくすると抵抗が増す。

フラップを装備すると……

空気の流れ → 揚力 ↑

主翼断面が変わって揚力を増すことができる。

フラップの種類

単純フラップ

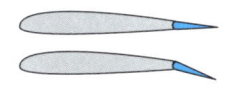

主翼後端が単純に折れ下がる。

スプリット・フラップ

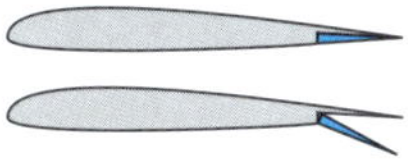

主翼後端の下面が分かれて下がる。

ファウラー・フラップ

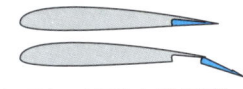

斜め下方へせり出しながら下がる。

スロッテッド・フラップ

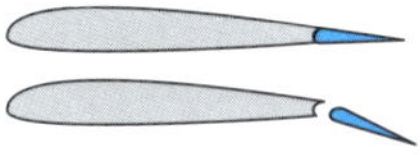

斜め下方へ下がり、主翼端との間に隙間ができる。

BLCフラップ

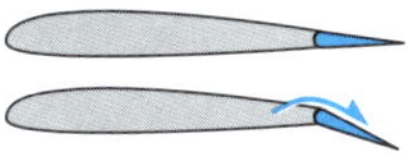

作動方式は単純フラップと同じだが、フラップ直前の主翼上面から高圧空気を吹き出して表面に流れる空気の剥離を防ぐ。

関連項目
● スロットとスラット → No.081

No.081
スロットとスラット

スロットもスラットも、どちらも主翼の前縁付近に装備し、揚力を増大させる装置。主翼後端のフラップと同じ、高揚力装置の仲間だ。

●スロット？ スラット？

　スロットとスラットは英語の発音違いかと思うほど似た言葉だが、この二つはまったく別のもの。まず、スロット(slot)は細長い隙間や溝のことで、例としては自動販売機のコイン穴などが挙げられる。飛行機では主翼の前縁寄り、多くは翼端側に開けられた細長い隙間のことを指す。主翼下面の空気をスロットを通して上面に導き、気流の剥がれを防いで、揚力を増したり翼端失速を防ぐもの。第二次大戦以前からあった技術だが、高速飛行では抵抗になるので、戦闘機ではあまり使われていない。

　スラット(slat)は、本来、ブラインドの横板のような短冊状の板を表す言葉で、飛行機では主翼前縁に装備し、必要に応じて前下方へせり出す装置を指す。スラットが作動すると主翼との間に隙間ができ、スロットと同じ効果を生む。多くは可動式で、通常は翼前縁と一体になっているが、F-4ファントムIIの後期型に装備されたような固定式のものもある。

●前縁フラップ

　ジェット戦闘機では、スラットより機構が簡単な単純**フラップ**を主翼前縁に装備している機体が多い。これらは、後縁フラップと同様にフラップの前が下がり、揚力を増大させるもの。この前縁フラップを作動させると失速の発生を遅らせることができるので、低速飛行での機動性も上がる。第二次大戦中の日本機で採用された後縁の空戦フラップと同様、現代のジェット戦闘機でも、この前縁フラップを空戦フラップとして使用する。

●二次操縦翼面

　3軸方向の飛行姿勢を直接コントロールする**ラダー**、**エレベーター**、**エルロン**が一次操縦翼面と呼ばれるのに対し、高揚力装置であるフラップ、スラットや揚力を減じるスポイラーなどは二次操縦翼面と呼ばれている。

スロット

メッサーシュミット Me163 コメート の主翼

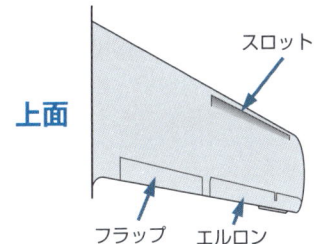

スロット / 上面 / フラップ / エルロン

スロットの空気の流れ

断面

スロットは主翼や尾翼に開けられた固定の隙間。隙間が広がったり、閉じたりすることはない。

スラット

メッサーシュミット Bf109 の主翼

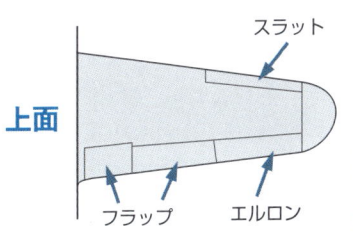

スラット / 上面 / フラップ / エルロン

スラットの動き

断面

スラットは主翼前縁に設けられた短冊状のもので、上図のように前方斜め下へずり下がるように可動する。翼断面を変えると同時に隙間はスロットと同じ働きをする。

前縁フラップ

ロッキード F-16 の主翼

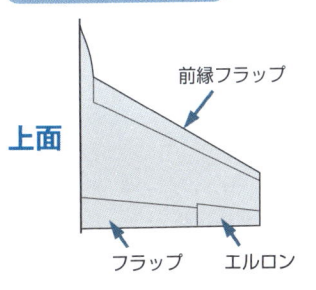

前縁フラップ / 上面 / フラップ / エルロン

前縁フラップの動き

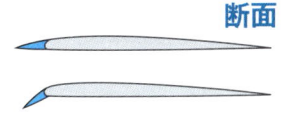

断面

前縁フラップは主翼前縁に設けられたフラップで多くは折れ曲がるだけの単純フラップ。後縁のフラップと同様に、翼断面を変える働きをする。

関連項目
- ラダーとエレベーター→No.078
- エルロンとスポイラー→No.079

No.081 第4章●戦闘機の構造と装備

No.082
飛行機はどのようにして止まるか？

初期のレシプロ機で数十km/hだった着陸速度は、ジェット戦闘機では200km/h以上にもなる。着陸後の制動はどうするのだろうか。

●陸上滑走路での制動

現代のジェット戦闘機では、時速200km/h以上で着陸する十数tの機体を数百mの距離で安全に停止させる必要がある。そのためには段階や状況に応じてさまざまな制動装置が装備されていて、適切に使用される。

ジェット戦闘機が陸上の滑走路に着陸後、最初に作動するのが**エアブレーキ**と**スポイラー**など胴体や主翼の表面に立ち上がって空気抵抗を作る装置。ジェットエンジンの排気（推力）を逆流させる装置（スラスト・リバーサー）を持つ機体もあり、これも着地と同時に作動させる。旅客機の着陸でも、主翼上のスポイラーがすべて立ち、エンジン後部のスラスト・リバーサーが作動するので、体に加わる強い力を実際に体験することもあるだろう。

戦闘機らしい装備と言えば、大きな傘を後方に向けて開くドラッグシュートがある。これはパラシュートを横方向にしたようなもので、60年代に開発された機体や、寒冷地で運用することの多いロシア機に装備されている。使用後は地上整備員がシュートを改修して小さく折り畳み、再び機体に収容するという作業が必要なので、最近は装備する機体が少ない。

●速度が落ちれば車と同じ

滑走速度がある程度落ちると、主脚車輪に装備した車と同様のディスクブレーキを作動させる。そもそもディスクブレーキは高速で着陸滑走する飛行機用のブレーキとして開発され、発展したもの。第二時大戦時の米軍戦闘機ではすでにディスクブレーキが装備されていたし、現在では車でも一般的になったスリップを防ぐABS装置も飛行機用に開発されたものだ。

F-15/-16やタイフーンなど、陸上機で胴体下面に制動フックを装備する機体も多いが、これはブレーキ故障など緊急時の最終制動に使用するもの。艦載機が常に使用する着艦フックほどの強度はない。

ドラッグシュート

F-4 ファントムII

ドラッグシュート

空軍型のF-4ファントムIIは着陸時の減速にドラッグシュートを使用する。ドラッグシュートは胴体後端に収容されていて、着地と同時に展開する。多くの場合、ドラッグシュートは発見、回収が容易なように赤/白の素材でできていて、抵抗が大きくなりすぎないように数多くの隙間がある。

スラスト・リバーサー（逆噴射装置）

トーネード戦闘攻撃機

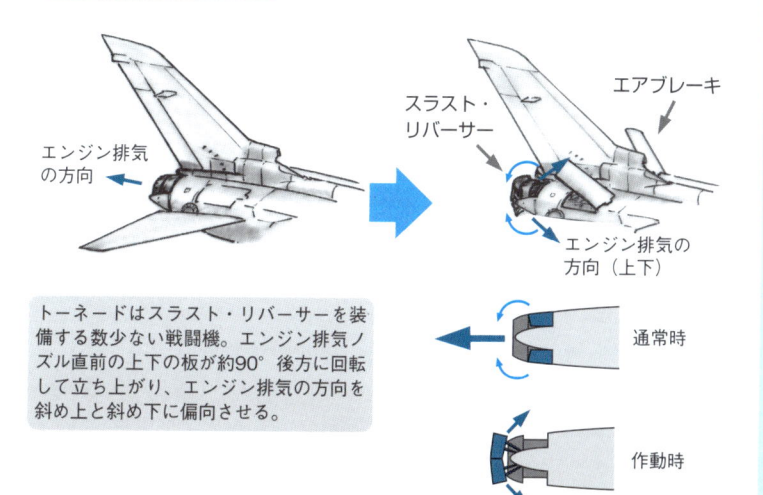

エンジン排気の方向

スラスト・リバーサー

エアブレーキ

エンジン排気の方向（上下）

通常時

作動時

トーネードはスラスト・リバーサーを装備する数少ない戦闘機。エンジン排気ノズル直前の上下の板が約90°後方に回転して立ち上がり、エンジン排気の方向を斜め上と斜め下に偏向させる。

関連項目
- エルロンとスポイラー→No.079
- エアブレーキ→No.083

No.083
エアブレーキ

高速で飛ぶ飛行機が急激にスピードを落としたい時、ジェット戦闘機は胴体後方などに装備したエアブレーキを使用する。

●エアブレーキ

飛行中に速度を落としたい時は、自動車のアクセルに当たるスロットルを戻してエンジンの出力を絞ればよいが、急激に落とす時は併せてエアブレーキと呼ばれる装置を使う。エアブレーキはその名の通り、胴体表面に収納された板状のものを立ち上げて空気抵抗を作るもの。ジェット戦闘機では胴体後部の上下や左右に装備されている場合が多く、F-15イーグルは背中に大きなものを1枚装備している。

また、ローリング方向のコントロールに使用する主翼上面の**スポイラー**も、左右を同時に使用すれば同じ効果が得られる。エアブレーキやスポイラーは、第二次大戦時の急降下爆撃機などが急降下時に設計速度を超えないように使用したダイブブレーキから発達したものだ。

●いつでも使える便利なブレーキ

エアブレーキを使用する場面はさまざまで、水平飛行時の減速や急旋回時の制動の他、低空飛行でエンジン出力を保ったまま速度だけを落とす時にも使用する。また、空中戦で敵機に後方から接近されている時にエアブレーキを使用して回避すると、後方にいた敵機が追い越してしまい、位置を逆転できるという戦法もある。

通常、着陸直後の制動には必ず使用する。着陸速度の速いF-15では、前脚(機首)を上げた姿勢で、抵抗をいっぱいに受けて主脚のみで着陸し、エアブレーキを開いたまま滑走、充分減速した後に前脚を接地させるという制動方法を採っている。

エアブレーキは前を支点として胴体から伸びた油圧作動ピストンで押されて開く。初期のジェット機ではフルオープンまでに2~3秒ほどかかっていたが、現在の戦闘機では1秒以内に、パタパタと開閉できる。

エアブレーキ

F-86セイバーのエアブレーキ

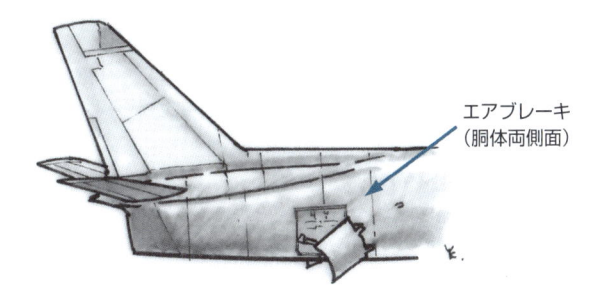

エアブレーキ
(胴体両側面)

F-86のような初期のジェット機は胴体後部の側面にエアブレーキを装備することが多かった。現在では、F-15などのように胴体背面に大形のエアブレーキを装備することが多い。

F-15イーグルの着陸

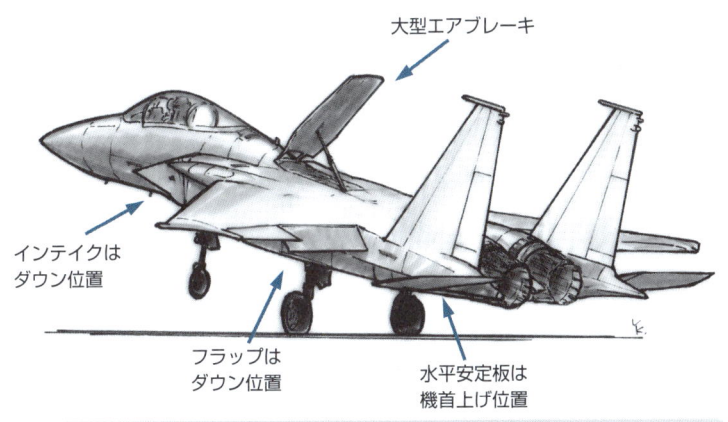

大型エアブレーキ

インテイクは
ダウン位置

フラップは
ダウン位置

水平安定板は
機首上げ位置

F-15の着陸進入速度は約230km/h。着地からしばらくの間、イラストのように機首上げのウイリー走行のような姿勢で滑走し、空気抵抗で速度を落とす。着地から停止までの滑走に必要な距離は約1,070m。F-15は背面の大型エアブレーキを持っているため、ドラッグシュートは装備していない。

関連項目
- エルロンとスポイラー→No.079
- 飛行機はどのようにして止まるか？→No.082

No.084
主翼の形

航空機には直線翼から後退翼、デルタ翼などさまざまな主翼の形がある。どんな形の主翼がどんな特徴を持っているのだろうか。

●平面形変化の歴史

　第一次大戦の頃に活躍した複葉機の主翼は、前縁と後縁が平行で機体の軸(飛行方向)に対して直角な直線翼(矩形翼)だった。第二次大戦中のプロペラ機では翼端へ向かって翼の前後幅(翼弦)が狭くなるテーパー翼が一般的となったが、これも直線翼の一種だ。大戦後のジェット戦闘機には大戦中のドイツで研究されていた**後退翼**が採用されるようになった。後退翼最大のメリットは衝撃波の発生を遅らせ、より高速で飛行できること。後退翼を持つジェット戦闘機はいかにも速そうに見えるが、見た目だけではないということだ。後退翼は翼端付近で空気の流れが乱れて失速(揚力を失うこと)が起きやすい欠点を持っていたが、これを解決するために**デルタ翼**(三角翼)が考案された(これも大戦中のドイツ)。現在、ヨーロッパではデルタ翼の欠点を補って機動性を高めた複合デルタ機が多く採用されている。一方、アメリカで開発されたF-22やF-35などはステルス性が重視されて主翼は菱形のような平面形を持っており、主翼と水平尾翼の前縁と後縁はそれぞれ平行になっている。

●欲張りな可変翼

　主翼付け根を支点として主翼を前後に動かし、飛行状況に合わせた適切な後退角を得るのが可変翼。低速、高機動飛行時には翼幅を大きく後退角を小さくし、高速飛行時には後退角を大きくしてデルタ翼のように変化する。ある意味では究極の翼型と言えるのだが、可変機構が複雑で重量もかさむためどんな機体でも簡単に採用できるわけではない。この可変翼も大戦中のドイツで研究されていたもので、初の実用可変翼機は1964年に初飛行したアメリカのF-111。その後はF-14トムキャット、MiG-23、トーネードなど限られた機体で採用され、優れた性能を示している。

直線翼のバリエーション

矩形翼

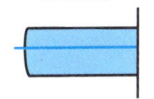

付け根と翼端の幅が同じ。第一次大戦中の複葉機や初期の低速機など。

テーパー翼

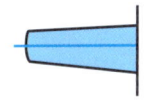

翼端が細くなっている。第二次大戦中の単葉機。ほとんどのレシプロ戦闘機がこの平面形。

菱形翼

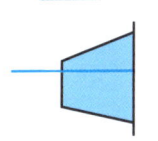

超音速ジェット機ロッキードF-104。

楕円翼

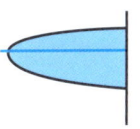

イギリスの戦闘機、スピットファイア。

さまざまな翼平面形

後退翼

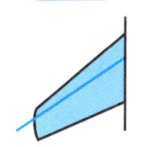

多くのジェット戦闘機。

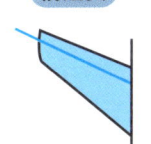

前進翼

実験機X-29など。

逆テーパー翼

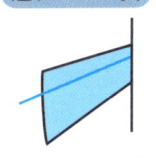

試作ジェット戦闘機リパブリックXF-91。

デルタ翼

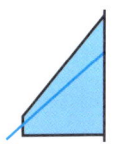

後退翼のバリエーション。1960年代の超音速戦闘機。

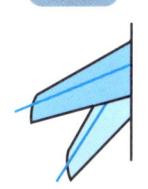

可変翼

飛行速度によって後退角を変える。F-14トムキャットなど。

関連項目

● 後退角と前進翼→No.085　　● デルタ翼機→No.086

No.085
後退角と前進翼

現在の航空機、とくに高速で飛ぶジェット機ではほとんどが後退翼を採用しているが、逆転の発想とも言える前進翼も同じ効果を生む。

●後退か前進か

　現在、多くのジェット機で採用されている後退翼は、大戦中のドイツで研究され、実用化されたもの。翼前縁での衝撃波の発生を遅らせ、より高速で飛行できるようにしたものだが、翼端付近で失速が起きやすい欠点も持っていた。ならば、逆に翼端を前進させたらどうだろうか。後退翼では主翼上面の空気が翼の付け根(胴体側)から翼端へと流れるが、前進翼では逆に翼端から付け根へと空気が流れるので翼端失速は起きない。そのため、前進翼では翼の性能の低下や急激な機首上げ(ピッチアップ)が起きないというメリットがある。しかし、前進翼には強度という最大の難関があった。翼端が前進しているため、揚力によって翼端に上向きの抗力が生じ、次第に翼端が捻り上げられ、最後には翼が破壊されてしまう。この現象を防ぐには主翼の構造を強化するしかなく、結果的に重量増加を招いてしまう。この理由で、前進翼はほとんど実用化されていないのだ。

●欲張りな"斜め翼"？

　衝撃波の発生を遅らせる後退翼と翼端失速が起きない前進翼のメリットを両方兼ね備えたものとして、これもまた大戦中のドイツで、斜め翼という奇妙な形の翼が考案された。ごく普通の直線翼の中心を軸として翼を回転させる。つまり、片方を前進させると反対側は後退するという大胆かつ単純な構造だ。この斜め翼では前進翼ほど深刻な捻り上げも起きず、通常の可変翼より重量を軽くすることができる。

　斜め翼は1979年にNASAがAD-1という実験機を作ってテストした。冗談のような外形に似合わず、理論的には良いことばかりの斜め翼だが、戦闘機などの高い性能を要求される実用機に応用するにはクリアすべき問題が多く、まだ実用化はされていない。

後退翼と前進翼

主翼の角度

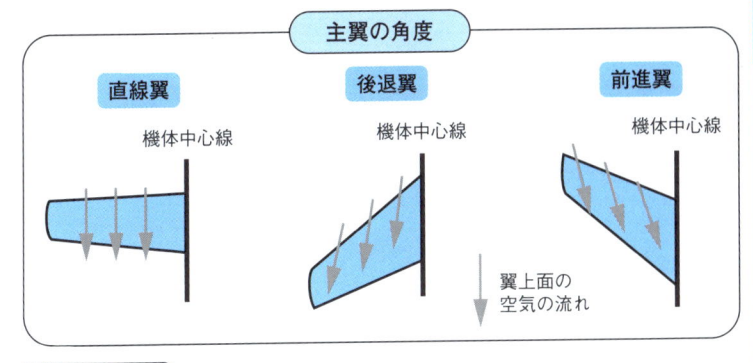

直線翼 / 機体中心線

後退翼 / 機体中心線

前進翼 / 機体中心線

翼上面の空気の流れ

後退角とは

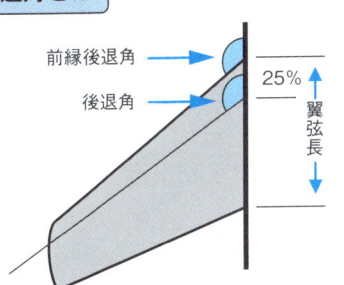

前縁後退角
後退角
25%
翼弦長

本来の後退角は翼弦の前から25パーセント部分の角度を指すが、主翼の前縁の角度を指す場合もある。この角度を、とくに前縁後退角と呼ぶ。

冗談のような斜め翼

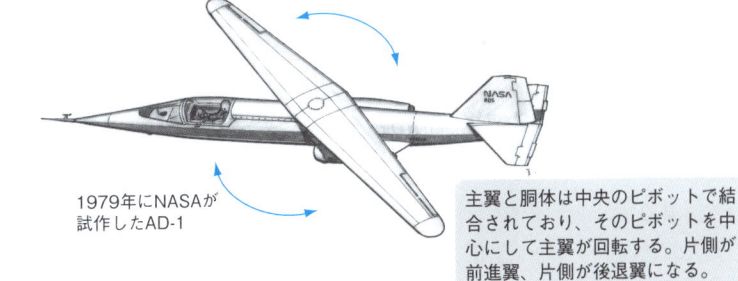

1979年にNASAが試作したAD-1

主翼と胴体は中央のピボットで結合されており、そのピボットを中心にして主翼が回転する。片側が前進翼、片側が後退翼になる。

関連項目

● 主翼の形→No.084

No.086
デルタ翼機

後退翼の一つであるデルタ翼はさまざまなメリットがあり、1950～60年代には多くの戦闘機で採用されていた。

●ドイツの遺産

　第二次大戦のドイツでは航空技術に関する数多くの重要かつ有益な研究が行われていたが、デルタ翼の研究もそのうちの一つ。デルタ翼研究の第一人者は世界初のロケット戦闘機Me163を設計したアレキサンダー・リピッシュ博士で、終戦後、彼は完成していた研究用グライダーDM-1とともにアメリカへ渡り、NACA（現NASAの前身）と協力してデルタ翼機の実用化に貢献した。世界初のジェットデルタ翼機は、もちろんリピッシュ博士が設計したコンベアXF-92で1948年9月に初飛行。その後、コンベア社はデルタ翼迎撃戦闘機（インターセプター）F-102デルタダガー、F-106デルタダートを開発。冷戦下における北米防空システムの中核を担った。同じ頃、フランスでもデルタ翼戦闘機ダッソー・ミラージュが開発されている。これらはすべて水平尾翼のない無尾翼デルタ機と呼ばれる。

●デルタ翼機の現状

　デルタ翼のメリットは、大きな後退角を取れるため衝撃波の発生を遅らせることができ、結果としてスムーズに音速を超えられること、同じ後退角を持つ後退翼と比べて構造が簡単にできることなどだ。しかし、横方向の安定が悪く、着陸速度が速いなどの欠点もある。これらデルタ翼の欠点を補うため、デルタ翼を小さくして水平尾翼を加えたテイルド・デルタと呼ばれる配置も考えられ、MiG-21などが開発された。1980年代頃からは胴体前部にカナード（前翼）を付けた複合デルタ機が開発されているが、この翼配置はカナード翼が発生する空気の渦によってより大きな揚力を得られるため、高機動飛行を行う空中戦に向いている。60年代にスウェーデンで開発されたサーブ・ビゲンが最初で、現在ではタイフーン、ラファール、グリペンなど、多くのヨーロッパ製戦闘機で採用されている。

デルタ翼機

デルタ翼のメリット
- 後退角を大きくできる。
- 衝撃波の発生を遅らせることができる。
- スムーズに音速を超えられる。
- 後退翼より構造が簡単にできる。

デルタ翼のデメリット
- 横方向の安定が悪い。
- 着陸速度が早い。

1960〜70年代最強の迎撃戦闘機と言われた

F-106A デルタダート

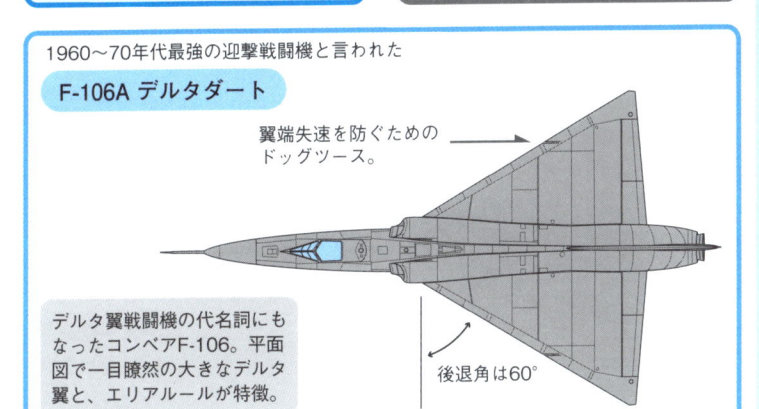

翼端失速を防ぐためのドッグツース。

デルタ翼戦闘機の代名詞にもなったコンベアF-106。平面図で一目瞭然の大きなデルタ翼と、エリアルールが特徴。

後退角は60°

デルタ翼の種類

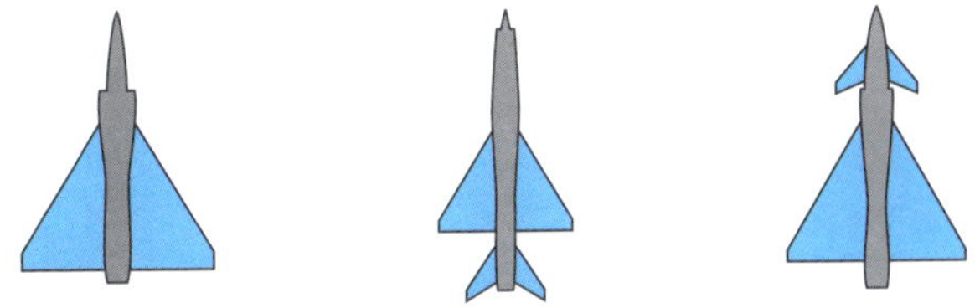

無尾翼デルタ
- F-102
- F-106
- ミラージュ III
- ミラージュ 2000

テイルド・デルタ
- MiG-21

複合デルタ
- ビゲン
- ラファール
- タイフーン
- グリペン

関連項目
- 主翼の形→No.084

No.087
胴体はコーラの瓶

戦闘機の中で、胴体の中央がくびれたコーラの瓶（古い？）のような形をした機体がいくつかある。これはどういう理由だろうか。

●胴体のくびれが持つ意味

　1949年、アメリカはソ連の戦略爆撃機に対抗する米本土防空用の迎撃戦闘機（インターセプター）とそれを含む総合的な防空システムの整備に着手した。その中核となった迎撃戦闘機は高度15,000mをマッハ1.3程度で侵入する爆撃機を迎撃でき、1950年代末までには就役可能であることとされた。各メーカーの設計案から選ばれたのはコンベア社のF-102だった。このF-102は大戦中のドイツでアレキサンダー・リピッシュ博士によって研究されていたデルタ翼を持つ斬新なデザインだった。試作機YF-102は1953年10月24日に初飛行し、テスト飛行を重ねたが、遷音速域（マッハ0.8～1.2）での抵抗が大きく、どうしても音速を突破できないことが判明した。全体の構造を再検討した結果、主翼を取り付けた胴体部分に大きな抵抗が発生することが判明。NACA（NASAの前身）の研究によって発見された"エリアルール"（面積法則）を取り入れて全面的に再設計したYF-102Aが1954年12月20日に初飛行。翌日には水平飛行であっさりとマッハ1.2に到達し、理論の正しさを実証した。

　エリアルールとは、簡単に言うと主翼が接合された胴体部分は主翼の断面積分だけ抵抗が大きくなるということ。つまり、その部分は主翼の断面積分だけ胴体の断面積を小さくすると、抵抗を押さえて均一にすることができるというわけだ。こうして生まれたのがコーラの瓶のようなくびれた胴体。この設計理論は初期の超音速戦闘機にとってまさに救世主だった。現在ではエンジンの性能が飛躍的に向上したためエリアルールはそれほど意識しなくてもよくなっている。なお、このエリアルールを初めて設計段階から取り入れたのはグラマンF11Fタイガーで、改修されたYF-102Aの初飛行より5カ月早い1954年7月30日に初飛行している。

エリアルール（コークボトル型胴体）

No.087

第4章●戦闘機の構造と装備

世界初のエリアルール採用機

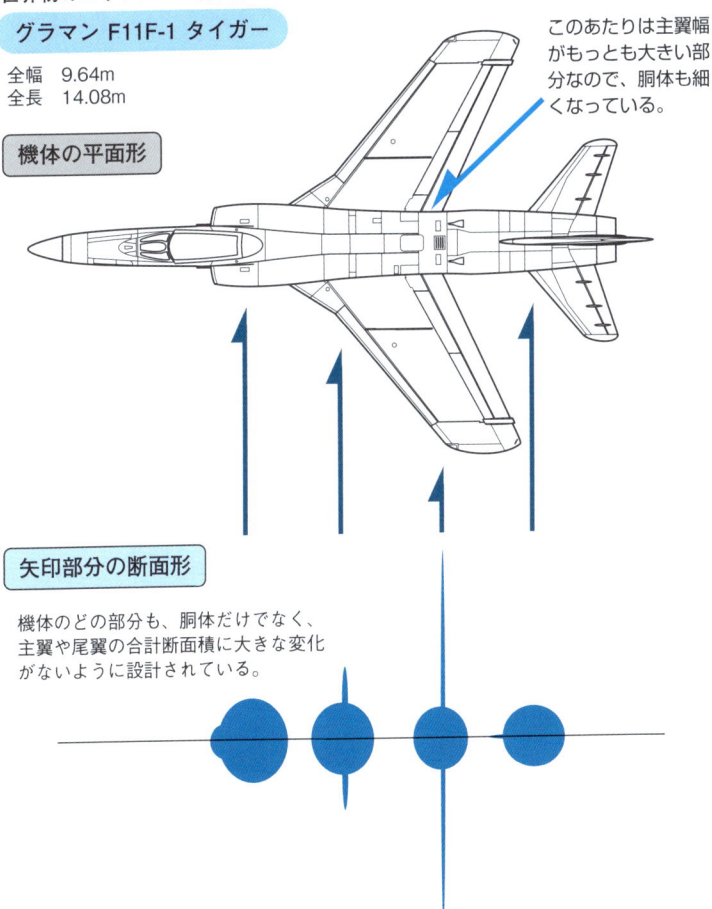

グラマン F11F-1 タイガー

全幅　9.64m
全長　14.08m

機体の平面形

このあたりは主翼幅がもっとも大きい部分なので、胴体も細くなっている。

矢印部分の断面形

機体のどの部分も、胴体だけでなく、主翼や尾翼の合計断面積に大きな変化がないように設計されている。

開発経緯のストーリーとデルタ翼というデザインのため、エリアルールと言えばF-102が有名だが、エリアルールを採用した機体で最初に初飛行したのは、実はF11Fタイガーだ。F11Fは世界初の超音速艦載機でもある。

関連項目

●超音速飛行→No.043

No.088
ブレンデッド・ウィング・ボディ

F-16やSu-27のように主翼の付け根と胴体がなだらかな曲面で繋がっている設計をブレンデッド・ウィング・ボディと呼ぶ。

●一石四鳥のデザイン

　航空機の速度性能を上げるためには、主翼の厚みを薄くし、胴体の断面積を小さくして、前面投影面積(正面から見た時の面積)を小さくすればよい。しかし、主翼を薄くすると胴体との取り付け部分の強度が不足し、取り付け部分の強度を上げると重量が増加する。それを解決するため、取り付け部分へ向けて、胴体を"薄く"、主翼を"厚く"、ブレンドしていくデザインが考えられた。その結果、重量を増さずに強度を確保することができ、内部収容スペースが確保できるというメリットも生まれた。また、通常の形状では胴体と主翼の接合部に発生する空気抵抗も、軽減することができる。**F-16**では主翼前縁を胴体に沿って前方へ伸ばしたストレーキも装備したため、胴体部も大きな揚力を発生する。ただし、取り付け部の断面積は大きくなるので、**エリアルール**は充分に考慮しなければならず、主翼中央部分あたりの胴体は大きくくびれている。

●コンセプトはF-16が最初

　ブレンデッド・ウィング・ボディという設計コンセプトを最初に取り入れたのはF-16で、登場した当初はそのSF的な外形がセンセーショナルだった。その後、このコンセプトはMiG-29、Su-27、グリペン、ラファールなどでぞくぞくと採用され、現代の戦闘機デザインに定着した。

●ステルス機もブレンデッド・ウィング・ボディ

　胴体と主翼の接合部の隅が角になっている機体では、その部分のレーダー反射率が高くなるが、ブレンデッド・ウィング・ボディはその部分が滑らかなため、**ステルス性**を向上させる効果がある。そのため、F-22やF-35など、最新のステルス機は、どれも緩やかなブレンデッド・ウィング・ボディを採用している。

ブレンデッド・ウイング・ボディ

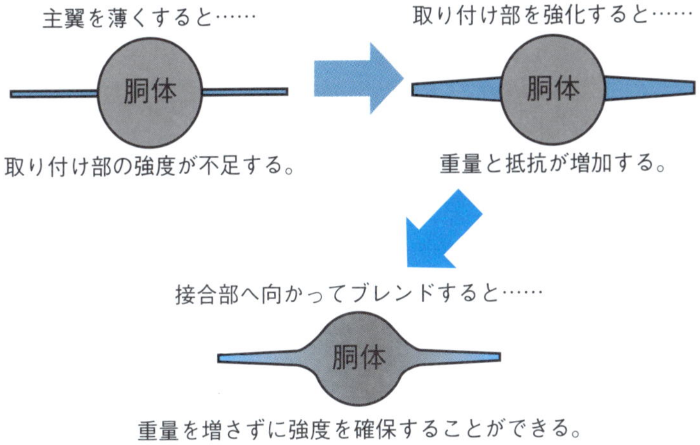

主翼を薄くすると……
胴体
取り付け部の強度が不足する。

取り付け部を強化すると……
胴体
重量と抵抗が増加する。

接合部へ向かってブレンドすると……
胴体
重量を増さずに強度を確保することができる。

F-16の断面変化

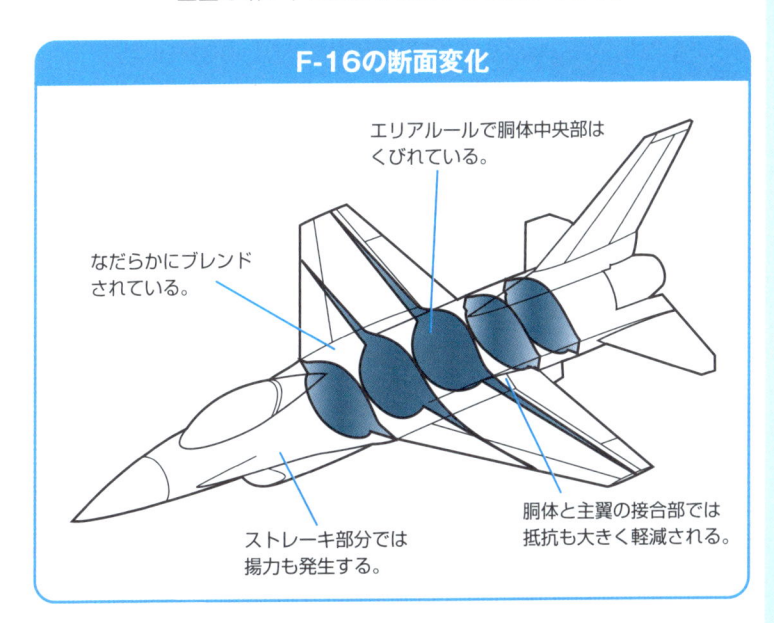

エリアルールで胴体中央部はくびれている。

なだらかにブレンドされている。

ストレーキ部分では揚力も発生する。

胴体と主翼の接合部では抵抗も大きく軽減される。

関連項目
- F-16ファイティングファルコン→No.037
- 胴体はコーラの瓶→No.087
- ステルス戦闘機→No.049

No.088 第4章●戦闘機の構造と装備

No.089
尾翼の配置

垂直尾翼と水平尾翼は、正式にはそれぞれ垂直安定板、水平安定板と呼ばれる。機体の安定と姿勢制御にとって欠かせないものだ。

●安定板の役目

　機体を安定させてまっすぐ飛行させるために、垂直安定板は左右方向（ヨーイング）の安定を、水平安定板は上下方向（ピッチング）の安定をそれぞれ担っている。そして、それぞれの安定板には**ラダー**（方向舵）と**エレベーター**（昇降舵）があって、姿勢制御を行っている。

　面積で大きな割合を占める主翼に対し、尾翼はデザイン的な要素が強いように思われがちだが、主翼は飛行機が浮くための揚力を得る役割をし、尾部の安定板は文字通り、機体を安定させる役割をするもの。どれも、機体の安定飛行には欠かせない重要な部分だ。

●双垂直尾翼

　水平安定板は、機体の重心位置より後方に左右対称で2枚装備するのが一般的。重心位置よりも前方の機首あたりにカナードを付けて水平安定板と同じ効果を得るスタイルもあるが、その場合も左右対称で2枚装備する。一方、垂直安定版は機体の中心線上に1枚を装備するスタイルがオーソドックスだったが、1970年代以降に開発された戦闘機では左右対称に2枚を装備する機体が多くなった。現代の戦闘機では、大きな迎え角を含むあらゆる姿勢において、高い機動性能が要求されるが、大迎角では主翼や胴体が起こす気流の乱れの中に垂直安定板が入ってしまい、舵の効きが低下する。これを1枚の安定板でクリアしようとすると高くて大きなものになり、抵抗が増大するので、2枚に分けて機動性を高めようという発想だ。

　Mig-25、MiG-29、Su-27、F-14、F-15、F/A-18、F-22、F-35などロシアとアメリカ製戦闘機のほとんどが双垂直尾翼を採用しているが、単尾翼に比べるとやはり抵抗は大きく、主翼前縁ストレーキとの関係や取り付け位置など設計上の難しさもあって、万能というわけではない。

垂直尾翼と水平尾翼の役目

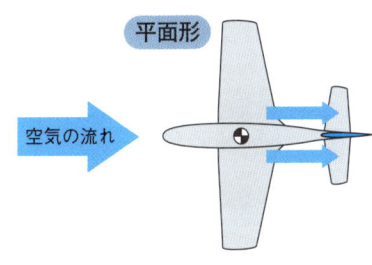

平面形

空気の流れ

垂直尾翼（垂直安定板）は左右方向（ヨーイング）の安定を担っている。

側面形

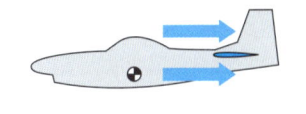

◉ 機体重心位置

水平尾翼（水平安定板）は上下方向（ピッチング）の安定を担っている。

双垂直尾翼の効果

水平飛行時

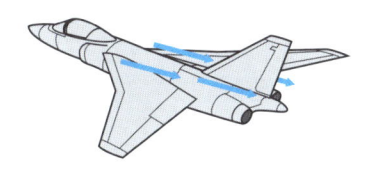

水平に近い迎え角では問題ないが……

大迎角時

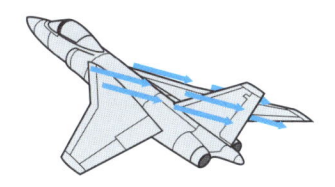

離着陸時や空戦時など、大迎角時には主翼や胴体が発生する空気の乱流の中に垂直尾翼が入ってしまう。

単垂直尾翼

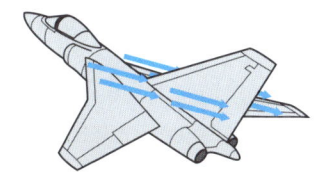

1枚の垂直尾翼で主翼や胴体が発生する乱流を避けようとすると、大きなものが必要になる。

双垂直尾翼

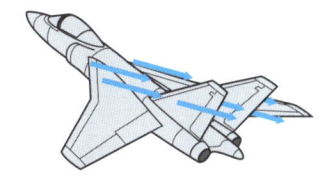

垂直尾翼を2枚に分けると、それほど大きくしなくても、合計で面積が確保でき、機動性が高まる。

関連項目

●ラダーとエレベーター→No.078　　●無尾翼機と全翼機→No.090

No.090
無尾翼機と全翼機

水平尾翼と垂直尾翼はどちらも安定飛行には欠かせないものだが、そのどちらも持たず、ほぼ主翼だけの全翼機というスタイルがある。

●無尾翼機と全翼機

無尾翼機と言うと、水平尾翼と垂直尾翼の両方を持たない機体だと思われがちだが、**デルタ翼機**のように水平尾翼だけがない機体を無尾翼機と呼ぶ。無尾翼機として最初に実用化されたのは、第二次大戦ドイツの**ロケット戦闘機**、メッサーシュミットMe163コメート。デルタ翼機の研究で有名なリピッシュ博士の設計で、短い胴体に大きな主翼を持っていた。

水平尾翼も垂直尾翼もない主翼だけの機体はとくに全翼機と呼ばれ、胴体も翼の一部に溶け込むようなデザインは、航空機の究極の形態とも言われている。翼の後退角を大きくすることにより翼端が後方に位置し、翼端部分が水平尾翼と同じ働きをするので、上下方向の安定性が確保できる。横方向は翼に上反角を付けることで、ある程度、安定させることができる。

全翼機は翼端後縁に設けたエレボンや**エアブレーキ**によって機体をコントロールするが、マニュアルでこれらを操作するのは難しい。また、低速度域での安定性に問題があり、着陸速度が高くなるという欠点もあった。

●全翼機の歴史

全翼機のパイオニアは第二次大戦中ドイツのホルテン兄弟で、グライダーでのテストを繰り返した後、1945年にHo229というジェット戦闘機を開発した。一方、全翼機の父と呼ばれるアメリカのジャック・ノースロップは、1945年にジェット戦闘機XP-79、1946～7年に大型爆撃機XB-35/-49などを試作したが、いずれも正式採用には至らなかった。

第二次大戦当時の技術では完成させるのが難しかった全翼機だが、胴体や尾翼がないため、前面のレーダー波反射面積が非常に小さく、**ステルス機**のデザインとしては最適だった。困難だった姿勢制御はコンピューターによって解決され、ステルス爆撃機ノースロップB-2として完成した。

無尾翼機と全翼機の違い

無尾翼機

- 水平尾翼がない。
- 垂直尾翼はある。
- デルタ翼機の一種として実用化されている。

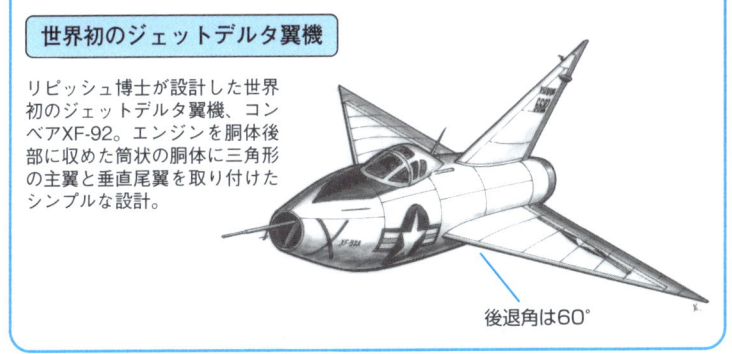

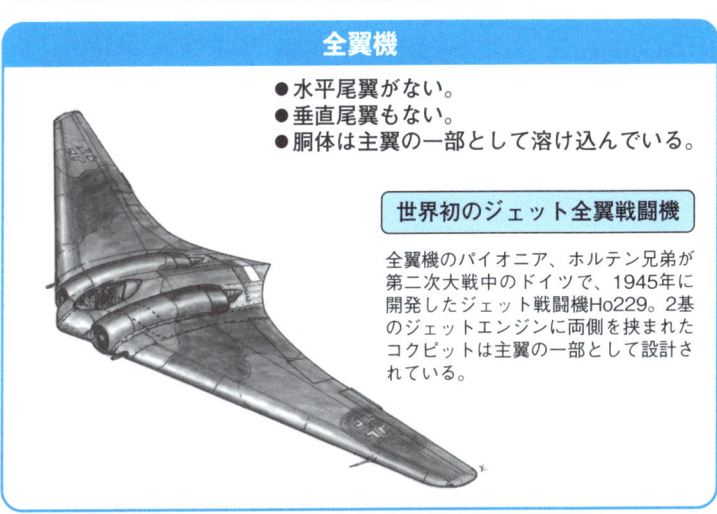

世界初のジェットデルタ翼機

リピッシュ博士が設計した世界初のジェットデルタ翼機、コンベアXF-92。エンジンを胴体後部に収めた筒状の胴体に三角形の主翼と垂直尾翼を取り付けたシンプルな設計。

後退角は60°

全翼機

- 水平尾翼がない。
- 垂直尾翼もない。
- 胴体は主翼の一部として溶け込んでいる。

世界初のジェット全翼戦闘機

全翼機のパイオニア、ホルテン兄弟が第二次大戦中のドイツで、1945年に開発したジェット戦闘機Ho229。2基のジェットエンジンに両側を挟まれたコクピットは主翼の一部として設計されている。

関連項目
- ステルス戦闘機→No.049
- エアブレーキ→No.083
- 尾翼の配置→No.089
- ロケット戦闘機→No.072
- デルタ翼機→No.086

No.091
エアインテイク

ジェット機は圧縮空気に燃料を噴射して燃焼させるため、空気の取り入れ口は必須。効率的な形と位置を求めて研究が続けられている。

●どこに付けるか

ジェット機は、エアインテイク(単にインテイクとも言う)から取り入れた空気をエンジンに導き、その燃焼排気を推力として後方へ噴射する。従って、エアインテイクは機体の前部にあり、前方へ向かって開いている。

F-86やMiG-15など初期のジェット戦闘機では胴体を筒に見立て、機首に開けたインテイクから機体中央のエンジンまで、ストレートに空気を導いていた。初期のジェットエンジンは推力が低かったため、もっとも効率のよいレイアウトにしたわけだが、胴体中央部をダクトが通るなど**コクピット**や**機銃**のレイアウトは苦しかった。その結果、1950年代になって、機首にレーダーなどの機器を搭載する必要が出てくると、インテイクは機首から胴体側面や主翼付け根へと移動する。搭載エンジンの数(単発か双発か)にかかわらず、基本的に胴体左右へのレイアウトが現在でも主流だ。

F-16やMiG-29のように胴体下面に配置した機体の場合は、地上滑走時の異物吸入が大きな課題。MiG-29は、地上滑走時にはメイン・インテイクをドアで塞ぎ、主翼上面の補助インテイクを使用する。

●どんな形にするか

亜音速の機体では効率良く空気を取り込むことだけを考えていれば良かったが、超音速になると、インテイクのダクト内で発生した複雑な衝撃波が空気の流入を阻害したり、エンジンに損傷を与えることが判明した。この衝撃波をインテイクの外で発生させるために考えられたのがF-104やMig-21で装備されたショックコーン。F-14/-15などでは、長方形のインテイク内側にある板(可変ランプ)を動かし、そこで衝撃波を発生させている。また、胴体表面の空気の層(境界層流)は流れが遅く、流入に影響を与えるので、インテイクと胴体は隙間を空けて配置されている。

インテイクとエンジンの位置

F-86F セイバー

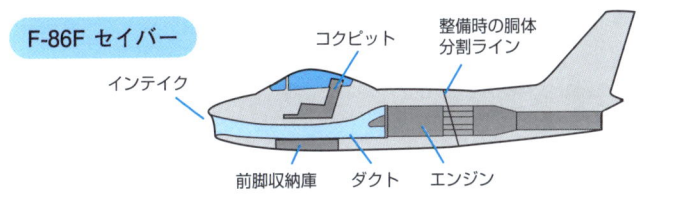

- コクピット
- 整備時の胴体分割ライン
- インテイク
- 前脚収納庫
- ダクト
- エンジン

F-104J スターファイター

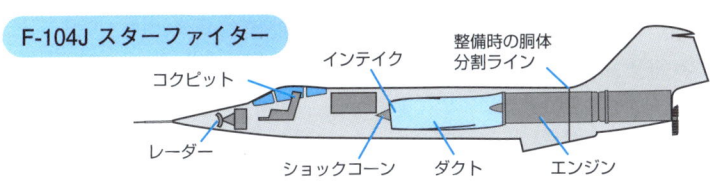

- コクピット
- インテイク
- 整備時の胴体分割ライン
- レーダー
- ショックコーン
- ダクト
- エンジン

可変インテイク

F-14の可変インテイク

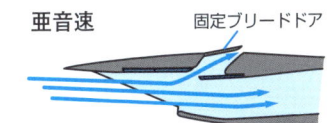

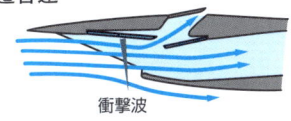

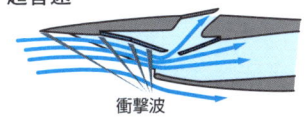

亜音速 — 固定ブリードドア

遷音速 — 衝撃波

超音速 — 衝撃波

インテイク上面にある3枚の可変ランプが動いて衝撃波を外で発生させ、ダクト内の流れを亜音速に保つ。

MiG-29の可変インテイク

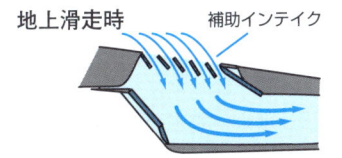

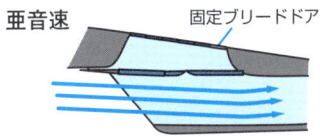

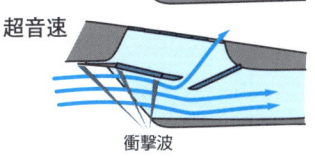

地上滑走時 — 補助インテイク

亜音速 — 固定ブリードドア

超音速 — 衝撃波

地上滑走時にはインテイク前面を可変ランプで塞ぎ、機体上面にある補助インテイクから空気を取り入れる。

関連項目

- コクピット→No.103
- 機銃の搭載位置→No.106

No.091 第4章●戦闘機の構造と装備

No.092
緊急脱出！

射出座席による緊急脱出は戦闘機や攻撃機など軍用機特有のもの。乗員の命を守る最後の手段としてさまざまな方法が考えられてきた。

●射出座席

第一次大戦で航空機が戦争に使用されるようになると、墜落する機体からどうやって生還するかが大きな課題となり、大戦後半にはパラシュートを携行するようになった。これによって乗員の死亡率は大きく下がり、脱出用のパラシュート携行は第二次大戦終了まで続いたが、軍用機が高速化するにつれ、機体から安全に脱出することが難しくなってきた。乗員自身が負傷している場合の脱出は困難で、脱出時、機体(とくに垂直尾翼)にぶつかるケースも多かった。そこで、どんな状況でも乗員を機体から安全に脱出させる方法として考えられたのが、乗員を座席ごと機外に射出し、パラシュートで降下させるイジェクションシート(射出座席)だ。世界で初めて射出座席を搭載したのはドイツのジェット戦闘機He280で、1942年1月には高度2,400mから世界初の緊急脱出に成功した。

●ゼロ・ゼロ座席

1950年代頃までの射出座席は火薬カートリッジにより座席を打ち出す方式で、脱出にはパラシュートが開くための速度と高度が必要だった。ロッキードF-104の初期型では、垂直尾翼を避けるためコクピットの床から下方に射出するという怖い方式もとられていた。60年代になると、速度ゼロ、高度ゼロでも安全に脱出できるようにロケットモーターで座席を打ち出すタイプが開発され、これにより射出後の事故による死亡率も大きく下がった。また、超音速でも安全に脱出できるように座席全体をカプセルで包むタイプや、コクピット全体が脱出カプセルになる機体も開発されている。現在、もっとも安全な射出座席と言われているのはロシアのSu-27やMiG-29/-31などに装備されているズベズダ製K-36で、K-36DMはマッハ3、高度24,000mまでの使用が可能と言われている。

緊急脱出

射出座席 Aces II の射出シークエンス

パラシュート展開

降下

シートの分離
サバイバルキット

パラシュートコンテナの分離
ヘッドレスト内部にパラシュート収納

減速
シート減速用ドローグシュート（直後に切り離し）

機体からの射出
2方向のロケットモーターで姿勢制御
キャノピー射出

射出座席の発達

第一次大戦後期
パラシュートを使用。

第二次大戦後期
ドイツ軍機で史上初の射出座席を搭載。

1950年代頃
火薬カートリッジによる射出座席。

1960年代頃
高度ゼロ、速度ゼロでも使用できる射出座席が登場。

現在
マッハ3程度でも使用出来る射出座席が登場。

コクピットごと脱出

1968年から1996年まで米空軍で使用されたF-111は、並列複座のコクピットごと切り離され、パラシュートで降下する。高空、高速での脱出や、着水時にも安全だが、保守、点検にコストがかかるため、F-111以外では採用されていない。

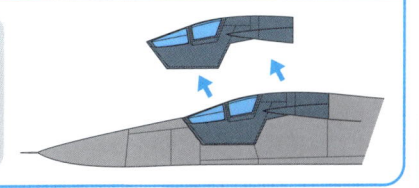

第4章●戦闘機の構造と装備

関連項目
●尾翼の配置→No.089

No.093
ガンサイトとHUD

空中戦で射撃に欠かせない照準器はどのように発達したのだろうか。
また、ヘッドアップディスプレイとはどのようなものだろうか。

●照準器（ガンサイト）

　第一次大戦の戦闘機では、機銃をコクピット前方の機首上面に搭載し、機銃の前後にある丸い輪（照星）と細い棒（照門）を用いて照準を合わせていた。その後、ライフルの照準器と同じように細長い筒の両端にレンズを取り付けた望遠式照準器が開発されたが、空中戦の最中に片目で筒を覗き込まなければならないという難点があった。

　第二次大戦に入ると、頭を起こして前方を見ながら照準が行える光像式照準器（反射式照準器）が一般的になった。箱状の照準器の下方から電球で照らした輪と十字線（レティクル）の像を、照準器の上部に装着された斜めの反射ガラス（半透過式）に、レンズを通して投影する。反射ガラスには前方の敵機も映り、その両方が重なるようにすれば照準が合うという原理だ。

　空中戦では自機と敵機の双方が複雑な飛行をしているので、照準を合わせて射撃しても弾が届く時に、敵機はすでに先へ飛行している。そこで、この敵機の運動をある程度見越した位置へ照準を合わせるのだが、この見越し射撃はパイロットの技能に頼っていた。その見越し角を照準器で加えられるようにしたのがジャイロ式照準器で、大戦後期に実用化された。

●HUD（ヘッドアップディスプレイ）

　ゲームや映画などで良く目にするHUDも原理的には光像式照準器と同じ。光像の代わりにモニターの画像を大きな反射表示ガラス（コンバイナー）に投影するもの。光像式照準器との違いは、照準だけでなく飛行や戦闘に必要な他の情報も合わせて投影される点で、いちいち計器盤に視線を落とさなくてもさまざまな情報が得られる。HUDを最初に装備したのは攻撃機のA-7D/Eで、戦闘機ではF-14/-15から。現在では戦闘機や攻撃機だけでなく、一部の大型輸送機や旅客機にも装備されている。

第二次大戦時のガンサイト

レティクル（十字と円）と目標が重なって映る

ガンサイトの原理

サンフィルター
反射ガラス
目標
レンズ
レティクル
電球
パイロット

Revi C12/D ドイツ空軍戦闘機用

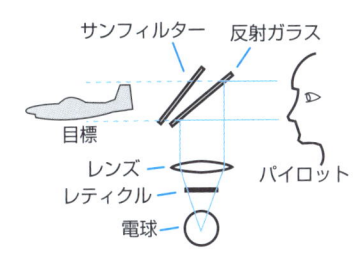

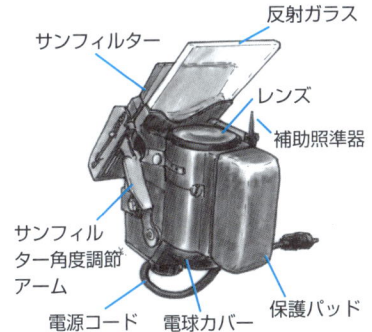

サンフィルター
反射ガラス
レンズ
補助照準器
サンフィルター角度調節アーム
電源コード
電球カバー
保護パッド

ジェット戦闘機のHUD

レティクル以外にさまざまな飛行データが投影される。

HUDの原理

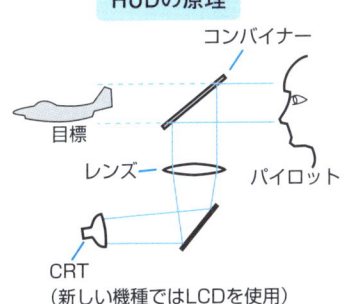

コンバイナー
目標
レンズ
パイロット
CRT
（新しい機種ではLCDを使用）

GEC-Marconi製 F-16C用

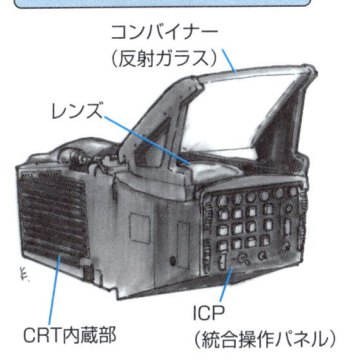

コンバイナー（反射ガラス）
レンズ
CRT内蔵部
ICP（統合操作パネル）

関連項目

●コクピット→No.103

第4章●戦闘機の構造と装備

No.094
操縦桿とスロットル

操縦桿やスロットルは、機体そのものを操縦するという本来の機能以外にさまざまな機能も併せ持っている。

●コントロールスティック（操縦桿）

　初期の複葉機時代から現代のジェット戦闘機まで、また、大型機でも、操縦桿は通常、操縦席の床にあり、パイロットの膝の間で前後左右に倒して操作する。現在の戦闘機では、発達に伴って増えるさまざまな操作スイッチ類が効率的に配置されている。

　第二次大戦時の戦闘機では、グリップ部に機関銃の発射トリガーと爆弾投下のボタンがある程度だった。しかし、ジェット戦闘機がミサイルを搭載するようになると、ミサイル発射ボタンが追加され、レーダーを搭載するようになると、レーダーのモード切り替えスイッチが追加された。機種により多少の差異はあるが、現在の戦闘機では、ミサイル/機銃切り替え発射ボタン、爆弾投下ボタン、レーダー切り替えボタン、トリムタブ調整ボタン、**HUD**切り替えボタン、前脚ステアリング切り替えボタンなどが効率的に配置されている。また、F-16などのサイドスティックタイプは手首で操作するため、アームレストも装備されている。

●スロットル

　スロットルは、通常、左コンソールにあって、エンジンの出力を調整する。第二次大戦時の戦闘機ではコクピット左側の胴体内側にスロットルレバーを取り付け、カバーで覆った程度だった。操縦桿と同じく、スロットルレバーも機体の発達に伴ってさまざまなスイッチ類が配置され、複雑になっている。例えばF-15では、**エアブレーキ**開閉ボタン、兵装切り替えスイッチ、レーダー設定ボタン、レーダーアンテナ上下ダイアル、**アフターバーナー**コントロールレバー、味方識別装置ボタンなどが配置されている。スロットルレバーはエンジン1基につき一つで、独立して操作できるが、通常は同時に操作できるように一体化したデザインになっている。

操縦桿の進歩

P-51 ムスタング

- 爆弾リリースボタン
- トリガースプリング調整ネジ
- トリガー
- F.W.D

F-15 イーグル

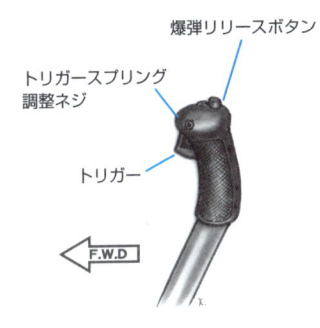

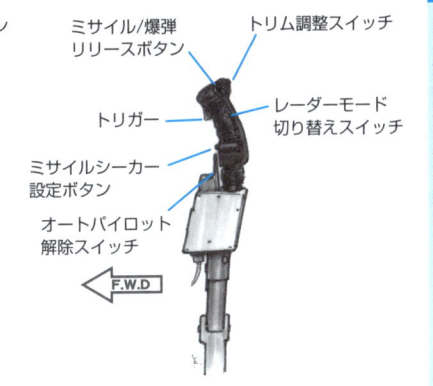

- ミサイル/爆弾リリースボタン
- トリム調整スイッチ
- トリガー
- レーダーモード切り替えスイッチ
- ミサイルシーカー設定ボタン
- オートパイロット解除スイッチ
- F.W.D

スロットルの進歩

P-51 ムスタング

- スロットルレバー
- ラジオ送信ボタン
- プロペラ速度調整レバー
- F.W.D
- スロットルロックノブ
- 混合気コントロールレバー

F-15 イーグル

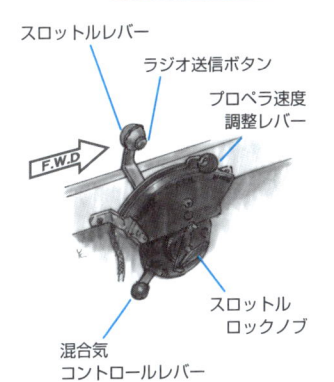

- スロットルレバー（左右2基）
- レーダー目標設定ツマミ
- レーダーアンテナ上下調整ダイヤル
- マイクスイッチ
- エアブレーキ作動ボタン
- 照準環固定ボタン
- 兵装選択ツマミ
- ラダートリムスイッチ
- F.W.D

スロットルレバーを前に押せば推力が増す。

関連項目

- エアブレーキ→No.083
- アフターバーナー→No.100
- ガンサイトとHUD→No.093

No.095
計器盤

コクピットの正面に据えられた計器盤には、飛行、戦闘に関するすべてをモニター、制御するメーターやスイッチ類が集められている。

●計器盤の基本

複葉機の時代、計器盤に装備されていた計器は速度計、高度計、燃料計、コンパスなどだけで、計器の精度も高くなかったため、速度や高度は体で覚える必要があった。これは、現在のジェット戦闘機でも基本的に同じで、格闘戦の最中にいちいち高度計や速度計を確認していては戦いにならない。

計器盤のレイアウトは時代、機種などを問わずほぼ同じ。コンパス、水平儀、高度計、速度計など、機体の姿勢や飛行などに関わる重要な基本計器は中央部に、T字型に配置され、燃料計やエンジン回転計、油圧計などエンジン関係の計器や降着装置操作レバー、兵装関係スイッチなどは左右に配置されている。計器盤や計器は目が疲れないようにツヤ消しの黒や暗色で塗装されている。目盛りは白で、注意するべき部分は黄や赤だ。

なお、スロットルレバーやフラップ操作レバーなどの比較的大きなレバーやスイッチ類は左側のコンソールに、無線器やサーキットブレーカーなどの電気系統は右側コンソールに配置されている場合が多い。

●現代の計器盤

計器盤の基本的な内容と機能は現代のジェット戦闘機においても変わらないが、性能が向上して計器の数が増え、パイロットの負担が増大した。それを軽減するために一つの計器に複数の機能を持たせ、計器の数を減らして盤のレイアウトをシンプルにする工夫がなされた。

デジタル技術が進歩した80年代からは計器盤の中央に、さまざまな表示機能を持つ大きなCRT（ブラウン管）モニターが配置されるようになり、従来の丸型計器は減った。現在では、一般のパソコンやテレビと同じく、CRTの代わりにLCD（液晶ディスプレイ）が使用され、LED（発光ダイオード）も多用されている。

レシプロ機の計器盤

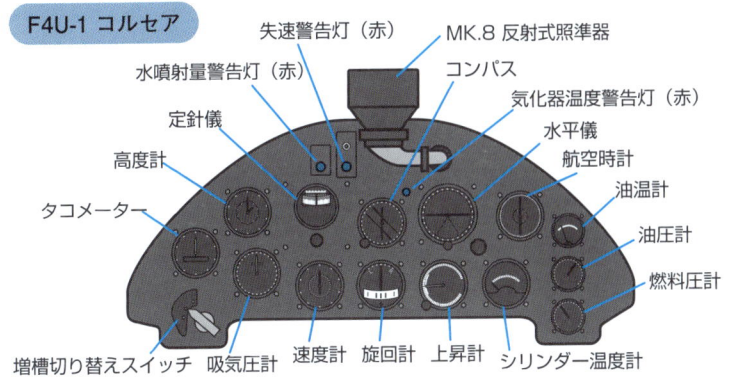

F4U-1 コルセア

- 失速警告灯（赤）
- MK.8 反射式照準器
- 水噴射量警告灯（赤）
- コンパス
- 定針儀
- 気化器温度警告灯（赤）
- 水平儀
- 高度計
- 航空時計
- 油温計
- タコメーター
- 油圧計
- 燃料圧計
- 増槽切り替えスイッチ
- 吸気圧計
- 速度計
- 旋回計
- 上昇計
- シリンダー温度計

ジェット機の計器盤

F-22A ラプター

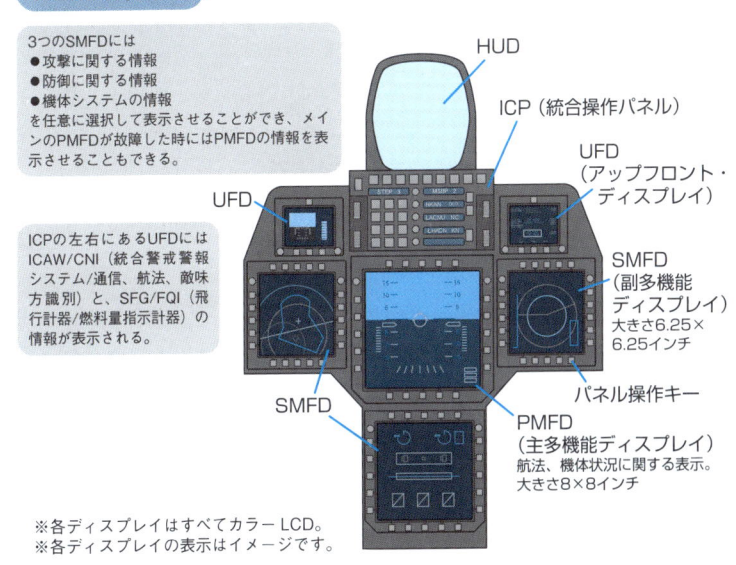

3つのSMFDには
- 攻撃に関する情報
- 防御に関する情報
- 機体システムの情報

を任意に選択して表示させることができ、メインのPMFDが故障した時にはPMFDの情報を表示させることもできる。

ICPの左右にあるUFDにはICAW/CNI（統合警戒警報システム/通信、航法、敵味方識別）と、SFG/FQI（飛行計器/燃料量指示計器）の情報が表示される。

- HUD
- ICP（統合操作パネル）
- UFD（アップフロント・ディスプレイ）
- UFD
- SMFD（副多機能ディスプレイ）大きさ6.25×6.25インチ
- SMFD
- パネル操作キー
- PMFD（主多機能ディスプレイ）航法、機体状況に関する表示。大きさ8×8インチ

※各ディスプレイはすべてカラーLCD。
※各ディスプレイの表示はイメージです。

関連項目

- ガンサイトとHUD→No.093
- コクピット→No.103

第4章 ● 戦闘機の構造と装備

No.096
エンジンの種類

航空機に使用されているエンジンには大別してプロペラを使用するレシプロと燃焼ガスの排気を利用するジェット、ロケットなどがある。

●レシプロエンジン

航空機の動力として最初に用いられたのは、ガソリンを燃料とする**レシプロエンジン**。ピストンの往復運動(レシプロケーション)をクランクで回転運動に変えるので推進装置としてプロペラが必要だ。第二次大戦後期まで、戦闘機のエンジンはレシプロだった。第一次大戦では150hp前後のエンジンが作られ、約30年後の第二次大戦中には、急速に進歩して2,000hp以上になった。

●ロケットエンジン

液体燃料を使用するロケットエンジンを使用した戦闘機が第二次大戦末期のドイツで作られた。当時のレシプロ機より速度は速かったが、燃焼時間が短く、扱いも難しかったため、ポピュラーにはならなかった。

●タービンエンジン

ジェットエンジンは第二次大戦中にドイツで実用化され、その後、イギリスとアメリカで熟成した。風車型の圧縮機で圧縮した空気に燃料を噴射して燃焼させ、その高圧噴出ガスでタービンを回したり、その高圧噴出ガス自体を推進力として利用するもので、厳密にはタービンエンジンと呼ばれる。このうち、高圧噴出ガスを推進力として使用するエンジンを一般的にジェット(jet:排出、噴出)エンジンと呼ぶ。

タービンエンジンの中で、タービンの回転力でプロペラを回すものをターボプロップエンジンと呼ぶ。外見上はプロペラがあるが、レシプロではない。純ジェットエンジンに比べると燃費はよいが、プロペラ推進なので遷音速に近い高速飛行はできない。現在では小型旅客機や輸送機などに多用されている。プロペラの代わりにヘリコプターのローターを回すものはターボシャフトエンジンと呼ばれる。

エンジンの種類

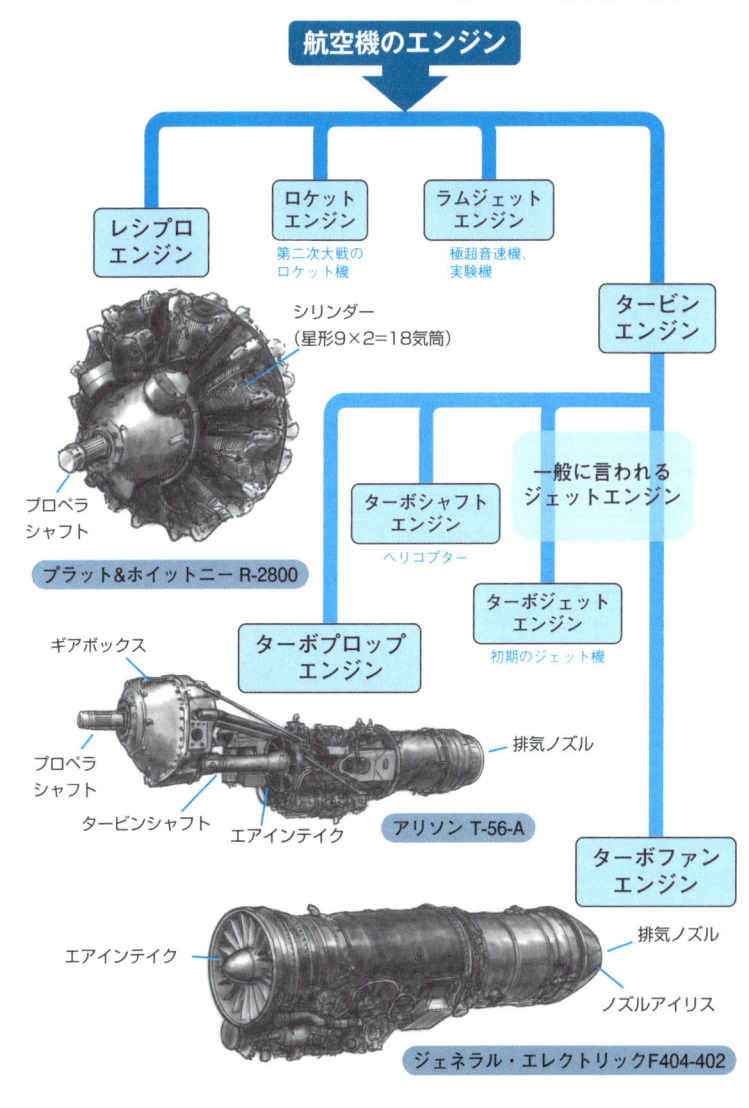

航空機のエンジン

- レシプロエンジン
- ロケットエンジン（第二次大戦のロケット機）
- ラムジェットエンジン（極超音速機、実験機）
- タービンエンジン
  - ターボシャフトエンジン（ヘリコプター）
  - ターボプロップエンジン
  - 一般に言われるジェットエンジン
    - ターボジェットエンジン（初期のジェット機）
    - ターボファンエンジン

プラット＆ホイットニー R-2800
- シリンダー（星形9×2=18気筒）
- プロペラシャフト

アリソン T-56-A
- ギアボックス
- プロペラシャフト
- タービンシャフト
- エアインテイク
- 排気ノズル

ジェネラル・エレクトリック F404-402
- エアインテイク
- 排気ノズル
- ノズルアイリス

関連項目

● レシプロエンジン→No.097　　● ジェットエンジン→No.099

No.097
レシプロエンジン

航空機用のレシプロエンジンは空冷と液冷に区別され、シリンダーの配置によって、星型、V型、水平対向、倒立などの区別がある。

●星型空冷エンジン

シリンダーを放射状に配置したものをその形から星型エンジンと呼ぶ。機体前面に配置することですべてのシリンダーを空気の流れに晒すことができるため、空冷式の代名詞とも言える配置だ。構造が簡単にできるため、初期の航空機用エンジンでは主流だった。第一次大戦頃にはプロペラとエンジンが一緒に回転して冷却効率を上げるロータリーエンジン(車のそれとは別)が多かったが、回転数、出力を上げるのが困難なため、エンジンを機体に固定してプロペラだけを回転させる現在の方式になった。

吸気、圧縮、燃焼、排気のサイクルを効率良く起こすため、シリンダーの数は5、7、9などの奇数が基本。出力を増すためには星形配列のシリンダーを前後複列配置にする。2列14気筒、2列18気筒などが多い。

●液冷エンジン

冷却剤として水や沸点の低い液体を使用するエンジンを液冷(水冷)エンジンと呼ぶ。液冷エンジンではシャフト(回転軸)に対して平行(前後方向)にシリンダーを並べる形が基本で、第一次大戦頃には直列(1列)6気筒のものが多かった。その後、出力を増すために並列にし、列の配置によって、水平対向、H型(4列)、W型(3列)、V型(2列)などが作られた。その中で出力や重量などのバランスが優れているV型が主流となった。クランク軸に対して、V型と倒立V型の2種類がある。

液冷エンジンは星型空冷エンジンに比べて前面面積が小さく、空気抵抗を減らすことができるが、冷却剤を冷やす装置(ラジエターなど)が必要になり、エンジン自体の構造も複雑になる。機首の細い液冷エンジン搭載機の方が星型エンジン搭載機より速度性能で勝るイメージが強いが、星型エンジンには大出力のものも多く、実際の速度性能にはあまり差はない。

レシプロ空冷エンジン

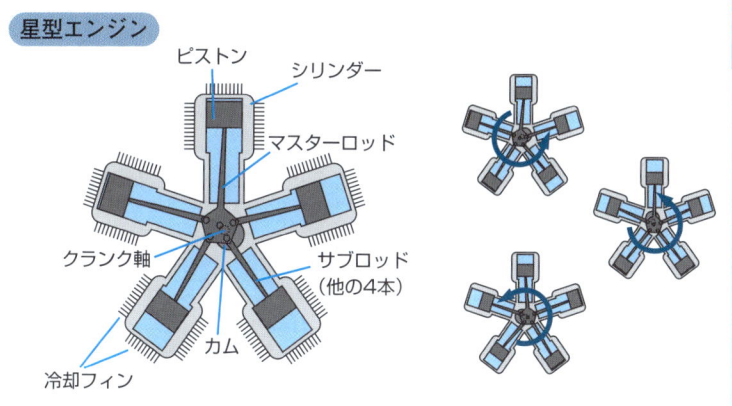

星型エンジン

- ピストン
- シリンダー
- マスターロッド
- クランク軸
- サブロッド（他の4本）
- カム
- 冷却フィン

レシプロ液冷エンジン

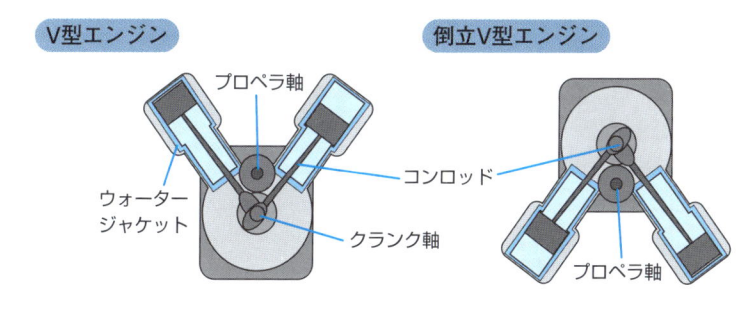

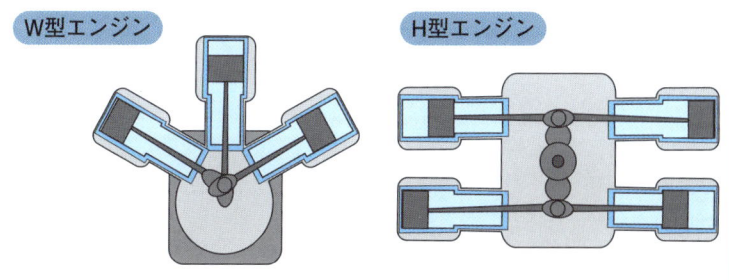

V型エンジン

- プロペラ軸
- コンロッド
- ウォータージャケット
- クランク軸

倒立V型エンジン

- プロペラ軸

W型エンジン

H型エンジン

関連項目

●空冷/液冷エンジン換装機→No.066　　●エンジンの種類→No.096

No.098
勝敗を分けたターボチャージャー

レシプロエンジン機が高高度を飛行すると、空気が薄いためにエンジンの出力が落ちる。戦闘機にとって、この出力低下は致命的だ。

●高空では必須の機構

　当たり前の話だが、飛行機は空を飛ぶ。高度が高くなれば酸素が薄くなるため、エンジンの出力が落ちる。だいたい高度6,000mあたりで大気密度が半分になり、出力も地上の半分程度になってしまう。これを防ぐ方法として考案されたのがスーパーチャージャー(過給機)だ。

　スーパーチャージャーの考え自体は古くから存在し、第一次大戦が終わる頃には試作され、第二次大戦で使用された航空機用エンジンの多くはすでに機械式のスーパーチャージャーを備えていた。これらのスーパーチャージャーはエンジンの駆動軸の力でインペラを回し、遠心力で空気を圧縮してシリンダーへ送る遠心式が多く、ロールスロイスやP&Wではスーパーチャージャーを二つ重ねた2段式を採用していた。圧縮機で圧縮された空気は高温になるため、シリンダーに送られる前にインタークーラーで適温に冷却されるしくみになっている。

●高度の戦い

　戦闘機にとって、実際に飛行できる高度が高いことは重要な能力だ。いくら格闘性能や速度が勝っていても、相手の方が上空を飛んでいれば手も足も出ない。スーパーチャージャーの装備が定着した第二次大戦では、その能力向上が制空権の勝敗を分けるカギとなっていた。

　機械式より優れた性能を示したのがエンジンの排気を利用して空気を圧縮するターボ・スーパーチャージャー(ターボチャージャー)で、この分野ではアメリカの技術と生産力が断ツだった。P-38ライトニング、P-47サンダーボルトの他、B-17/-24/-29という爆撃機にはすべてターボチャージャーが装備され、高高度を悠然と飛行していた。日本では終戦までこれを実用化できず、実質的にB-29に対抗できる戦闘機はなかった。

スーパーチャージャー（過給器）

高空では酸素が薄く
エンジン出力が低下するので……

薄い
空気（酸素） ＋ 燃料 ＝ 低い出力

過給器で空気を圧縮して
酸素濃度を上げる。

濃い
空気（酸素） ＋ 燃料 ＝ 高い出力

機械式スーパーチャージャー

空気取り入れ口から吸入された空気はインペラで圧縮され、インタークーラーで温度を下げられてシリンダーへ送られる。

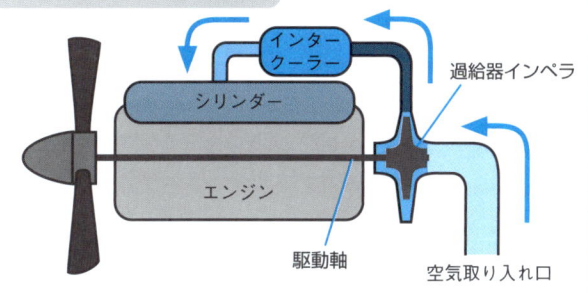

（インタークーラー／シリンダー／エンジン／駆動軸／過給器インペラ／空気取り入れ口）

ターボ・スーパーチャージャー（ターボチャージャー）

エンジンの排気がターボ・スーパーチャージャーの駆動タービンを回し、それによって回転したインペラが吸入した空気を圧縮する。圧縮された空気はインタークーラーで温度を下げられてシリンダーへ送られる。

吸入された空気の流れ

（インタークーラー／シリンダー／エンジン／過給器インペラ／駆動タービン／エンジン排気の流れ）

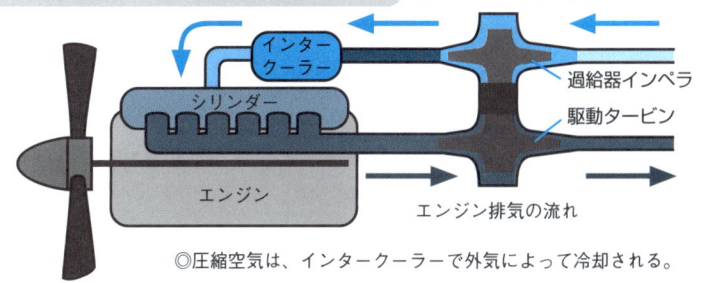

◎圧縮空気は、インタークーラーで外気によって冷却される。

関連項目

●レシプロエンジン→No.097

No.099
ジェットエンジン

ジェットエンジンは誕生してから70年以上が経つが、空気の圧縮方法と排気の利用方法などからいくつかに分類される。

●遠心式と軸流式

　ターボジェットエンジンは圧縮した空気に燃料を噴射して燃焼させるものだが、その圧縮方法により遠心式と軸流式の2種類に大別される。遠心式は世界初のジェット機ハインケルHe178やP-80シューティングスター、F9Fパンサー、MiG-15など初期のジェット戦闘機に搭載された形式。吸入された空気は圧縮機のインペラによって90°偏向され、遠心力で圧縮される。遠心式は構造が簡単だったが、エンジンの直径が大きくなる欠点があり、推力を増大させるのに限界があった。

　世界初の実用ジェット戦闘機Me262に搭載されたユンカースJumo004は軸流式だった。吸入された空気は駆動軸の周りに取り付けられた動翼と外殻の内側に取り付けられた静翼からなる圧縮機(タービン)によって圧縮される。タービンブレードの精度を確保するのが難しく、振動を防ぐのに技術が要求されるが、圧縮機の段数を増やし、圧縮率を上げることで推力を増すことができる。遠心式に比べてエンジンの直径を小さくすることができるので、その後のジェットエンジンの主流となった。

●ターボファンエンジン

　ターボファンエンジンは、タービンの回転力で圧縮機とそれより前方のファン(低圧圧縮機)を駆動させ、ファンによるバイパス気流と燃焼噴出ガスの両方を推進力として使用するもの。2種類の気流を混合することで推進効率を高くすることができる。取り込んだ空気のうち、バイパスへ流される空気の割合はバイパス比で表される。

　燃費に優れたターボファンはもともと旅客機用に開発されたものだったが、戦闘機用にもバイパス比0.4〜0.7程度の低バイパス比エンジンが開発され、現在は大部分がターボファンエンジンを搭載している。

ジェットエンジンの種類

遠心式ターボジェット

◎吸入された空気は圧縮機のインペラによって、遠心力で圧縮される。

◎エンジンの直径が大きくなることで、推力の増大に限界があった。

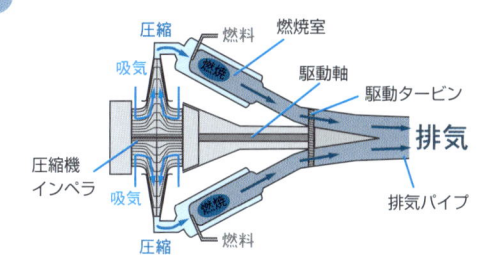

軸流式ターボジェット

◎駆動軸の周りに取り付けられた圧縮機（タービン）によって圧縮される。

◎エンジンの直径を小さくすることができ、推力を増すことが比較的簡単。

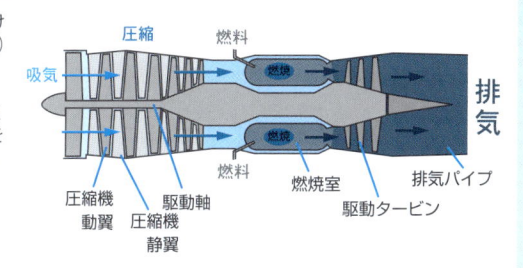

ターボファン

◎吸入された空気は低圧圧縮機から排気されるバイパス気流と、高圧圧縮して燃焼させる燃焼排気に分けられる。

◎推進効率を高くし、燃費を良くすることができる。

◎ジェット戦闘機ではバイパス比0.4～0.7程度の低バイパスエンジンが使用される。

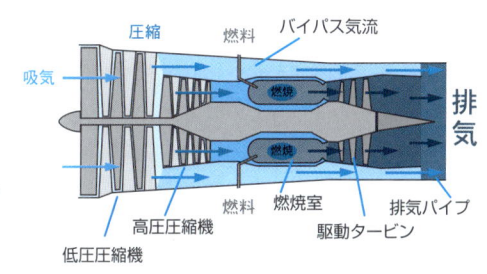

関連項目
●アフターバーナー→No.100

No.100
アフターバーナー

アフターバーナーは現在の戦闘機用ジェットエンジンのほぼすべてに装備されていて、ここぞという時にダッシュ力を発揮する装置だ。

●瞬発力を得る

ジェットエンジンはタービンによる圧縮空気と燃料の燃焼により推力を得ているため、瞬間的に推力を増して加速させることが難しい。しかし、この性質は空戦時や緊急時に致命的となることから、初期のジェット機では補助動力としてロケットエンジンを搭載することも研究されていた。

ジェットエンジンの燃焼室とタービンから排出された高圧ガスには吸気時の70%程度の酸素が残っている。その高温高圧の排気ガスに再び燃料を噴射して燃焼させ、瞬時に推力を増大させる装置がアフターバーナーだ。

最初にアフターバーナーを装備したジェットエンジンはアメリカのウェスティングハウス製J34で、推力1.43t、アフターバーナー使用時の最大推力1.86tと未熟なものだった。J34はヴォートF6Uパイレートに搭載され、F6Uはアフターバーナーを搭載した初の戦闘機となった。

●戦闘機には欠かせない装備

その後、アフターバーナー装備のエンジンはF7Uカットラスに搭載されたウェスティングハウスJ46(最大推力2.6t)、F4DスカイレイやF-100スーパーセイバーに搭載されたP&W製J57(最大推力7.3t)と発展し、ジェット戦闘機が音速を超えるためには欠かせない装備となった。

アフターバーナーの最大の欠点は燃料消費量が大きいことで、使用は離陸時や超音速飛行時など一部に限られている。ターボファンエンジンでは燃焼室を通過しないバイパス気流があるためアフターバーナーの効果が大きく、F-15やF-16前期型に搭載されているP&W製F100では8tから13.2tへと推力が65%以上も増大する。アフターバーナーはGE社の登録商標であり、正式にはオーグメンター(augmentor:増加装置)と呼ぶ。ロールスロイスではリヒーター(reheater:再過熱装置)とも呼ばれている。

アフターバーナー

アフターバーナーとは

ジェットエンジンの排気ガスに再び燃料を噴射して燃焼させ、瞬時に推力を増大させる装置。

長所
瞬間的に推力を増して、ダッシュ力を上げる。

短所
燃料消費量が大きく、使用時間は限られる。

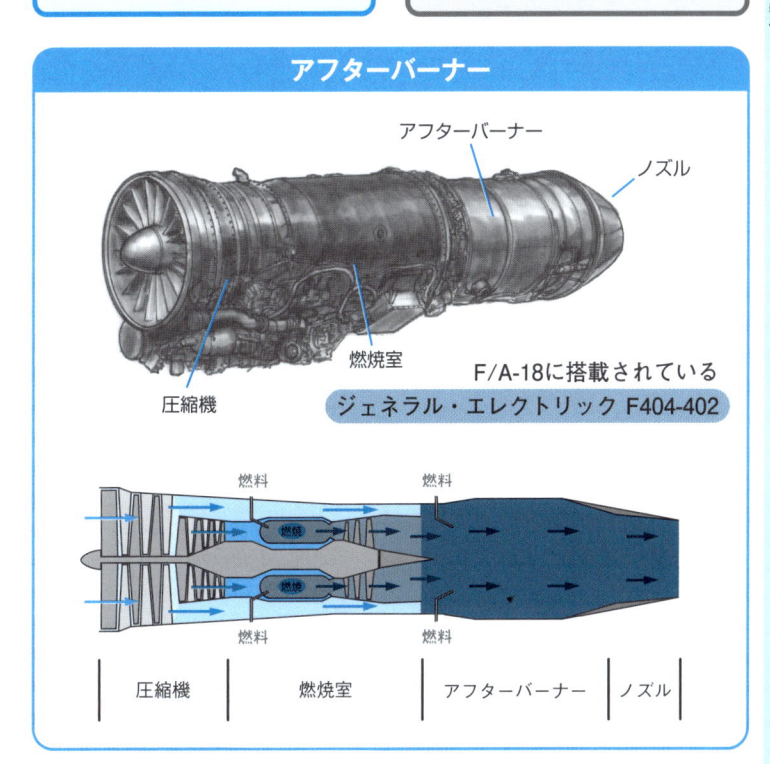

アフターバーナー

アフターバーナー
ノズル
燃焼室
圧縮機

F/A-18に搭載されている
ジェネラル・エレクトリック F404-402

燃料 / 燃料 / 燃焼 / 燃焼 / 燃料 / 燃料

| 圧縮機 | 燃焼室 | アフターバーナー | ノズル |

関連項目
● ジェットエンジン→No.099

No.101
推力重量比

飛行機が飛ぶための揚力を得るには、まず前進するための推進力が必要だが、現在の戦闘機はそれ以上の強大な推力を得ている。

●飛ぶための推進力

飛行機は進行方向への推力、その逆の抗力、上向きの揚力、下向きの重力と4つの力がつり合った時に水平定速飛行が可能となる。このうち推力は、プロペラ機ではプロペラが後ろへ押しやる空気、ジェット機ではジェットエンジンから排出されるガスの反作用として得られる。

プロペラ機の時代は、最低限、機体が離陸できる揚力が得られるだけの推力があれば良く、余剰推力(馬力)はその機体のアドバンテージとなった。レシプロエンジンの出力は馬力(hp)で表されるため、推力に換算するには若干の計算が必要となる。実際にはプロペラ効率も考慮に入れなければならないため、2,000hp級のエンジンを搭載して時速650km/hで飛行する場合、650kg程度の推力だということになる。重量5～6tの戦闘機が飛行するのに1/10ほどの推力があれば充分ということだ。

●機体を垂直に蹴り上げる

ジェット時代になると、機体の大型化、重量化に対応してエンジン推力も飛躍的に増大し、機体重量に迫る機体も出て来た。エンジンの推力を増したのは、余剰推力を増して加速性能、上昇性能、速度性能などを上げたり、**最大武装搭載量**を増やすためだった。その結果としてエンジン推力と機体重量の比(推力重量比)が1を超え、大型ジェット戦闘機が軽快な運動性能を得た。理屈で言えば、エンジンの推力だけで機体を垂直に持ち上げる**テイルシッター式VTOL**が可能になったということだ。

現代のジェット戦闘機の推力重量比はだいたい1.05～1.2あたり。離陸直後に機首を垂直に引き起こし、真直ぐにどこまでも上昇するズームアップや、水平飛行中に機首を80度以上に引き起こして、その姿勢のまま水平飛行を続けるという高迎角飛行も可能となっている。

飛行機が飛ぶわけ

水平飛行時

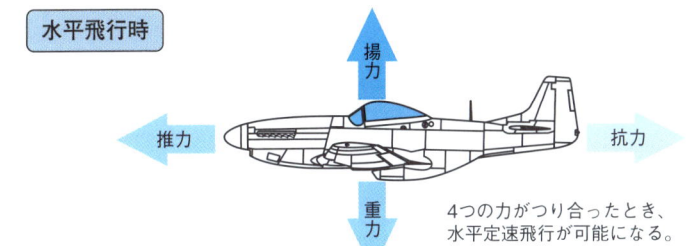

揚力／推力／抗力／重力

4つの力がつり合ったとき、水平定速飛行が可能になる。

離陸時

揚力／推力／抗力／重力

推力-抗力が重力より大きな揚力を生み出せば、飛行機は離陸できる。

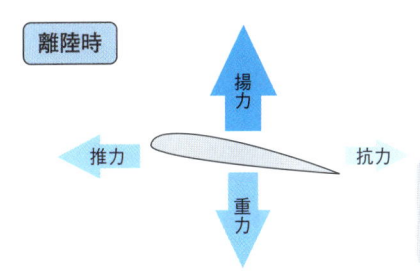

機体重量の1/10程度の推力があれば水平飛行ができるが、離陸や上昇には余剰推力が必要なので、機体重量の1/3程度が必要。

推力重量比

F-15Cの場合

最大推力
21.5t
÷
標準重量
19.9t
＝
1.08

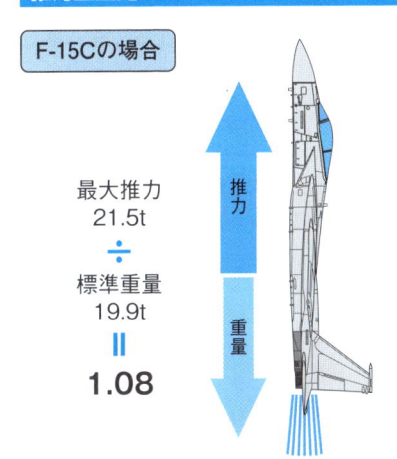

推力／重力

現代のジェット戦闘機では推力重量比が1.05～1.2程度。推力重量比1を超えると、理屈の上では機体を垂直に立てた状態で離陸できる。
実際には、大きな推力重量比は戦闘飛行中、高い機動性を実現するのに欠かせない。

関連項目

●最大武装搭載量→No.057　　●VTOL機→No.067

No.102
キャノピー

コクピットやパイロットを覆うように取り付けられているのがキャノピーと呼ばれる透明部分。具体的にはどんなものなのだろうか。

●キャノピーとウインドシールド

キャノピー(canopy)とは「上を覆うもの」の意味。中世貴族のベッドの上にある天蓋がそれ。一方、ウインドシールド(Windshield)は、一般には車のフロントガラスのように板状のものを指す。航空機の場合、戦闘機の**コクピット**を覆うようなものをキャノピーと呼び、大型軍用機や旅客機などの操縦席の前面にある、平面を組み合わせた形のものをウインドシールドと呼んでいるが、日本語ではどちらも「風防」と呼ぶことが多い。

●キャノピーの役割

戦闘機のキャノピーは風防という日本語の通り、飛行中にパイロットに当る風を防ぐもので、複葉機の時代は前方に小さな半月型のガラス板(ウインドシールド)を取り付けただけだった。第二次大戦になって戦闘機が高速になると、空力的な観点から胴体と一体になった密閉式のキャノピーになった。密閉式キャノピーの初期には後部が胴体と一体になったファストバック型が多かったが、大戦後期には、後方視界を改善するため胴体に涙滴型のキャノピーが乗ったバブルキャノピー型が多くなった。胴体に固定されている前部キャノピーはとくにウインドシールドと呼ばれることがあり、中央の平面部には厚さ5〜7cm程度の防弾ガラスが追加されている。

現代のジェット機では前面の窓枠がない機体も多く、より大きな視界を確保するため後方キャノピーの断面がΩ型に膨らんでいる。レシプロ機では後方キャノピーが前後にスライドして開閉したが、ジェット機の多くは後方キャノピーの後ろを支点として二枚貝のように上下に開閉する。現在のキャノピーはポリカーボネートなどの強化樹脂製で、厚さは15mm程度。高空で強くなる紫外線の他、自機が出す有害な電波などからパイロットを守るため、軽くスモークコーティングされている機体も多い。

キャノピーの形

複葉機のオープンコクピット

アルバトロスD.III
1917年

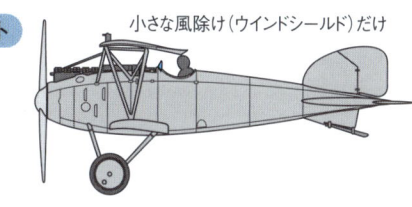

小さな風除け（ウインドシールド）だけ

ファストバック型

P-51Bムスタング
1942年

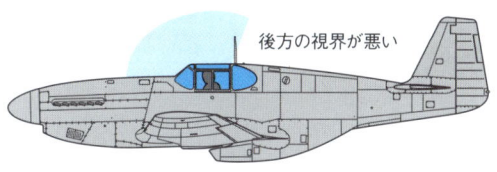

後方の視界が悪い

バブルキャノピー型

P-51Dムスタング
1944年

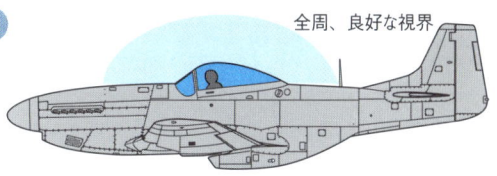

全周、良好な視界

キャノピーの開き方

カードア型

P-39Dエアラコブラ
1941年

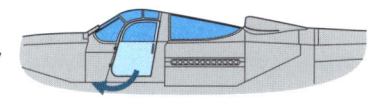

車のドアと同じようにヒンジで前方へ開き、側面の窓も上下にスライドして開閉する。他に同時期のイギリス機ホーカー・テンペストなどでも採用されていた珍しいタイプ。

スライド型

F2H-3バンシー
1954年

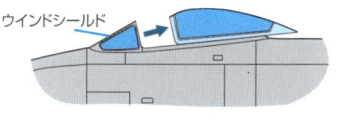

ウインドシールド

キャノピーが後方へスライドする。レシプロ機の後期から1950年代のジェット機でよく採用されたタイプ。

クラムシェル型

F/A-18Cホーネット
1987年

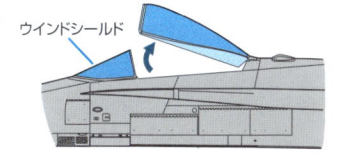

ウインドシールド

キャノピーフレームの後端を支点として上方へ開く。二枚貝と同じなのでこう呼ばれる。現代のジェット戦闘機はほとんどこの方式をとっている。

関連項目

● コクピット→No.103

No.102 第4章●戦闘機の構造と装備

No.103
コクピット

現在では、コクピットという言葉はさまざまなものに使われるが、もともとは戦闘機の操縦席を表すもの。語源は闘鶏場という意味だった。

●吹き晒しの操縦席

　第一次大戦時の複葉機時代、コクピットには簡単なシートと最低限の計器だけしかなく、パイロットは防寒服に身を包み、吹き晒しの中で操縦していた。第二次大戦になって、機体が金属製になると、コクピット全体を覆う**キャノピー**が付けられるようになった。しかし、コクピット自体は与圧されておらず、ある程度の高度を飛行するには寒さや低酸素とも戦わなければならなかった。もちろん酸素マスクやヒーターなどの装備もあるにはあったが、とても充分と言える環境ではなかった。なお、コクピットという呼び名は比較的小型の軍用機に使われるもので、大型機、とくに旅客機などではフライトステーションと呼ばれる。

　戦闘機の胴体内はもともとスペースがギリギリまで削られていて、コクピットといえども快適なスペースが割り当てられているわけではない。狭いスペースに必要な機器が効率的に配置され、パイロットはそこに詰め込まれて作業をこなす。簡単な金属製のシート幅は40～50cm程度しかなく、パラシュート袋を座面に敷いたり、背負ったりして座る。そこにシートベルトで縛り付けられ、手足を忙しく動かして格闘する姿は、まさしくカゴの中でバタバタと暴れる闘鶏のようだ。

●現代のコクピット

　ジェット機になって、最高速度が音速の2倍になっても、基本的にコクピットの狭さは変わらない。レシプロ機に比べて左右のコンソールなど、コクピット内の機器が増えたため、逆に窮屈になっているほどだ。ただ、F-16のようにシートを後傾させた機体では、座席位置が高いので前面の開放感はある。高空を飛行するためコクピット内は与圧されるようになったが、高度や姿勢の急激な変化に対応するため、酸素マスクは必需品だ。

レシプロ機のコクピット

F4U-1D コルセア

◎第二次大戦に登場したレシプロ戦闘機は、閉鎖式のコクピットが多かった。
◎コクピット内は与圧されていない。
◎キャノピー下端の位置は肩のすぐ下あたり。視界はあまり良くはない。

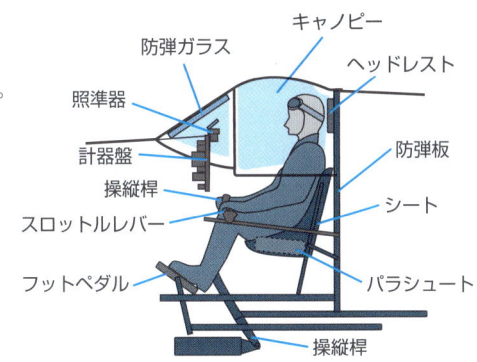

（図中ラベル：キャノピー／防弾ガラス／ヘッドレスト／照準器／計器盤／操縦桿／スロットルレバー／フットペダル／防弾板／シート／パラシュート／操縦桿）

最新鋭戦闘機のコクピット

F-35A ライトニングⅡ

◎計器盤正面に2基の大きな液晶ディスプレイがあるだけ。
◎従来のアナログ計器は全廃されている。
◎ディスプレイはタッチパネル式。
◎HMD（ヘルメット・マウンテッド・ディスプレイ）に各種の情報が表示されるため、HUD（ヘッド・アップ・ディスプレイ）は廃止されている。

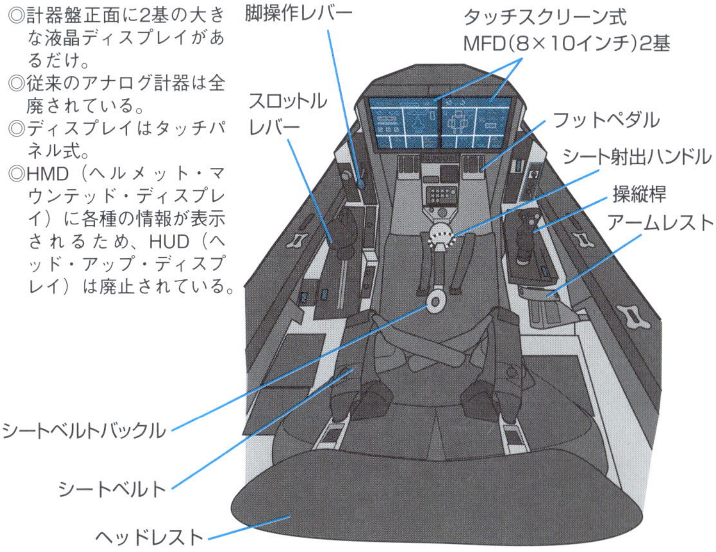

（図中ラベル：脚操作レバー／タッチスクリーン式MFD（8×10インチ）2基／スロットルレバー／フットペダル／シート射出ハンドル／操縦桿／アームレスト／シートベルトバックル／シートベルト／ヘッドレスト）

関連項目

● コクピットでは何をしてるの？→No.010　　● キャノピー→No.102

No.104
機銃と機関砲

機銃と機関砲は、現在のジェット戦闘機でも重要な武装だ。機銃と機関砲の違いはどこで、どんな種類があるのだろうか。

●銃と砲

いつの時代も、接近した空中戦において、機銃や機関砲は戦闘機の重要な武器だ。では、機銃と機関砲はどう違うのだろうか。区別の方法はいくつかあるが、一般的に使われているのが口径（銃/砲身内径）の違いで、軍用機の場合は20mm未満を機銃、以上を機関砲と呼んでいる。構造的な区別で、弾丸の中に炸薬が入っていて命中すると爆発するものを機関砲と呼ぶ場合もあるが、要はイメージとしての大小だ。戦闘機に搭載されたものは20mm機関砲と呼ばれることが多いが、軍艦の場合は主砲に何十cmという大砲を積んでいるので、20mmは機銃と呼ばれることが多い。

国や軍ごとの区別もある。第二次大戦中、日本陸軍では12.7mm以上を、海軍では40mm以上を機関砲と呼んだ。アメリカは海軍、陸軍とも20mm以上を機関砲とし、ドイツ空軍は30mm以上を機関砲と呼んだ。

●発達の歴史

第一次大戦時は口径8mm前後の機銃が主流だったが、第二次大戦時、アメリカではコルト・ブローニング12.7mm機銃が標準となり、ドイツではMG17/7.92mm機銃、MG131/13mm機銃、MG151/20mm機銃の他にMk108/30mm機関砲などの対爆撃機用大口径砲も採用していた。また、スイス・エリコン社の20mm機関砲は大戦初期から各国の陸海空軍で採用、生産されて、標準となっていた。一方、日本陸海軍はそれぞれが別々に7.7mm、12.7mm、20mmなどの各国の機銃をコピー、ライセンス生産するという効率の悪さで、技術力の低さから稼働率も低かった。

現在のジェット戦闘機では、ヨーロッパ、ロシア系の機体が30mmクラスの単砲身機関砲を、アメリカ系の機体が20mm**バルカン砲**などの多砲身ガトリング砲を搭載している。

機銃と機関砲の区別

口径（銃/砲身内径）

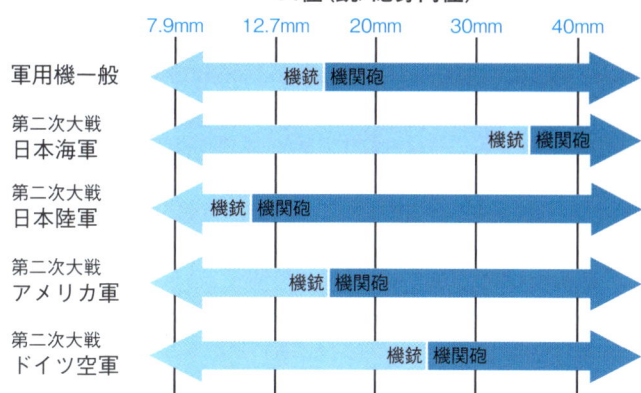

| | 7.9mm | 12.7mm | 20mm | 30mm | 40mm |

軍用機一般：機銃／機関砲

第二次大戦 日本海軍：機銃／機関砲

第二次大戦 日本陸軍：機銃／機関砲

第二次大戦 アメリカ軍：機銃／機関砲

第二次大戦 ドイツ空軍：機銃／機関砲

コルト・ブローニングM2 12.7mm

第二次大戦から現在まで、世界中で使用されているベストセラー機銃。航空機だけでなく戦車、艦船にも搭載された。アメリカ陸/海軍機では標準装備の機銃となった。

全長　1.64m
重量　38.1kg
発射速度　500〜600発/分

MG FF 20mm

第二次大戦中、ドイツでエリコン20mmをライセンス生産したもの。メッサーシュミットBf109など多くのドイツ空軍機に搭載された。

全長　1.37m
重量　42.5kg
発射速度　800発/分

関連項目
●バルカン砲→No.105

No.105
バルカン砲

主にアメリカ製のジェット戦闘機に搭載されているバルカン砲は、正式にはガトリング砲と呼ばれるが、どんなものなのだろうか。

●ルーツは南北戦争

今から約150年前の1862年、南北戦争時代のアメリカで、画期的な兵器が考案された。6本の銃身を束ねて、回転させながら順番に発射する連射式の機関銃だった。この機関銃は考案者の名前からガトリング・ガンと呼ばれ、世界中に広まったが、その後、通常型の内部動力式機関銃の普及により、忘れ去られた武器となってしまっていた。

●機関砲の再認識

1950年代後半になると**空対空ミサイル**が発達し、とくにアメリカではミサイル万能論が支配することになった。その結果、F-4やF-102のように、**機関砲**を持たない戦闘機が現れるようになったが、ベトナム戦争での近接した空中戦において、機関砲の重要性が再認識された。

スペースが限られた戦闘機の機関砲として、毎分数千発というガトリング砲の速射能力は魅力であり、1940年代後半から、米陸軍(空軍)がバルカン計画として近代化させる研究を始めていた。開発を担当したのはGE社で、最初の実用バルカン砲T-171はB-58ハスラーの尾端に自衛用として装備された。T-171は20mm/6銃身で、1分間に6,000発の発射速度を持っていた。T-171の改良型がM61(20mm)で、ベトナム戦争中にF-104/-105に搭載され、F-4にもE型から搭載されて成功した。

●バルカン砲とは

現在、F-15、F-16、F/A-18、F-22などアメリカ製のほとんどの戦闘、攻撃機がM-61バルカン砲を搭載しているが、バルカン砲と呼ぶのは口径20mm、6砲身のものだけ。他にはA-10用のGAU-8(30mm/7砲身)アベンジャー、攻撃ヘリ用のM197(20mm/3砲身)、F-35用のGAU-12(25mm/5砲身)イコライザーなどのガトリング砲がある。

バルカン砲

バルカン砲と呼べるのは……

ガトリング砲（多銃身の回転式連射砲）

↓ の中の……

ゼネラル・エレクトリック（GE）社製

↓ の中の……

- M197（20mm×3砲身）
- GAU-12B（25mm×5砲身）イコライザー
- GAU-2B（7.62mm×6砲身）ミニガン
- GAU-8B（30mm×7砲身）アベンジャー

M61（20mm 6砲身）だけ

M61A1 バルカン砲

全長　1.88m（砲部分のみ）
重量　298kg
発射速度　6000発/分

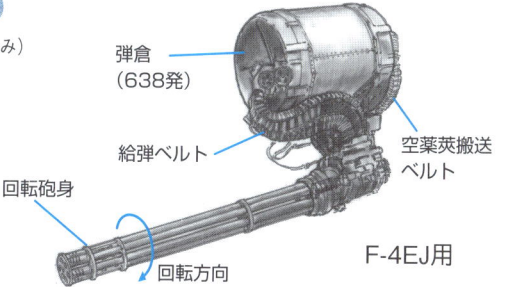

- 弾倉（638発）
- 給弾ベルト
- 空薬莢搬送ベルト
- 回転砲身
- 回転方向

F-4EJ用

F/A-18Cの機首内部

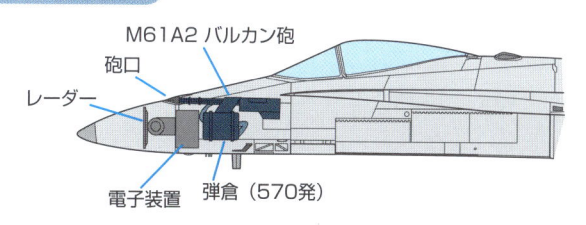

- M61A2 バルカン砲
- 砲口
- レーダー
- 電子装置
- 弾倉（570発）

関連項目

- 空対空ミサイル→No.053
- 機銃と機関砲→No.104

No.106
機銃の搭載位置

戦闘機にとって、機銃や機関砲をどこに搭載するかはいろんな条件があり、搭載方法によって、その時代におけるその国の考え方もわかる。

●国による違い

　固定武装の口径が12.7mmや20mmへと大きくなった第二次大戦において、国によって、戦闘機に搭載される固定武装の口径とその搭載位置にはっきりとした差が表れた。アメリカやイギリスの連合国側は7.7mmや12.7mm**機銃**を主翼のみに合計6～8挺を装備した機体が多く、ドイツは13mm、20mm機銃や30mm機関砲を主翼の他、機首などの中心線上に搭載した機体が多かった。日本でも多くの機体が7.7mm～20mm機銃を機首に搭載し、主翼に機銃を持たない機体もあった。

　この差はそのまま戦闘機の用兵思想に基づくもの。連合軍側で主流だった主翼内に小口径機銃を搭載する方法は、機構が簡単になり、翼内にスペースがあるため携行弾数を多くすることもできた。とくに防弾装備が無きに等しい日本機を相手にしたアメリカ機では、小口径機銃を数撃つ方が有効だった。それに対し、アメリカの大形爆撃機は強固な防弾装備を持っており、それを迎撃するドイツ機は、1発の威力が大きい20mm以上の**機関砲**を命中精度の高い機首に装備する必要があった。

●搭載位置と威力

　とくにアメリカ機で標準となった翼内装備の機体では、左右の機関銃の弾道が約300m前方で交差するように調整されていた。この収束点の距離は日本機などはもう少し近い200m程度に調整されており、パイロット個人によっても多少の差はあった。収束点の前後では弾が拡散するため、威力が薄れてしまうので、空中戦では相手との距離を測る必要があった。

　中心線上に搭載した場合は、直進のままで相手との距離に関係なく同じ威力を発揮できるが、機首に多数を搭載することは難しい。また、機構が複雑になり、充分なスペースが得られないという欠点もあった。

機銃の搭載位置

中心線に集中

メッサーシュミット Bf109G

機首上面に
MG131 13mm×2
プロペラ軸内に
MG151 20mm×1

主翼に分散

リパブリック P-47D サンダーボルト

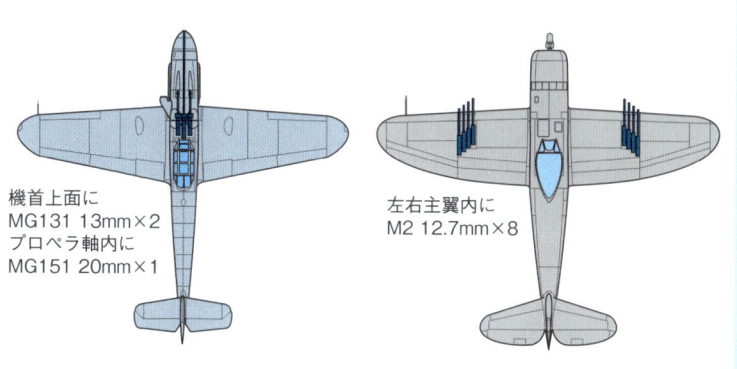

左右主翼内に
M2 12.7mm×8

搭載位置による威力の違い

主翼内機銃は収束点付近で最大の威力を発揮する。

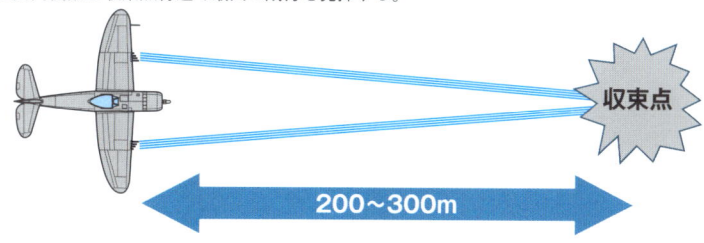

収束点

200〜300m

中心線の機銃は距離に関係なく威力を発揮する。

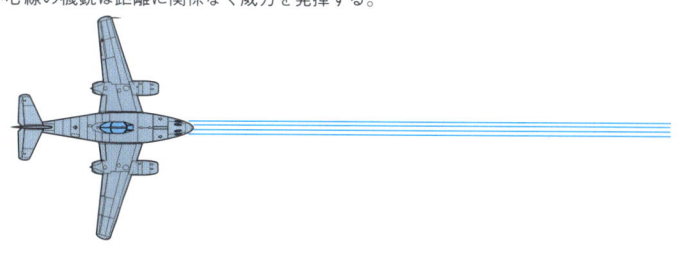

関連項目
●機銃と機関砲→No.104

No.107
大口径砲

第二次大戦中、戦闘機に搭載される機関砲の口径は次第に大きくなった。しかし、大きければ重量も増して機体の運動性が悪くなる。

●対爆撃機

連合軍の4発爆撃機に対して、7～8mmクラスの機関銃ではほとんど歯が立たず、ドイツでは20～30mmの**機関砲**を搭載していた。同じくアメリカの爆撃機と戦わなければならなかった日本でも状況は同じで、大戦末期になるに従って、大口径砲を搭載した機体が作られた。

ドイツでは、フォッケウルフFw190が初期からMG151/20mm**機銃**を標準搭載しており、最終型のタンクTa152H-1ではMk108/30mm機関砲を搭載した。また、双発のジェット戦闘機Me262Aでは、機首にMk108/30mm機関砲×4門を集中装備して威力を高めていた。

日本では、技術的な問題から20mm機関砲の標準装備が精一杯だったが、キ45改"屠龍"のように、搭載能力に比較的余裕のある双発戦闘機にホ二〇三37mm砲を搭載した例もあった。また、対B-29用として、試作された防空戦闘機にも37mm砲は搭載され、少数ではあるが戦果を挙げている。大口径砲は砲自体の重量が重く、搭載機の運動性は著しく低下する。また、砲弾の発射速度が遅く、弾道が一定ではないので命中精度が悪い。そのうえ、携行弾数も少ないと短所ばかりが目立つが、それでも、高空を飛ぶ大型爆撃機に一矢報いるには、大口径砲しかなかったのである。

●空飛ぶ砲台

日本が作った対B-29用の防空戦闘機の中でもっとも特異だったのが、双発爆撃機"飛龍"の機首に75mm砲を搭載したキ109防空戦闘機。この75mm砲は地上から爆撃機を狙う高射砲だったもので、対地攻撃用を除けば、世界最大の航空機搭載砲だった。しかし、砲身長3.31m、重量490kgという荷物を搭載した双発爆撃機が戦闘機として使えるはずもなく、高度8,000mあたりではB-29に追いつくことすらできなかった。

ドイツの大口径砲

第二次大戦中のドイツでは……

対爆撃機用として戦闘機に大口径砲を搭載していた。

Fw190A-3
20mm×4
+
7.92mm×2

Ta152H-1
30mm×1
+
20mm×2

Bf109G-10
30mm×1
+
13mm×2

Me262A-1a
30mm×4

日本の大口径砲

キ45改丁 屠龍

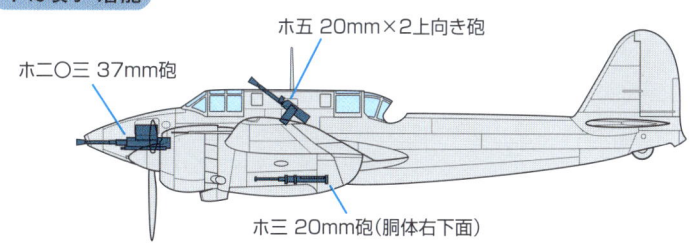

- ホ二〇三 37mm砲
- ホ五 20mm×2上向き砲
- ホ三 20mm砲（胴体右下面）

キ109 防空戦闘機

75mm砲（砲身長3.31m）

四式重爆撃機飛龍の機首に八八式高射砲用の75mm砲を搭載した特殊防空戦闘機。

関連項目
- 機銃と機関砲→No.104

No.108
機首の機銃はどうしてプロペラに当たらないのか

第一次大戦の頃の複葉戦闘機では、重い機関銃は機体の中心軸においていた。機関銃の先にはプロペラが回っているのだが……。

●弾をはじく

　飛行機が戦闘機として使用された時から、機関銃を効率的に撃つことは大きな問題だった。ごく初期に偵察任務に使用された飛行機は二人乗りで、後席の観測員が適当に発砲するだけだったが、戦闘機というからには機体の進行方向に向かって自由に機関銃を撃てなければならない。しかし、機体の前には回転するプロペラがある。そんなところへ機関銃を撃つと、当たり前だが、プロペラが砕け散る。マンガじゃないんだから。

　1915年に世界初の"**エース**"となったフランス空軍のローラン・ギャロは、愛機モラン-ソルニエLの機体中心線に固定銃を取り付けていた。彼は、この前方発射できる機関銃で16機のドイツ機を撃墜したが、その仕掛けは、プロペラに鋼鉄製のディフレクターを取り付け、機関銃の弾をはじき飛ばすという驚くべきものだった。このディフレクターによって約1/4の弾がはじかれたが、それでも中心線上の銃の効果は絶大だった。

●プロペラ同調装置

　プロペラの回転に合わせて弾を発射する同調装置の開発は、1913年頃にはすでに始まっていたが、同調装置よりも機関銃の方の信頼性が低く、発射のタイミングにばらつきがあったため役に立たなかった。初めて完全な同調装置を搭載したのはドイツ軍のフォッカーEシリーズで、1915年に前線へ投入され、大きな戦果を挙げた。この同調装置はエンジンシャフトにカムを取り付け、2枚のプロペラブレードが前方に来る時は、引き金を引いても弾が出ないようにする機構だった。

　その後、プロペラ同調装置は世界中の戦闘機で標準装備となった。第二次大戦では、武装を中心に装備する有利さから、Bf109やP-39のようにプロペラ軸内に機関砲を装備した機体も登場した。

機銃の弾をはじくプロペラ

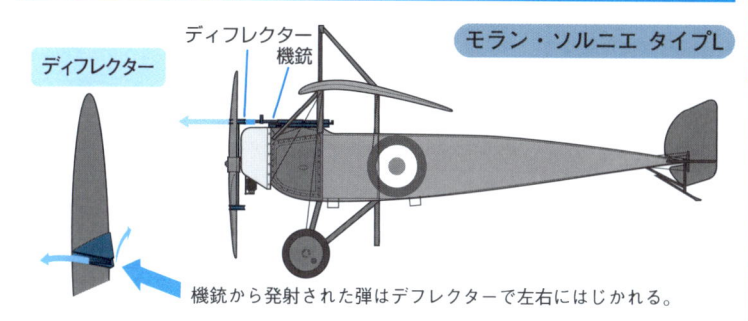

ディフレクター

ディフレクター
機銃

モラン・ソルニエ タイプL

機銃から発射された弾はデフレクターで左右にはじかれる。

プロペラ/機銃同調装置

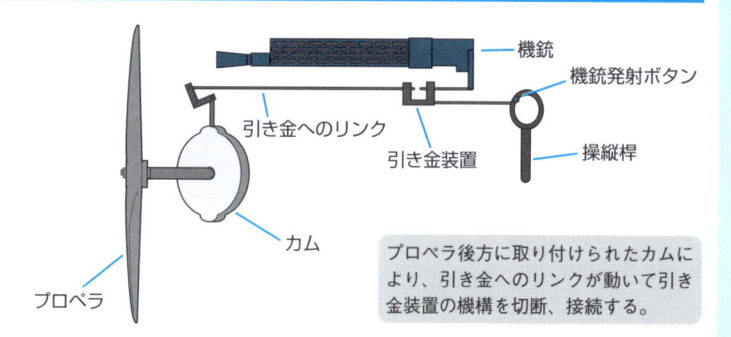

機銃
機銃発射ボタン
操縦桿
引き金へのリンク
引き金装置
カム
プロペラ

プロペラ後方に取り付けられたカムにより、引き金へのリンクが動いて引き金装置の機構を切断、接続する。

プロペラ軸内の機関砲

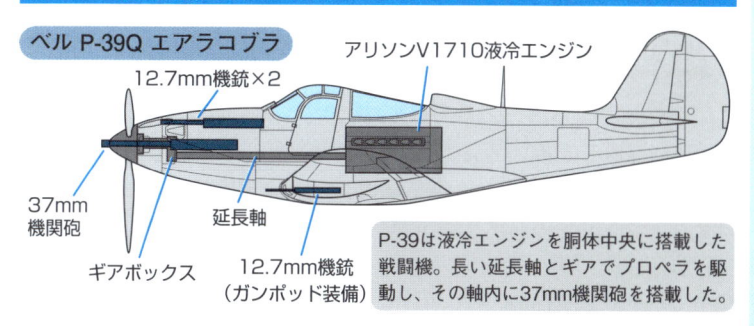

ベル P-39Q エアラコブラ

アリソンV1710液冷エンジン
12.7mm機銃×2
37mm機関砲
延長軸
ギアボックス
12.7mm機銃（ガンポッド装備）

P-39は液冷エンジンを胴体中央に搭載した戦闘機。長い延長軸とギアでプロペラを駆動し、その軸内に37mm機関砲を搭載した。

関連項目

- エース（撃墜王）→No.022
- 機銃の搭載位置→No.106

No.109
燃料タンク

航空機が飛ぶためには多量の燃料が必要になる。そのため、限られたスペースに機内燃料タンクを内蔵し、機外搭載の燃料タンクも携行する。

●機内タンク

　零戦21型では、コクピット直前と左右主翼内など機内タンクに合計525リットルの燃料を搭載し、約2,200kmの航続性能を持っていた。対抗するP-51Dムスタングは合計約1,000リットルで、約3,500kmだった。ヨーロッパの限定的な地域で戦っていた機体は搭載量が少なく、メッサーシュミットBf109やスピットファイアは400リットルほどで**航続距離**も800km程度だった。

　ジェット機の場合も同じ配置。F-15では左右の主翼内と胴体内に分散された燃料タンクの容量は合計約7,850リットルで、航続距離は3,500km。レシプロに比べると流石に燃料消費量は大きい。

　レシプロ機時代はタンク内部にゴムなどでシーリングを施していたが、防火、防弾処理も重要で、防弾装備がなかった日本海軍機ではわずかな被弾で炎上、墜落した。ジェット機の多くは、翼の内部をそのままタンクとして使用していて、このような燃料タンクをインテグラルタンクと呼ぶ。

●機外搭載燃料タンク（増槽）

　戦闘機の航続距離を伸ばすため、機外(多くは主翼や胴体の下)にも増槽と呼ばれる燃料タンクが搭載される。増槽は爆弾などと同じく状況に応じて搭載され、緊急時や戦闘時には投下可能だ。

　零戦は胴体下に330リットルの増槽を装備すると航続距離が3,400kmに伸び、P-51では主翼下に416リットルの増槽を2個搭載して4,200kmに伸ばすことができた。P-51では強化紙製の使い捨て増槽も使用されていた。

　F-15は容量2,300リットルの増槽を主翼下に2本、胴体下に1本、搭載可能で、航続距離は4,600km以上になる。発達型のF-15Eでは胴体側面にコンフォーマルタンクと呼ばれる機体密着型タンク(左右合計5,700リットル)も装着でき、最大の航続距離は5,750kmにまで伸びる。

レシプロ戦闘機の燃料タンク

P-51Dムスタング

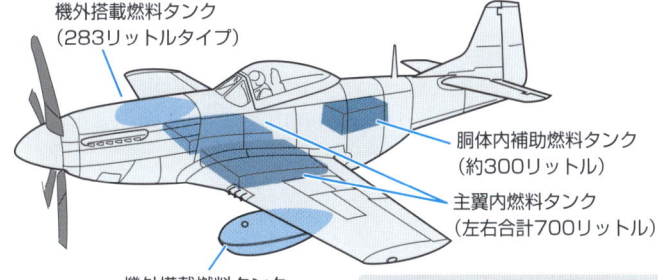

- 機外搭載燃料タンク（283リットルタイプ）
- 胴体内補助燃料タンク（約300リットル）
- 主翼内燃料タンク（左右合計700リットル）
- 機外搭載燃料タンク（283リットルタイプ）

最大約1,570リットル

この状態でP-51の総燃料搭載量は約1,570リットル。この他に416リットルタイプ、490リットルタイプの機外搭載燃料タンクも搭載できた。

ジェット戦闘機の燃料タンク

F-15C イーグル

F-15はC型になって胴体内タンクの両側4カ所と主翼内インテグラルタンクの前後4カ所にも燃料タンクを追加し、機内搭載燃料の合計は7,835リットルに増加した。
主翼下と胴体下には容量2,300リットルの機外タンクを搭載できるので、その場合の合計量は14,735リットル。P-51の約10倍にもなる。

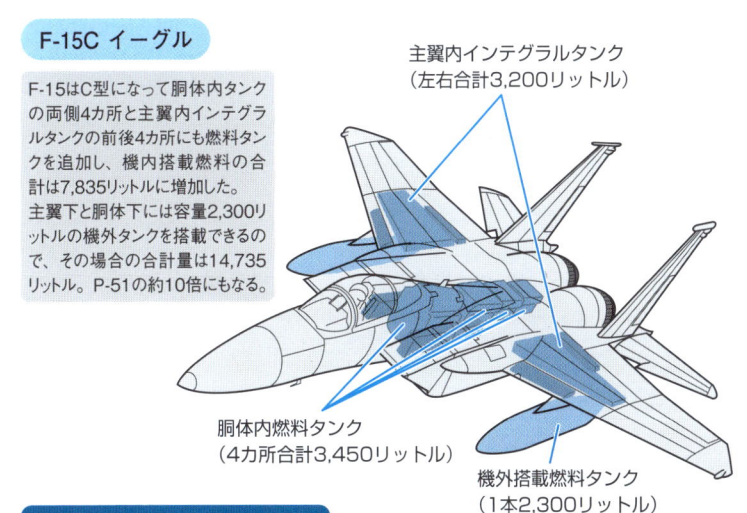

- 主翼内インテグラルタンク（左右合計3,200リットル）
- 胴体内燃料タンク（4カ所合計3,450リットル）
- 機外搭載燃料タンク（1本2,300リットル）

最大約14,735リットル

※イラストに表示していない予備タンクを含む。

関連項目
- 戦闘機の航続距離→No.006

No.109 第4章●戦闘機の構造と装備

No.110
ポッド

現代の戦闘機は増槽（機外燃料タンク）や武装の他にも、さまざまな用途の機外装備を"ポッド"と呼ばれる容器に収納して搭載している。

●戦闘機が搭載するポッド

　戦闘機は胴体や主翼下にさまざまな機能を持つ装置を搭載するが、その多くは空気抵抗を軽減するため、流線形のポッドに収容されている。

　戦闘機にさまざまな任務を付加する時、その任務に応じたポッドが搭載される。比較的大きなものとしては偵察ポッドがある。F-14ではTARPSと呼ばれる偵察カメラポッドを装備した機体が1航空団に3機程度配備され、"ピーピングトム"というあだなで呼ばれていた。自衛隊で、F-4EJを偵察型として運用するRF-4EJでは、胴体下面にTACポッドと呼ばれる偵察カメラポッドを搭載する。このポッドには高/低高度カメラと赤外線カメラなどが収容されていて、一般のカメラのように自動露出/フォーカス機能と、手(?)ブレ補正機能までついている。このように偵察機器をポッド式に機外搭載することによって、以前の写真偵察専用機とほぼ同じ能力を持つようになるというわけだ。

●電子戦用ポッド

　ECM(ジャミング) の項で解説したように、戦闘機も自衛手段としてECMポッドを携行することがある。とくに米空軍はさまざまな種類のECMポッドを任務や電子的脅威のレベルによって使い分けている。他の電子戦用ポッドには、自衛隊のRF-4EJが搭載する電子偵察(各種電波を受信して解析する)用のTACERポッドや、F-16が搭載する地対空ミサイルのレーダー波探知用のHTSポッドなどがある。

●おみやげもポッドに

　主に米空軍が使用しているトラベリング(バゲッジ)ポッドは、長さ3m、直径50cmほどの増槽に似たコンテナで、側面にハッチがある。中はからっぽで、個人的な荷物や基地間で運ぶちょっとした荷物を入れる。

ポッド pod

戦闘機では、さまざまな任務に応じて主翼下や胴体下に搭載する容器のこと。

- ECMポッド
- 偵察ポッド
- トラベリングポッド
- 航法ポッド
- ロケット弾ポッド
- 観測ポッド
- 目標補足ポッド

- 旅客機や大型機で、主翼下などにエンジンを搭載する機体では、エンジンポッドという呼び方もある。
- 機外搭載燃料タンク(増槽)は増タンなどと呼び、燃料ポッドとは呼ばない。

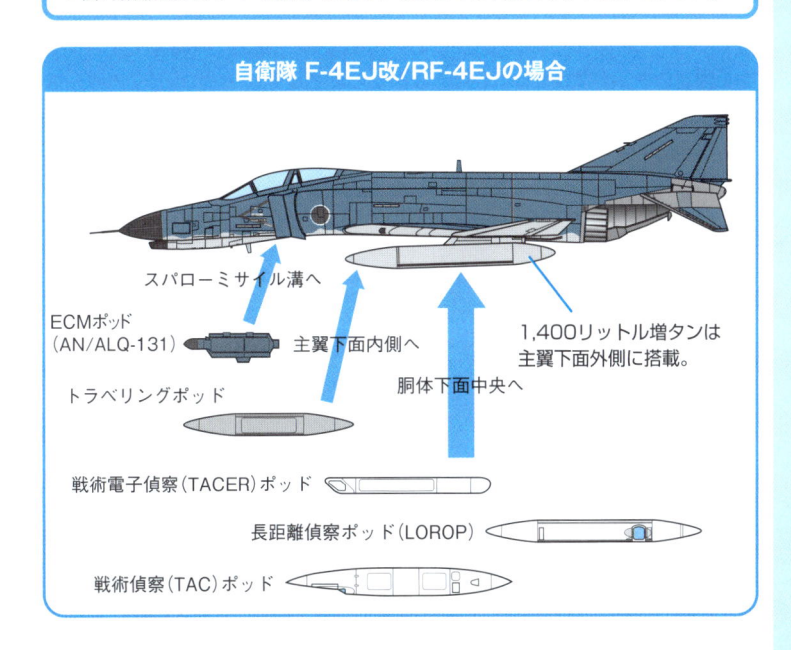

自衛隊 F-4EJ改/RF-4EJの場合

スパローミサイル溝へ

ECMポッド (AN/ALQ-131)

主翼下面内側へ

1,400リットル増タンは主翼下面外側に搭載。

トラベリングポッド

胴体下面中央へ

戦術電子偵察(TACER)ポッド

長距離偵察ポッド(LOROP)

戦術偵察(TAC)ポッド

関連項目
- ECM(ジャミング)→No.058
- 燃料タンク→No.109

No.111
パイロン/ランチャー/ラック

戦闘機が搭載するロケット弾やミサイルなどは専用のランチャーと呼ばれる器具にとり付けられ、パイロンを介して機体に搭載される。

●パイロン

軍用機が爆弾やミサイルを機外に搭載する場合、多くは機体から少し離して搭載する。これは空気対抗を少しでも軽減したり、兵装をスムーズにリリースできるようにするため。まずパイロンと呼ばれる板状の支柱を機体に装着し、その下にランチャーやラックなどを介して兵装を搭載する。

第二次大戦時の戦闘機が機体下面に搭載したのは増槽と爆弾ぐらいだったので、パイロンはあまり用いられず、多くはV字型の支柱だけだった。戦闘機がジェット化されて、速度が上がってくると、空気抵抗を軽減するため、薄い板状のパイロンが装着されるようになった。現在のパイロンは下面にラックを内蔵しており、ラックにそのまま爆弾類を搭載したり、さらにその下に別のラックやランチャーをシステマチックに装着できる。

●ランチャー

ミサイルやロケット弾を発射するにはランチャーが必要だ。現代のロケット弾は何発かをまとめた筒状のランチャーポッドを使用する。ミサイルランチャーにはへこんだレールがあり、ミサイル本体の出っ張りをレールにスライドさせて搭載する。米空軍ではミサイルの搭載にフォークリフトのような専用のローダーを使うが、狭い空母甲板上で作業する海軍では、重量150kgのAIM-120空対空ミサイルを4～5人で担ぎ上げて搭載する。

●ラック

爆弾はU字を逆さまにしたような形の振れ止めを前後2カ所におき、その下に吊下げて装着する。その振れ止めを含む投下装置を爆弾ラックと呼ぶが、基本的な形は第二次大戦から変わっていない。ベトナム戦以降、米軍などでは一つのラックで3カ所に装着できるTERや6カ所に装着できるMERを使用しており、F-15Cでも最大18発の爆弾が搭載できる。

武装の搭載方法

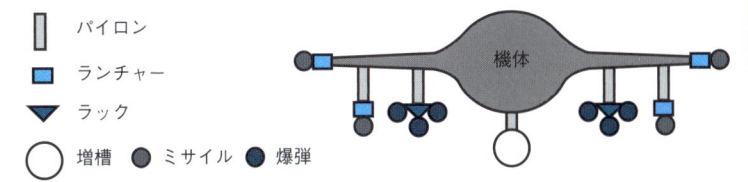

- パイロン
- ランチャー
- ラック
- 増槽　● ミサイル　● 爆弾

まず機体（下面）にパイロンを装着し、パイロンにランチャー（ミサイル、ロケット弾用）やラック（爆弾用）を装着して、そこにそれぞれの武装を搭載する。

F-16Cの武装搭載システム

武装や増タンを装着できる箇所はハードポイントと呼ばれ、機体左側から順にSta.（ステーション）ナンバーが付けられている。搭載できる武装と場所は決まっている。

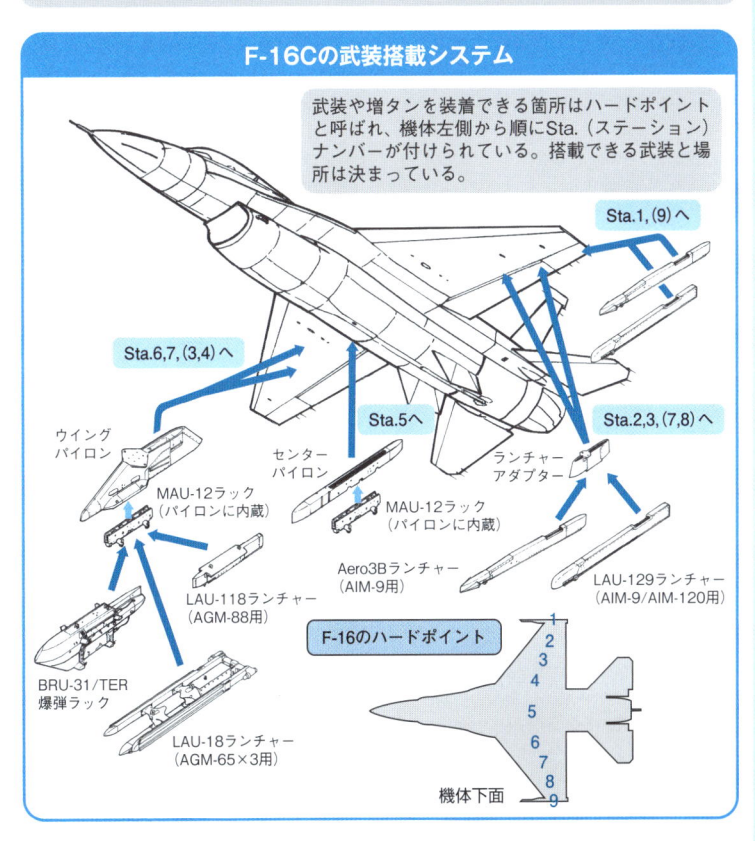

Sta.1,(9)へ

Sta.6,7,(3,4)へ

Sta.5へ

Sta.2,3,(7,8)へ

- ウイングパイロン
- MAU-12ラック（パイロンに内蔵）
- センターパイロン
- MAU-12ラック（パイロンに内蔵）
- ランチャーアダプター
- Aero3Bランチャー（AIM-9用）
- LAU-129ランチャー（AIM-9/AIM-120用）
- LAU-118ランチャー（AGM-88用）
- BRU-31/TER爆弾ラック
- LAU-18ランチャー（AGM-65×3用）

F-16のハードポイント

機体下面

関連項目
- 最大武装搭載量→No.057

機体に記入された数字と記号

●シリアルナンバー

軍用機も工業製品であるので、その固体を識別するためにシリアルナンバー(Sr.No.)などの通し番号が与えられていて、米空軍機では垂直尾翼に5ケタの数字が記入されている。正式なシリアルナンバーはコクピット付近の胴体やインテイク側面に機体名称とともにごく小さく記入されていたが、最近では記入されていない機体も多い。米空軍では発注された会計年度(FY)ごとに年度の下2ケタとその年度内の通し番号を組み合わせて割り当てているので、年度ごとに後半の通し番号部分が同じ機体も存在する。それに対し、米海軍ではビューローナンバー(Bu.No.)と呼ばれるナンバーが胴体後部側面に記入されている。これらは1940年から始まった通しナンバー(現在は160,000番台後半)で、同じ番号の機体はない。

航空自衛隊ではダッシュを挟んだ6ケタの番号が垂直尾翼に記入されているが、これは単純な通し番号ではなく、それぞれ別の意味を持つ4種類の数字を組み合わせた複雑なシステムになっている。他の国でも数ケタの番号を記入することがあるが、その機体を識別、特定できることは軍事機密にあたるため、外側から判読できるようなナンバーを記入していない国も多い。

●飛行隊記号など

アメリカ空、海軍では、シリアルナンバーなどの他に、その機体が属する飛行隊の番号やコードレターなど、より詳しい情報が記入され、それらを見るだけで、その機体の属性がすぐにわかるようになっている。空、海軍とも、垂直尾翼に所属飛行隊(航空団)や配備基地固有のアルファベット2文字によるコードを記入しており、胴体側面などに部隊名を記入していることもある。また、機首側面に記入された3ケタの番号は、空軍ではシリアルナンバーの下3ケタだが、海軍ではサイドナンバーと呼ばれる飛行隊内における独自の番号になっている。

◆アメリカ空軍のマーキング

F-22A ラプター

エレクトロ・ルミネッサンス・ライト
(夜光塗料のように面で光る編隊灯)

コードレターとシリアルナンバー
(ラジオコールナンバーとも呼ばれる)

シリアルナンバーの下3ケタ

航空戦闘軍団のエンブレム

US AIR FORCE F-22A-20
AF SERIAL NO. 03-4052

正式なシリアルナンバーはこの付近に記入されることになっている。

通常機のマーキング例　**隊長機のマーキング例**

コードレター(FFはヴァージニア州ラングレー基地所属を表す)

FF
AF 03 052

FF
27 FS
AF 03047

第27戦闘飛行隊を表す

発注会計年度の下2ケタとシリアルナンバーの下3ケタ

この機体のシリアルナンバーは03-4047

◆航空自衛隊のマーキング

F-15J イーグル

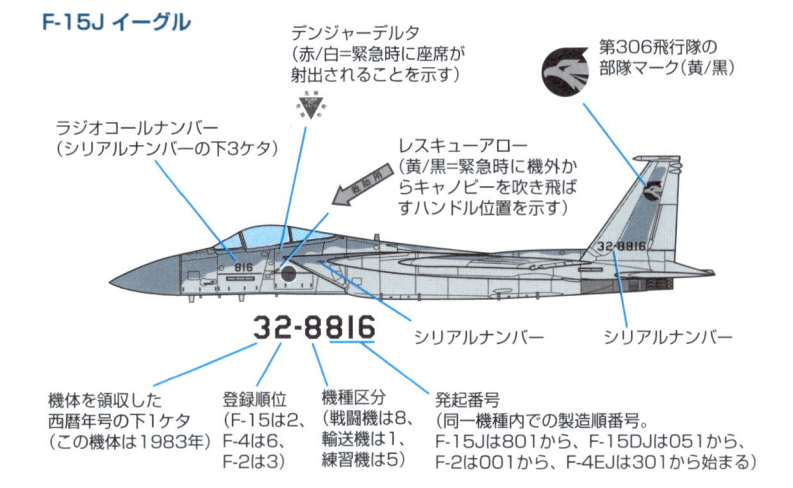

デンジャーデルタ
(赤/白=緊急時に座席が射出されることを示す)

第306飛行隊の部隊マーク(黄/黒)

ラジオコールナンバー
(シリアルナンバーの下3ケタ)

レスキューアロー
(黄/黒=緊急時に機外からキャノピーを吹き飛ばすハンドル位置を示す)

32-8816

シリアルナンバー

シリアルナンバー

機体を領収した西暦年号の下1ケタ
(この機体は1983年)

登録順位
(F-15は2、F-4は6、F-2は3)

機種区分
(戦闘機は8、輸送機は1、練習機は5)

発起番号
(同一機種内での製造順番号。F-15Jは801から、F-15DJは051から、F-2は001から、F-4EJは301から始まる)

◆アメリカ海軍のマーキング

F/A-18E スーパーホーネット

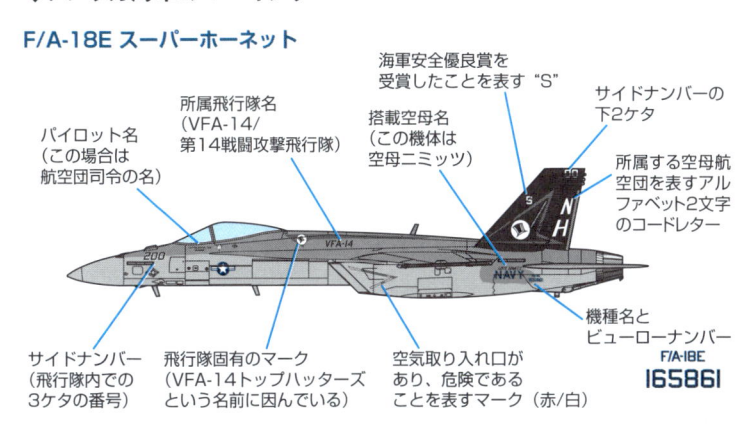

パイロット名
(この場合は航空団司令の名)

所属飛行隊名
(VFA-14/第14戦闘攻撃飛行隊)

海軍安全優良賞を受賞したことを表す"S"

搭載空母名
(この機体は空母ニミッツ)

サイドナンバーの下2ケタ

所属する空母航空団を表すアルファベット2文字のコードレター

機種名とビューローナンバー
F/A-18E
165861

サイドナンバー
(飛行隊内での3ケタの番号)

飛行隊固有のマーク
(VFA-14トップハッターズという名前に因んでいる)

空気取り入れ口があり、危険であることを表すマーク(赤/白)

※1 サイドナンバーは100番ごとに各飛行隊に振り当てられていて、現在は100、200、300、400番台は戦闘攻撃飛行隊(VFA)、500番台は電子攻撃飛行隊(VAQ)、600番台は早期警戒飛行隊(VAW) などとなっている。

※2 現在、米海軍に実動の空母航空団(CVW)は9つあり、CVW-1(AB)、CVW-2(NE)、CVW-3(AC)、CVW-5(NF)、CVW-7(AG)、CVW-8(AJ)、CVW-9(NG)、CVW-11(NH)、CVW-14(NK)がローテーションで各空母に展開している。横須賀を母港にしている空母には代々CVW-5(NF)が搭載されている。

飛行隊マークとスコードロンカラー

●飛行隊マーク

　飛行機の部隊に限らず、戦車隊であれ、歩兵隊であれ、軍隊の構成単位である部隊は、それぞれ固有のマークやエンブレムを制定している。戦闘機の場合も、所属する飛行隊（スコードロン）やその上位組織である航空団を表すマークなどがあり、それらをそのまま、もしくはデザインして機体に描いていることが多い、これは時代や国を問わず、多くの戦闘機に見られるものだ。

　第二次大戦中のドイツやイタリアでは各飛行隊が特徴のある飛行隊マークを胴体に描き入れていたし、パーソナルマークがほとんど見られなかった日本でも、陸軍機などでは部隊名に因んだ数字や文字などを垂直尾翼に大きく描いていた。現用機では、米空軍はエンブレムの形で垂直尾翼や胴体側面に記入している場合が多く、米海軍は飛行隊特有のマークやそれらを元にした特有のマーキングなどを施している。航空自衛隊では、垂直尾翼に各飛行隊マークを規定の大きさで記入している。

●スコードロンカラーなど

　現在の米海軍では、その飛行隊が空母航空団の中で何番目の飛行隊かによってマーキングに使用する基本色が決められている。これらはスコードロンカラーなどと呼ばれ、航空団の第1飛行隊（サイドナンバー100番台）から順に、赤、黄、青、オレンジ、緑、黒、マルーンとなっている。また、各飛行隊には航空団司令に敬意を表した"CAG機"と呼ばれる機体があり、その機体のマーキングには上記の5～6色を使用することが多い。

　第二次大戦までの米海軍では搭載される空母や小隊でカラーが決められていた。また、第二次大戦中のドイツ空軍はグルッペ（飛行隊）やシュタッフェル（飛行中隊）がすぐに識別できるシュタッフェルカラーを制定しており、末期にはグルッペごとに固有のカラー帯を胴体に塗装していた。

◆飛行隊特有のマーキング

日本陸軍 二式戦闘機 鍾馗

飛行第47戦隊第3中隊 1943年
大きなマークは"47"を図案化したもの。第3中隊を表す黄色で描かれている。

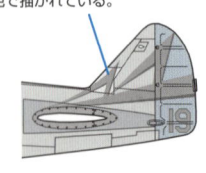

ドイツ空軍 メッサーシュミット Me262A

工場防衛隊 1945年

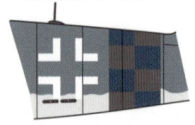

重要拠点である工場上空の防衛隊を表す青/緑のバンド。

米海兵隊 ヴォート F4U-4 コルセア

第323海兵攻撃飛行隊 1950年
朝鮮戦争に参加したVMA-323のF4Uは、機首カウリングに部隊名"Deathratters"に因んだ派手なガラガラ蛇を描いていた。

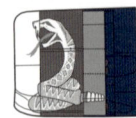

◆マルチカラーのCAG機 VF-151(第151戦闘飛行隊)VIGILANTESビジランティズ
1973年、空母ミッドウェー搭載

米海軍 F-4B

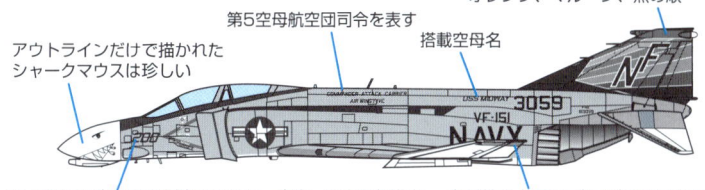

垂直尾翼は上から赤、黄、青、緑、オレンジ、マルーン、黒の順

第5空母航空団司令を表す

搭載空母名

アウトラインだけで描かれたシャークマウスは珍しい

サイドナンバー200が表すように、本来、この飛行隊のスコードロンカラーは黄色（オレンジイエロー）

主翼端の上下も5色で塗られている。

◆飛行隊マークのいろいろ

イギリス空軍
第11飛行隊
（No.11 Sqn.）

アメリカ空軍
第67戦闘爆撃飛行隊
（67th FBS）

アメリカ海兵隊
第534海兵夜間戦闘飛行隊
（VMF（N）-534）

航空自衛隊
第203飛行隊
（203sq.）

アメリカ海軍
第31戦闘飛行隊
（VF-31/VFA-31）

アメリカ海軍
第4実験飛行隊
（VX-4）

ドイツ空軍
第71戦闘飛行隊
（JG71）

アメリカ海兵隊
第321海兵戦闘飛行隊
（VMFA-321）

アメリカ海軍
第11戦闘飛行隊
（VF-11/VFA-11）

イタリア空軍
第51戦闘飛行隊
（51°Stormo）

ドイツ空軍
第7戦闘飛行隊
（JG7）

※1　71ページのBf110のスズメ蜂もZG.1の航空団マーキング。
※2　1stスコードロン=100番台→赤、2ndスコードロン=200番台→黄、3rdスコードロン=300番台→青、4thスコードロン=400番台→オレンジ、5thスコードロン=500番台→グリーン、6thスコードロン=600番台→黒、7～9thスコードロン=7～900番台→マルーン。

記念塗装

●周年記念塗装

地味な迷彩塗装が常識だと思われている軍用機でも、何かの記念で驚くほど派手な塗装を施されることがある。記念塗装の中でもっとも多いのは、飛行隊や軍などが創立して○○周年を迎えるときだ。

派手な記念塗装は、第二次大戦～ベトナム戦争頃まではそれほど見られたわけではなく、あったとしても、数字や文字などを小さく記入する程度だった。しかし、飛行隊の歴史が長いヨーロッパ、とくにNATO所属の空軍などでは飛行隊創立から30～50年を記念して、飛行隊の中の1機に派手な塗装を施すようになり、今では米軍や自衛隊などでも実施されるようになった。自衛隊が創立50周年を迎えた2004年は自衛隊に属するほぼすべての飛行隊に記念塗装機が現れ、各地のイベントで披露された。

記念塗装の中で、過去最大のスケールで実施されたのが、1976年のアメリカ建国200年記念だ。バイセンテニアル・セレブレーションと呼ばれた祝賀行事がアメリカ中で行われ、軍民を問わず、あらゆる機体に対して星条旗の3色(ナショナルカラー)を使った塗装が施された。また、"76"や"Spirit of 76"という文字や数字も多用された。

●合同演習

大規模な合同演習で、派手な記念塗装が施されることもある。NATOが毎年開催する"タイガーミート"は、その名の通り、トラやヒョウなどネコ科の動物をマークや名前に使用する飛行隊のみが参加できる合同演習で、機体をトラなどに見立てて塗装した機体が多数現れる。

航空自衛隊では戦闘機部隊による戦技競技会をほぼ毎年行っていて、それに参加する飛行隊は特別塗装を施している。当初は空戦などを有利に進めるために一時的な迷彩を施す機体が多かったのだが、1990年代中頃から競技会限定のスペシャルマークを記入する機体が現れ、今では垂直尾翼や機首などに派手な"戦競スペシャルマーキング"を施す機体も多くなった。

◆米海軍の記念塗装機

F/A-18F スーパーホーネット

米海軍 VFA-102 (第102戦闘攻撃飛行隊) 創立50周年塗装

胴体背面や垂直尾翼は鮮やかな赤

部隊名"ダイヤモンドバックス"に因んだガラガラ蛇のマークと背中のダイヤマーク

CWV-5を表すコードレターNFはオリエンタルな雰囲気のバンブーレター

通常、フルカラー塗装や記念塗装はCAG(航空団司令官)機と呼ばれるサイドナンバーの末尾が"00"の機体が多いが、このVFA-102では飛行隊番号に合わせて102号機を記念塗装機に仕立てている。

50周年記念マーク

◆航空自衛隊の記念塗装機　　航空自衛隊創立50周年塗装/第306飛行隊

F-15J イーグル

2004年、航空自衛隊は創立50周年を迎え、すべての
飛行隊で特別塗装機が登場した。

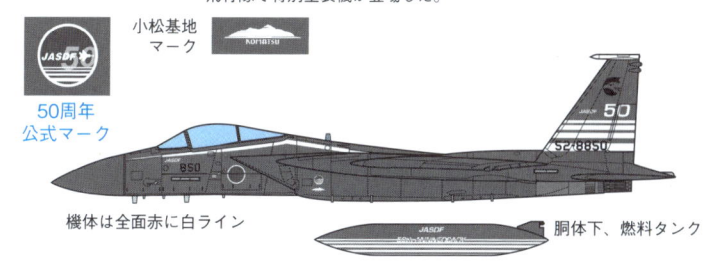

50周年
公式マーク

小松基地
マーク

機体は全面赤に白ライン

胴体下、燃料タンク

◆バイセンテニアル　　アメリカ建国200年記念塗装/第124戦闘飛行隊

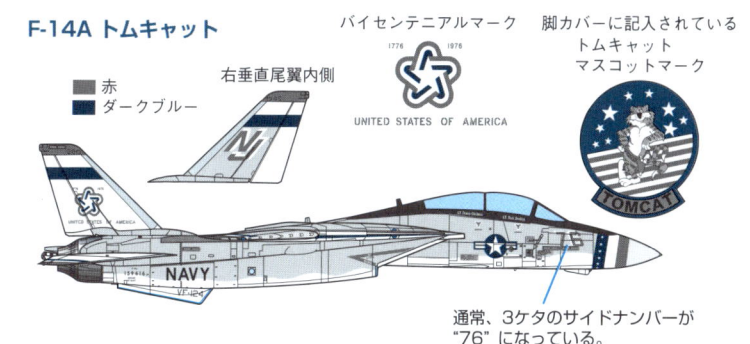

F-14A トムキャット

バイセンテニアルマーク

脚カバーに記入されている
トムキャット
マスコットマーク

右垂直尾翼内側

■ 赤
■ ダークブルー

通常、3ケタのサイドナンバーが
"76" になっている。

◆タイガーミート　　NATOタイガーミート2008 参加塗装
　　　　　　　　　　　フランス空軍試験評価飛行隊（EC05.330）

ラファールB

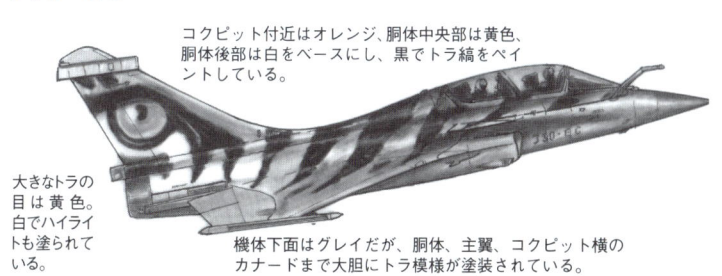

コクピット付近はオレンジ、胴体中央部は黄色、
胴体後部は白をベースにし、黒でトラ縞をペイ
ントしている。

大きなトラの
目は黄色。
白でハイライ
トも塗られて
いる。

機体下面はグレイだが、胴体、主翼、コクピット横の
カナードまで大胆にトラ模様が塗装されている。

ノーズアートとパーソナルマーク

●マークが持つ意味

　機体に描かれているさまざまなマークは、その用途と意味から大きく2つに分けられる。ひとつはその機体が所属する国、軍、航空団、飛行隊などを表すもので、これらのマークは集団としての括りを表すのが目的だ。それに対して、もうひとつのパーソナルマークはその機体だけに描かれたもので、機体をカスタマイズして他との違いを示すのが目的だ。

　パーソナルマークには、その機体の愛称やパイロットのモットーなどをデザイン文字として描いたものや、戦果や戦歴を誇るための撃墜マーク、出撃マークなどがある。撃墜マークは相手の国籍マークをそのまま描くことが多いが、中にはウイングマークや相手機のシルエットを描くこともある。

　機首付近に大きく開いた口とギザギザに並んだ歯、そして相手を睨む目を描いた機体がたまにあるが、これらはシャークマウス、またはシャークティースなどと呼ばれる。この塗装は第一次大戦の頃から威嚇や魔よけとしてあったもので、現在までに世界中の軍で多くの機体に描かれている。そのデザインや色は千差万別で、飛行隊独自のマークとして、所属の機体すべてに描いている場合もある。

●ノーズアート

　ノーズアートとはその名の通り、機首付近に描かれたパーソナルマークのこと。機体にさまざまな柄や絵を描いて目立とうとする傾向は、やはり第一次大戦からあった。第二次大戦になると、スペースの広い連合軍の大型爆撃機にセクシーなガールアートが描かれるようになる。これらには当時の雑誌に掲載されていたピンナップアートを模したものが多かった。激しい敵の攻撃に晒されながらも決められたコースを飛行するしかない爆撃機にとって、ノーズに描かれたアイドルは無事に帰還するための"守り神"だった。そして、護衛としてそれに同行する戦闘機の機体にも精神的な支えとして、ガールアートが描かれていた。

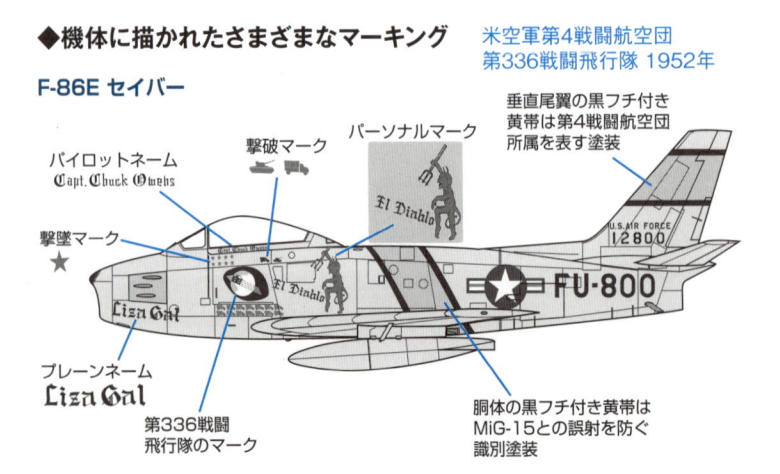

◆機体に描かれたさまざまなマーキング

米空軍第4戦闘航空団
第336戦闘飛行隊 1952年

F-86E セイバー

- パイロットネーム　Capt. Chuck Owens
- 撃破マーク
- パーソナルマーク
- 垂直尾翼の黒フチ付き黄帯は第4戦闘航空団所属を表す塗装
- 撃墜マーク ★
- プレーンネーム　Liza Gal
- 第336戦闘飛行隊のマーク
- 胴体の黒フチ付き黄帯はMiG-15との誤射を防ぐ識別塗装

◆F-14のノーズアート　米海軍 VF-111（第111戦闘飛行隊）1989年

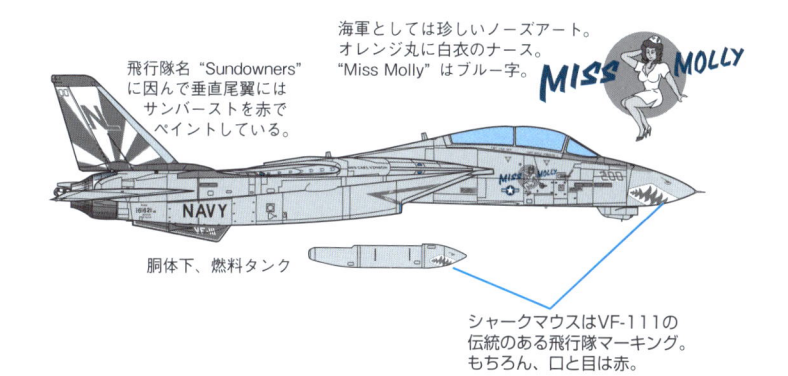

飛行隊名 "Sundowners" に因んで垂直尾翼にはサンバーストを赤でペイントしている。

海軍としては珍しいノーズアート。オレンジ丸に白衣のナース。"Miss Molly" はブルー字。

胴体下、燃料タンク

シャークマウスはVF-111の伝統のある飛行隊マーキング。もちろん、口と目は赤。

◆撃墜マークのいろいろ

日本陸軍 飛行第70戦隊 第3中隊 キ44 鐘馗 1945年

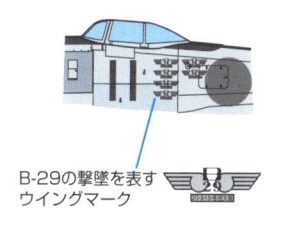

米海軍 VC-3（第3混成飛行隊）F4U-5N 1950年

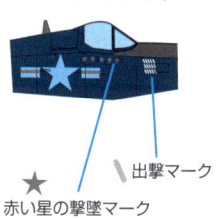

米海軍 VF-27（第27戦闘飛行隊）F6F-3 1944年

B-29の撃墜を表すウイングマーク

赤い星の撃墜マーク

出撃マーク

日本機の撃墜を表す旭日旗マーク

◆米陸軍航空隊のノーズアート

第6夜間戦闘飛行隊 1945年
P-61A ブラックウィドウ

第35戦闘飛行隊 1944年
P-38J ライトニング

"MoonHappy"

"G.I. Miss U."

243

用語集

あ

■アイリス/iris
ジェットエンジンのノズル外側に装着された短冊状の板。花びらが閉じたり開いたりするように動いてエンジン推力を調整する。本来は「眼球の虹彩」の意味。

■アラート/alert
警戒待機。国籍不明機などの進入に備え、常に緊急発進(スクランブル)できる体勢で待機すること。「○分アラート」のように発進までに要する時間によって待機レベルも変わる。

■E.E.ライトニング
E.E.(イングリッシュ・エレクトリック、後にBAC、BAe)が1950年代に開発した迎撃戦闘機。機首に大きなインテイクとショックコーンを持ち、エンジンを縦に2基搭載している。初飛行は1954年で、約320機が生産された。派生型としてシートを左右並列に配置した練習機型のライトニングTも50機生産されている。全幅10.6m、全長16.8m、最高速度マッハ2.3。

■ウエポンシステム
レーダーなどの火器管制装置とミサイルや機関砲などの兵装を合わせたものの総称。かつて、米空軍では新しい機体を開発する際、開発計画全体をウエポンシステム(WS)と呼んでいた時期もある。

■LTV A-7コルセアⅡ
1960年代後半に開発された米海軍の軽攻撃機。初飛行は1965年で、全幅11.8m、全長13.9mという機体に6.8tの武装搭載能力を持ち、各型合計約950機が生産された。また、米空軍もF-100の後継戦闘攻撃機として約540機を採用した。湾岸戦争の参加を最後に、1990年代前半には退役した。

■オートパイロット
自動操縦装置。設定された飛行経路を自動的に飛行できるシステム。機体の姿勢や飛行コースが外れると自動的にコースに戻す。現在では自動着陸装置などとも連動している。

か

■環状ラジエター
環状冷却器。液冷エンジンに必要なラジエター、オイルクーラーなどを環状にまとめ、機首前面に装備したもの。機首前部には空冷エンジンに似た円筒状のカウリングを持つ。第二次大戦中のドイツで多用された技術で、後期のTa152やHe219ではラジエター自体も円筒状にしてカウリング内部に配置した。

■慣性誘導方式
ミサイルの誘導方式のひとつ。ミサイルが独自に搭載した加速度計やジャイロなどの航法装置を用いて、外部からの指示なしに目標へ向かう方式。通常、旅客機などもこの慣性航法装置を使用して飛行している。

■逆ガル翼
前から見て、W字型に主翼の中央部が下がった形のもの。高翼配置で主翼付け根部分の上反角だけが強くなっているものを、カモメが飛ぶ姿に似ていることからガル翼と呼ぶが、その逆。主脚が長くなるのを防ぐ効果がある。

■競試
競争試作。コンペのこと。新たな機種を採用する前に、複数のメーカーに試作機を作らせ、実際に飛行テストなどを行い比較検討すること。

■駆逐戦闘機
第二次大戦中のドイツ空軍で考えられたカテゴリー。敵戦闘機を駆逐しながら爆撃機を長距離護衛するという考え。

実際には理想に過ぎなかった。ドイツ語表記はZerstörer。

■グラマンA-6イントルーダー
1960年に初飛行したアメリカのジェット攻撃機。全幅16.2m、全長16.6m、約7tもの爆弾搭載能力を持ち、ベトナム戦争から湾岸戦争まで米海軍、海兵隊の主力攻撃機として使用された。約690機が生産され、1990年代後半には全機退役している。

■グラマンF7Fタイガーキャット
1943年に初飛行した双発艦上戦闘機。全幅15.7m、全長13.8mという大型機のため、実際には生産された約370機がすべて陸上基地で運用された。複座にした夜間戦闘機型は朝鮮戦争にも参加した。最高速度710km/h。

■グラマンF9Fパンサー
1947年初飛行。米海軍、海兵隊の初期ジェット戦闘機。直線翼を持つ頑丈な機体は朝鮮戦争で対地攻撃にも使用された。派生型も多く、合計約1,200機が生産され、後退翼にしたF9F-6〜8クーガーも生産された。全幅11.6m、全長11.8m、最大速度933km/h。

■グロスター・ミーティア
イギリス初の実用ジェット戦闘機。初飛行は1943年で、大戦末期にはイギリス本土防空に配備された。戦後は数多くの発達型、派生型、合わせて約2,500機が生産された。全幅13.1m、全長12.5m、最高速度940km/h（ミーティアF3）。

■固定武装
胴体や主翼の内部に予め搭載されている機銃や機関砲。任務などによって機体外部に搭載し、発射、投下するミサイル、ロケット、爆弾などと区別して使用する語。

■固定翼機
ヘリコプター(回転翼)に対し、通常型の航空機を固定翼機と呼ぶ。この分類ではF-14やトーネードのような可変翼機も固定翼機だ。

■コンベアF-106デルタダート
XF-92によるテスト結果を盛り込んで設計され、1953年に初飛行したデルタ翼ジェット戦闘機。北米大陸をカバーする防空システムとリンクするミサイル迎撃機として配備され、核ミサイルAIM-26ファルコンの発射母機としても運用されていた。約1,000機生産。全幅11.6m、全長20.8m、最高速度マッハ1.25。

さ

■サーブ37ビゲン
スウェーデンが1970年代に独自開発した戦闘攻撃機。デルタ翼に大きなカナード翼を併せ持ち、戦闘機としては初めてスラストリバーサーを装備した。約330機が生産されたが現在は退役している。全幅10.6m、全長16.3m、最高速度マッハ2。

■サーブ39グリペン
ビゲンの後継として1980年代後半に開発された戦闘攻撃機。1988年初飛行。デルタ翼にカナード翼という全体のレイアウトはビゲンに似ているが、全幅8.4m、全長14mと小型になっている。スウェーデンの他、南アフリカ、チェコなどでも使用されている。

■三軍呼称統一
1962年9月にアメリカ陸海空、三軍(実際には海兵隊、沿岸警備隊も含む)で使用される機体の呼称を統一したこと。それまではとくに空軍と海軍で同じ機体に違う呼称を付けていたので混乱が多かった。

■シーカー/seeker
赤外線やTV画像などを使用して目標や地表を捕らえる探知追跡装置。

■シースパロー
RIM-7艦対空ミサイル。アメリカの空対空ミサイルAIM-7スパローの派生型。垂直発射式などの発射装置が米海軍以外の艦船にも搭載されている。

■推力偏向ノズル

ジェットエンジンの排気の噴出方向を偏向させるため、可変式にした排気ノズル。ハリアーのようにL字型のノズルが動くものや、Su-35などのように円筒状のノズルが動くもの、F-22のように大きな板が動いて上下方向に偏向するものなどがある。

■スタンダード

RIM-66/-67。1960年代に開発された艦対空ミサイル。米、日の他、西側海軍の多くで採用されている。射程は70km程度だったが、1970年代に開発されたRIM-66ER型(RIM-67に改称)は150kmに延びている。また、対レーダーミサイルの派生型AGM-78も開発されている。

■ストレーキ/strake

主翼付け根の前縁から機首方向へ向かって伸びているヒレのような部分。LEX(主翼前縁延長)とも呼ばれ、この部分から渦流が発生し、失速を遅らせることができるので、機動性が高くなる。

■スピナー/spinner

プロペラ軸の先端に取り付ける砲弾型のカバー。空気抵抗を減らし、空冷エンジンの場合はシリンダー部への空気を導入する役目も兼ねる。

■遷音速

亜音速から超音速へ移る速度域のこと。具体的にはマッハ0.75〜1.2(時速900〜1,400km/h)あたりのことを指す。この時機体の周りの空気の速度は亜音速と超音速の部分が混ざっていて、操縦や安定性にさまざまな障害をもたらす。

■センチュリーシリーズ

アメリカ空軍が1950年代から開発を進めた一連の超音速ジェット戦闘機群。名称がF-100から始まるのでセンチュリー(一世紀=100年)シリーズと呼ばれる。実際に採用されたのはF-100/-101/-102/-104/-105/-106。

た

■ダイブ飛行

急降下飛行。爆弾の命中精度を高めるために、第二次大戦時の急降下爆撃機は40°〜90°もの角度で目標に向かって急降下した。決して、そのまま機体が海に飛び込むわけではないし、パイロットがパラシュートを付けて飛び下りることでもない。

■ダッソー・ミラージュIII

フランスが1950年代後半に独自開発したジェット戦闘機。大きなデルタ翼が特徴で、1960年代を通じて1,200機以上が量産された。フランス以外にもスイス、イスラエル、オーストラリアなど世界中で使用され、デルタ翼機の代名詞となった。初飛行は1956年。全幅8.2m、全長15m、最高速度マッハ2.2。

■ダッソー・ミラージュF1

ミラージュIIIの後継として1960年代後半に開発された制空戦闘機。鋭い円錐形の機首や半円形のエアインテイクはミラージュIIIに似ているが、主翼は高翼配置の後退翼で、全遊動式の水平安定板を持つ。初飛行は1966年で、約860機が生産された。全幅8.4m、全長15m、最高速度マッハ2.2。

■ダッソー・ミラージュ2000

ミラージュF1の後継として1970年代後半から開発が始められた制空戦闘機。主翼は再びデルタ翼に戻され、全体的にもミラージュIIIを近代化したようなスタイルになった。戦闘爆撃機型や核ミサイル搭載能力を持つ派生型などを含めて600機以上が作られ、フランス以外にもインド、ギリシャ、UAE、台湾などにも輸出されている。初飛行は1978年。全幅9.1m、全長14.4m、最高速度マッハ2.2。

■ダッソー・ラファール

ユーロファイター計画に参加しないフランスが独自に開発した戦闘機。初飛

行は1986年。空軍用の単座型、複座型、海軍用の艦載型などのバリエーションがあり、300機ほどが配備される予定。全幅約11m、全長約15.8m、最高速度マッハ2。

■チャック・イェーガー
1923年生まれ。米陸軍航空隊、空軍のパイロット。1947年10月14日、ロケット機ベルX-1で人類初の超音速飛行を記録した。その後、ベトナム戦争にも参加し、NASAと空軍でテストパイロット学校の校長を勤める。映画『ライトスタッフ』のモデルのひとりにもなっている。

■テーパー/taper
先細り状。付け根から先端へ向かって細くなる形状。

■ドボワチーヌD.520
M.S.406の後継として1939年にフランスに採用された液冷戦闘機。約600機が生産された。全幅10.2m、全長8.8m、最高速度530km/h。

■トリムタブ/trim tab
ラダー、エレベーター、エルロンなど、一次操縦翼面の操舵力を軽減するために取り付けられた小さな板。タブの角度を調整することによって、一定の姿勢、速度で飛行するときに舵面を調整のために動かす必要がないようにする。

は

■ハインケルHe162サラマンダー
第二次大戦末期に量産が容易で、少年兵でも操縦できる"国民戦闘機/フォルクスイェーガー"として開発された単発ジェット戦闘機。全幅7.2m、全長9mという小型機で、背中にBMW003ジェットエンジンを搭載。最高速度は900km/hを示した。初飛行は1944年12月。

■パナビア・トーネード
1970年代からイギリス、ドイツ、イタリアが共同開発した多用途攻撃機。初飛行は1974年。後退角25°～67°の可変翼を持ち、対地攻撃、制空戦闘、電子戦などさまざまな派生型が合計約990機、生産されている。全幅13.9～8.6m、全長16.7m、最高速度マッハ2.2。

■フィアットCr.32
1930年代にイタリア空軍が採用した複葉戦闘機。190機が量産されたが、第二次大戦の頃には旧式化していた。全幅9.5m、全長7.5m、最高速度360km/h。

■フィアットCr.42ファルコ
Cr.32の後、1930年代後半にイタリア空軍が採用した複葉戦闘機。複葉機としては高性能で、約1,800機が量産された。全幅9.7m、全長8.3m、最高速度430km/h。

■フィアットG.50
1930年代後半にイタリア空軍が採用したイタリア初の単葉全金属製戦闘機。約780機が量産され、第二次大戦初期のイタリアの主力機となった。全幅11m、全長7.8m、最高速度470km/h。

■VT信管/variable time fuze
近接信管の別名。秘匿するための機密コードに因んだ呼び方。

■フォッカーD.21
オランダが1930年代中頃に独自で開発した単葉戦闘機。主翼は木製で主脚は固定式。70機程度が生産された。初飛行は1936年。全幅11m、全長7.9m最高速度395km/h。

■フロート/float
浮き船。水上機の機体下部に、機体から離して装着され、離着水時の降着装置として用いられる。

■プローブ/probe
機首などに装備された、速度などを計測する細い筒状(針状)の機器。計測器。空中給油の場合は、受ける側が受油プローブを給油機のバスケットに差し込む。

■ベントラル・フィン/ventral fin
腹びれ。多くは胴体後部の下面に、機体の前後方向に取り付けられた板。方向安定性を高める働きをする。ventral

は「腹面の」という意味で、機体背面のフィン(多くは垂直尾翼が前方に延長された形)はドーサル(dorsal)・フィンと呼ぶ。

■ホーカー・ハリケーン
1930年代中頃に開発されたイギリスの単葉液冷戦闘機。鋼管フレームに金属貼りの機体は旧式だったが、逆に扱い易い機体だった。初飛行は1935年。艦載型などの派生型も合わせて約14,000機が生産され、大戦を通じて使用された。全幅12.2m、全長9.8m、最高速度520km/h。

■ホーミング/homing
自動追尾。ミサイルが目標に向かって自動的に飛翔すること。

■ポリカルポフI-15チャイカ
1930年代前半にソ連が採用した複葉戦闘機。全幅9.15m、全長6.3mという小型機で、最高速度は370km/h程度だったが、約2,450機が量産された。

■ポリカルポフI-16
I-15と同時期に開発が始まった単葉戦闘機。世界初の引き込み式主脚を持つ戦闘機。初飛行は1933年。全幅6.15m、全長9mという寸詰まりの機体で、最高速度は450km/h程度。約9,450機が量産された。

ま

■マクダネルF2Hバンシー
米海軍初のジェット艦上戦闘機FHファントムの後継としてマクダネル社が開発した戦闘機。初飛行は1947年。全幅13.7m、全長12.3m、最高速度856km/h。夜間戦闘機型や写真偵察機型など派生型を含めて930機ほどが生産され、朝鮮戦争で対地攻撃機としても運用された。後期型が約40機、カナダに採用されている。

■モラン・ソルニエM.S.406
1930年代中頃、フランスで採用された単葉液冷戦闘機。約1,000機が生産されたが性能的には同時期の戦闘機に劣っていた。全幅10.6m、全長8.2m、最大速度480km/h。

や

■ヤコブレフYak-3/-7
1930年代後半から40年代前半にかけて開発され、ソ連軍の主力戦闘機となったYak戦闘機シリーズ。1941年に初飛行したYak-1の発達型として、Yak-3/-7/-9がほぼ同時に開発された。Yak-3は1943年初飛行の低空戦闘機型、Yak-7は-1のパワーアップ型で1941年初飛行。Yak-1〜-9までの合計生産機数は約30,000機とも言われている。

■ヤコブレフYak-38フォージャー
西側のハリアーに対抗してソ連が開発したVTOL戦闘攻撃機。初飛行は1975年。約200機が生産されてキエフ級空母に配備されたが、搭載能力や航続距離が不足し、実用機とは言い難い性能だった。

■ユーロファイター・タイフーン
1980年代からイギリス、ドイツ、イタリア、スペインの国際共同で開発されたヨーロッパの新鋭戦闘機。初飛行は1994年。全幅約11m、全長約16mで、胴体下面にインテイクを持ち、コクピット下方にはカナード翼を持つ複合デルタ翼機。開発国にオーストリアなどを加え、600機以上が生産される予定。

ら

■ライト兄弟
兄ウィルバー・ライト(1867-1912)、弟オービル・ライト(1871-1948)。1903年12月17日、ノースカロライナ州キティホークにて"ライトフライヤー号"で人類初の有人動力飛行に成功した。

■ラボーチキンLa-5/-7
1940年代にソ連の主力戦闘機となった空冷単葉戦闘機。La-5は1941年初飛行して、約9,900機が生産された。La-7

はLa-5のエンジンをパワーアップした型で初飛行は1944年。約6,000機が生産されて対独戦で活躍し、戦後もしばらく使用された。全長8.7m、全幅9.8m、最高速度680km/h。

■リパブリックF-105サンダーチーフ

1950年代中頃、核攻撃機として開発が始まった戦闘爆撃機。初飛行は1955年。全幅10.7m、全長19.6m、最高速度マッハ2。胴体内に回転式の爆弾倉を持ち、戦闘機でありながら、約6tの爆弾搭載能力を持っている。各型合計で約800機が生産され、ベトナム戦争では爆撃機として運用された。また、レーダー基地専用の攻撃機"ワイルドウィーゼル"として30機ほどが改造されている。

■ローゼンジ・パターン

第一次大戦中、ドイツの軍用機に施された迷彩パターン。細かい六角形の連続パターン(亀甲模様)を3～5色で塗り分けたプリント生地を作り、主翼などに張った。上下面や昼/夜用、地域などで多くのパターンや使用色がある。

■ローダー/Loader

建設機械のホイールローダーに似た外形で、ミサイルや爆弾など重量物を運搬し、機体の装着位置へ持ち上げる機械。主に陸上基地で使用される。

英数字(略語)

■BLC/Boundary Layer Control
境界層制御。

■BVR/Beyond Visual Range
視界外射程、視認距離外。

■CAG/Commander of Air Group
(空母)航空団司令。

■CO/Commanding Officer
飛行隊長、指揮官。

■CV/Aircraft Carrier
航空母艦。

■CVW/Carrier Air Wing
空母航空団。

■FCS/Fire Control System
火器管制装置。

■JDAM/Joint Direct Attack Munition
統合直接攻撃弾薬。

■LANTIRN/Low Altitude Navigation and Targeting Infrared for Night
夜間低高度航法装置及び赤外線照準装置。

■MER/Multiple Ejector Rack
マルチプル・エジェクター・ラック。

■RAM/Rader Absorbing Material
電波(レーダー波)吸収材。

■RIO/Rader Intercept Officer
レーダー要撃(迎撃)士官。

■SEAD/Suppression of Enemy Air Defence
敵防空網制圧。

■TARPS/Tactical Air Reconnaissance Pod System
戦術航空偵察ポッドシステム。

■TER/Triple Ejector Rack
トリプル・エジェクター・ラック。

■WVR/Within Visual Range
視界内射程、視認距離内。

■XO/Executive Officer
副隊長。

戦闘機名一覧

アメリカ海軍（1962年まで）

F2A ブリュースター バッファロー ［1937］
F2B ボーイング ［1926］
F4B ボーイング ［1929］
F6C カーチス ホーク ［1925］
F9C カーチス スパローホーク ［1930］
F11C カーチス ゴスホーク ［1932］
F15C カーチス ［1945］
F3D ダグラス スカイナイト ［1948］
F4D ダグラス スカイレイ ［1951］
F5D ダグラス スカイランサー ［1957］
FF グラマン ［1931］
F2F グラマン ［1932］
F3F グラマン ［1935］
F4F グラマン ワイルドキャット ［1937］
F5F グラマン スカイロケット ［1940］
F6F グラマン ヘルキャット ［1942］
F7F グラマン タイガーキャット ［1943］
F8F グラマン ベアキャット ［1944］
F9F-2 グラマン パンサー ［1947］
F9F-6 グラマン クーガー ［1951］
F10F グラマン ジャガー ［1952］
F11F グラマン タイガー ［1954］
FH マクダネル ファントム ［1945］
F2H マクダネル バンシー ［1947］
F3H マクダネル デモン ［1951］
F4H マクダネル ファントムⅡ ［1958］
FJ ノースアメリカン フューリー ［1946］
FJ-4 ノースアメリカン フューリー ［1954］
FR ライアン ファイアボール ［1944］
F4U ヴォート コルセア ［1940］
F5U ヴォート フライングパンケーキ ［1944］
F6U ヴォート パイレート ［1946］
F7U ヴォート カットラス ［1950］
F8U ヴォート クルセーダー ［1955］
FV ロッキード ［1954］
FY コンベア ポゴ ［1954］
F2Y コンベア シーダート ［1953］

アメリカ陸軍航空隊（1947年まで）

P-1 カーチス ［1925］
P-2 カーチス ［1925］
P-3 カーチス ［1925］
P-4 （PW-9） ボーイング ［1923］
P-5 カーチス ホーク ［1927］
P-6 カーチス ホーク ［1927］
P-7 （PW-9） ボーイング ［1928］
P-11 カーチス ホーク ［1929］
P-12 ボーイング ［1928］
P-24 デトロイト ［1931］
P-26 ボーイング ピーシューター ［1932］
P-30 （P-25） コンソリデーテッド ［1934］
P-35 セバスキー ［1935］
P-36 カーチス ホーク ［1935］
P-37 カーチス ［1937］
P-38 ロッキード ライトニング ［1939］
P-39 ベル エアラコブラ ［1938］
P-40 カーチス ウォーホーク ［1938］
P-41 セバスキー ［1938］
P-42 カーチス ［1939］
P-43 リパブリック ランサー ［1940］
P-45 ベル （P-39） ［1939］
P-46 カーチス ［1940］
P-47 リパブリック サンダーボルト ［1941］
P-49 ロッキード ［1942］
P-50 グラマン （海軍F5F） ［1941］
P-51 ノースアメリカン ムスタング ［1940］
P-54 バルティー スゥースグース ［1943］
P-55 カーチス アセンダー ［1943］
P-56 ノースロップ ブラックバレット ［1943］
P-58 ロッキード チェインライトニング ［1944］
P-59 ベル エアラコメット ［1942］
P-60 カーチス ［1943］
P-61 ノースロップ ブラックウィドウ ［1942］
P-62 カーチス ［1943］
P-63 ベル キングコブラ ［1942］
P-64 ノースアメリカン ［1939］
P-66 バルティー バンガード ［1939］
P-67 マクダネル バット ［1944］
P-70 ダグラス （A-20） ［1942］
P-72 リパブリック ［1944］
P-75 フィッシャー イーグル ［1943］
P-76 ベル （P-39Eに改称） ［1942］
P-77 ベル ［1942］
P-79 ノースロップ フライングラム ［1945］
P-80 ロッキード シューティングスター ［1944］
P-81 コンベア ［1945］
P-82 ノースアメリカン ツインムスタング ［1944］

P-83 ベル［1945］
※P-84～P-92までは1948年以降Fに変更。

アメリカ空軍（1948～1962年）

F-24 ダグラス（元A-24）
F-38（元P-38）
F-39（元P-39）
F-40（元P-40）
F-47（元P-47）
F-51（元P-51）
F-59（元P-59）
F-61（元P-61）
F-63（元P-63）
F-80（元P-80）
F-81（元P-81）
F-82（元P-82）
F-83（元P-83）
F-84 リパブリック サンダージェット［1946］
F-85 マクダネル ゴブリン［1948］
F-86 ノースアメリカン セイバー［1947］
F-87 カーチス ブラックホーク［1948］
F-88 マクダネル［1948］
F-89 ノースロップ スコーピオン［1948］
F-90 ロッキード［1949］
F-91 リパブリック サンダーセプター［1949］
F-92 コンベア ダート［1948］
F-93 ノースアメリカン（元F-86C）［1950］
F-94 ロッキード スターファイア［1949］
F-95 ノースアメリカン（F-86Dに改称）［1949］
F-96 リパブリック サンダーストリーク（F-84に改称）［1950］
F-97 ロッキード（F-94Cに改称）［1950］
F-98 ヒューズ（GAR-1ファルコン空対空ミサイル）
F-99 ボーイング（IM-99ボマーク地対空ミサイル）
F-100 ノースアメリカン スーパーセイバー［1953］
F-101 マクダネル ブードゥー［1954］
F-102 コンベア デルタダガー［1953］
F-103 リパブリック サンダーウォーリア［1953］
F-104 ロッキード スターファイター［1954］
F-105 リパブリック サンダーチーフ［1955］
F-106 コンベア デルタダート［1956］
F-107 ノースアメリカン［1956］
F-108 ノースアメリカン レイピア［1959］
F-109 ベル［1960］
F-110 マクダネル スペクター（F-4に改称）
F-111 GD アードバーク［1964］
※F-110以外は1962年以降もそのままの呼称を使用。

アメリカ空海軍（1962年以降）

F-1 ノースアメリカン フューリー（元FJ-3/-4）
F-2 マクダネル バンシー（元F2H）
F-3 マクダネル デモン（元F3H）
F-4 マクダネル ファントムII（元F4H）
F-5 ノースロップ フリーダムファイター［1959］
F-6 ダグラス スカイレイ（元F4D）
F-7 コンベア シーダート（元F2Y）
F-8 ヴォート クルセーダー（元F8U）
F-9 グラマン パンサー／クーガー（元F9F）
F-10 ダグラス スカイナイト（元F3D）
F-11 グラマン タイガー（元F11F）
F-12 ロッキード［1963］
F-14 グラマン トムキャット［1970］
F-15 MD イーグル［1972］
F-16 GD ファイティングファルコン［1974］
F-17 ノースロップ［1974］
F-18 MD ホーネット［1978］
F-20 ノースロップ タイガーシャーク［1980］
F-21 IAI ライオン［1973］
F-22 ロッキード ラプター［1990］
F-23 ノースロップ ブラックウィドウII［1990］
F-35 ロッキード ライトニングII［2000］

日本海軍（1945年まで）

一〇式艦上戦闘機 三菱［1921］
三式艦上戦闘機（A1N）中島［1927］
九〇式艦上戦闘機（A3N）中島［1932］
六試複座艦上戦闘機 中島［1931］
七試艦上戦闘機 三菱［1932］
七試艦上戦闘機 中島［1932］
八試複座艦上戦闘機 三菱［1933］
八試複座艦上戦闘機 中島［1933］
九五式艦上戦闘機（A4N）中島［1934］
九六式艦上戦闘機（A5M）三菱［1932］
零式艦上戦闘機（A6M）三菱［1939］
十七試艦上戦闘機（A7M）烈風 三菱［1944］
夜間戦闘機（J1N）月光 中島［1941］
局地戦闘機（J2M）雷電 三菱［1942］
十七試局地戦闘機（J4M）閃電 三菱［1942］
十八試乙戦闘機（J5N）天雷 中島［1943］
十八試甲戦闘機（J6K）陣風 三菱［1943］
十八試局地戦闘機（J7W）震電 九州［1945］
試作局地戦闘機（J8M）秋水 三菱［1945］
十八試丙戦闘機（S1A）電光 愛知［1945］
二式水上戦闘機（A6M2-N）三菱［1941］

十五試水上戦闘機（N1K）強風 川西 ［1942］
局地戦闘機（N1K1-J）紫電 川西 ［1942］
局地戦闘機（N1K2-J）紫電改 川西 ［1944］

日本陸軍（1945年まで）

九一式戦闘機 中島 ［1928］
九二式戦闘機 川崎 ［1930］
キ5 川崎 ［1934］
キ8 中島 ［1934］
キ10 九五式戦闘機 川崎 ［1935］
キ11 中島 ［1935］
キ12 中島 ［1936］
キ18 三菱 ［1935］
キ27 九七式戦闘機 中島 ［1936］
キ28 川崎 ［1936］
キ33 三菱 ［1936］
キ43 隼 一式戦闘機 中島 ［1939］
キ44 鍾馗 二式戦闘機 中島 ［1941］
キ45 川崎 ［1938］
キ45改 屠龍 二式複座戦闘機 川崎 ［1941］
キ60 川崎 ［1941］
キ61 飛燕 三式戦闘機 川崎 ［1942］
キ64 川崎 ［1943］
キ80 中島 ［1941］
キ83 三菱 ［1944］
キ84 疾風 四式戦闘機 中島 ［1943］
キ87 中島 ［1945］
キ88 川崎 ［1943］
キ94-I 立川 ［1943］
キ94-II 立川 ［1944］
キ96 川崎 ［1943］
キ98 満州飛行機 ［1943］
キ100 五式戦闘機 川崎 ［1945］
キ102 川崎 ［1944］
キ106 立川 ［1944］
キ108 川崎 ［1944］
キ109 三菱 ［1944］
キ113 中島 ［1945］
キ116 満州飛行機 ［1945］
キ119 川崎 ［1945］
キ200 秋水 三菱 ［1945］
キ201 火龍 中島 ［1945］

航空自衛隊（1954年～）

F-1 三菱 ［1977］
F-2 三菱 ［1995］

イギリス

アームストロング・ホイットワース シスキン ［1921］
エアコ（デ・ハビランド）DH.2 ［1915］
エアコ（デ・ハビランド）DH.5 ［1916］
ビッカース F.B.5 ガンバス ［1914］
RAF F.E.2 ［1914］
RAF F.E.8 ［1915］
RAF S.E.5 ［1916］
RAF B.E.12 ［1915］
ブリストル スカウト ［1914］
ブリストル F.2 ［1916］
ブリストル ブルドッグ ［1928］
ブリストル ボーファイター ［1939］
マーチンサイド F-4 バザード ［1918］
ソッピース 1 ½ ストラッター ［1915］
ソッピース トリプレーン ［1916］
ソッピース パップ ［1916］
ソッピース キャメル ［1916］
ソッピース ドルフィン ［1917］
ソッピース スナイプ ［1917］
ボールトン・ポール デファイアント ［1937］
ホーカー ウッドコック ［1923］
ホーカー ハート ［1928］
ホーカー デモン ［1928］
ホーカー フューリー ［1931］
ホーカー ハリケーン ［1935］
ホーカー タイフーン ［1940］
ホーカー テンペスト ［1942］
ホーカー ハンター ［1951］
フェアリー フォックス ［1925］
グロスター ナイトジャー ［1921］
グロスター グレベ ［1923］
グロスター ゲームコック ［1925］
グロスター ガントレット ［1933］
グロスター グラディエーター ［1934］
グロスター ミーティア ［1943］
グロスター ジャベリン ［1951］
デ・ハビランド モスキート ［1940］
デ・ハビランド DH.100 バンパイア ［1943］
デ・ハビランド DH.103 ホーネット ［1944］
デ・ハビランド DH.112 ベノム ［1949］
E.E. ライトニング ［1957］
スーパーマリン スピットファイア ［1938］
スーパーマリン スパイトフル ［1944］
スーパーマリン スイフト ［1948］

ウェストランド ホワールウィンド［1938］
ウェストランド ウェルキン［1942］
マイルズ M.20［1940］

イギリス海軍

スーパーマリン シーファイア［1941］
スーパーマリン シーファング［1946］
スーパーマリン アタッカー［1946］
スーパーマリン シミター［1956］
フェアリー フルマー［1937］
フェアリー ファイアフライ［1941］
ブラックバーン スクア［1937］
ブラックバーン ロック［1938］
ホーカー ニムロッド［1932］
ホーカー シーハリケーン［1935］
ホーカー シーフューリー［1945］
ホーカー シーホーク［1947］
グロスター シーグラディエーター［1934］
ホーカーシドレー シーハリアー［1978］
デ・ハビランド シーバンパイア［1943］
デ・ハビランド シーホーネット［1944］
デ・ハビランド シーベノム［1949］
デ・ハビランド DH.110 シービクセン［1951］

ドイツ（1918年まで）

アルバトロス D.I［1916］
アルバトロス D.II［1916］
アルバトロス D.III［1916］
アルバトロス D.IV［1916］
アルバトロス D.V［1917］
ダイムラー D.I［1918］
フォッカー D.I［1916］
フォッカー D.II［1916］
フォッカー D.III［1916］
フォッカー D.IV［1916］
フォッカー D.V［1916］
フォッカー D.VI［1917］
フォッカー D.VII［1918］
フォッカー D.VIII［1918］
フォッカー Dr.I［1917］
フォッカー E.I［1915］
フォッカー E.II［1915］
フォッカー E.III［1915］
フォッカー E.IV［1915］
フォッカー E.V（D.VIII）［1915］
ハルバーシュタット D.II［1915］
ユンカース D.I［1917］

ファルツ D.III［1917］
ファルツ D.XII［1918］
ファルツ D.XIV［1918］
ファルツ Dr.I［1917］
LFGローラント D.II［1916］
LFGローラント D.VI［1917］
ジーメンス-シュッケルト D.I［1916］
ジーメンス-シュッケルト D.III［1917］
ジーメンス-シュッケルト D.IV［1918］

ドイツ（1919～1945年）

アラド Ar64［1930］
アラド Ar65［1931］
アラド Ar67［1933］
アラド Ar68［1934］
アラド Ar76［1934］
アラド Ar80［1934］
アラド Ar197［1937］
アラド Ar240［1940］
バッフェム Ba349 ナッター［1945］
ブローム・ウント・フォス BV40［1944］
ブローム・ウント・フォス BV151［1944］
ドルニエ Do10［1931］
ドルニエ Do335 プファイル［1943］
フォッケウルフ Fw159［1935］
フォッケウルフ Fw187 ファルケ［1937］
フォッケウルフ Fw190［1939］
フォッケウルフ Ta152［1945］
フォッケウルフ Ta154 モスキート［1943］
フォッケウルフ Ta183 フュッケバイン［1945］
ハインケル He49［1932］
ハインケル He51［1933］
ハインケル He52［1933］
ハインケル He100［1938］
ハインケル He112［1935］
ハインケル He162 サラマンダー［1944］
ハインケル He219 ウーフー［1942］
ハインケル He280［1940］
ホルテン Ho229［1945］
ユンカース Ju248（元Me263）［1944］
メッサーシュミット Bf109［1935］
メッサーシュミット Bf110［1936］
メッサーシュミット Me155［1942］
メッサーシュミット Me163 コメート［1941］
メッサーシュミット Me209［1938］
メッサーシュミット Me210［1939］
メッサーシュミット Me262 シュヴァルベ［1942］

メッサーシュミット Me263 ［1944］
メッサーシュミット Me309 ［1942］
メッサーシュミット Me328 ［1943］
メッサーシュミット Me410 ［1942］

フランス

ブレゲー Bre.5 ［1915］
コードロン R.11 ［1917］
アンリオ HD.1 ［1916］
モラン-ソルニエ L ［1914］
モラン-ソルニエ N ［1915］
モラン-ソルニエ M.S .225 ［1932］
モラン-ソルニエ M.S .406 ［1935］
ニューポール 11 ［1916］
ニューポール 12 ［1916］
ニューポール 16 ［1916］
ニューポール 17 ［1916］
ニューポール 24 ［1917］
ニューポール 27 ［1917］
ニューポール 28 ［1917］
ニューポール・ドラージュ Ni-D622 ［1927］
スパッド S.VII ［1916］
スパッド S.XII ［1917］
スパッド S.XIII ［1917］
アルセナル VG-33 ［1938］
ブレリオ-スパッド S.510 ［1933］
ブロック MB.150～157 ［1937］
ドボアチン D500～510 ［1932］
ドボアチン D520 ［1938］
ポテ-ズ 630 ［1936］
ダッソー ウーラガン ［1949］
ダッソー ミステール ［1951］
ダッソー ミステール IV ［1952］
ダッソー シュペールミステール ［1955］
ダッソー ミラージュIII ［1961］
ダッソー ミラージュF1 ［1966］
ダッソー ミラージュ2000 ［1978］
ダッソー ラファール ［1986］

イタリア

アエルフェル サジタリオ2 ［1956］
アエルフェル アリエテ ［1958］
フィアット CR.30 ［1932］
フィアット CR.32 ［1935］
フィアット CR.42 ファルコ ［1938］
フィアット G.50 フレッチャ ［1937］
フィアット G.55 チェンタウロ ［1942］
フィアット G.91 ［1956］
ブレダ Ba.27 ［1931］
カプローニ-ビッツォーラ F.4 ［1939］
IMAM Ro.57 ［1943］
マッキ C.200 サエッタ ［1939］
マッキ C.202 フォルゴーレ ［1940］
マッキ C.205 ベルトロ ［1942］
ピアッジョ P.119 ［1942］
レジアーネ Re.2000 ［1939］
レジアーネ Re.2001 ファルコ II ［1940］
レジアーネ Re.2002 ［1940］
レジアーネ Re.2005 サジタリオ ［1942］
サボイア・マルケッティ SM.91 ［1943］
サボイア・マルケッティ SM.92 ［1943］

ロシア（ソ連）

ベレズニアク・イサエフ BI-1 ［1942］
ポリカルポフ I-5 ［1930］
ポリカルポフ I-15 ［1933］
ポリカルポフ I-16 ［1933］
ポリカルポフ I-153 チャイカ ［1938］
ポリカルポフ I-180 ［1938］
グリゴロビッチ I-Z ［1931］
グリゴロビッチ IP-1 ［1935］
コチェリギン DI-6 ［1934］
ラボーチキン LaGG-1 ［1939］
ラボーチキン LaGG-3 ［1940］
ラボーチキン La-5 ［1942］
ラボーチキン La-7 ［1943］
ラボーチキン La-9 フリッツ ［1946］
ラボーチキン La-11 ファング ［1947］
ラボーチキン La-15 ファンテイル ［1949］
ミコヤン-グレビッチ MiG-1 ［1940］
ミコヤン-グレビッチ MiG-3 ［1940］
ミコヤン-グレビッチ MiG-9 ファルゴ ［1946］
ミコヤン-グレビッチ MiG-15 ファゴット ［1947］
ミコヤン-グレビッチ MiG-17 フレスコ ［1950］
ミコヤン-グレビッチ MiG-19 ファーマー ［1953］
ミコヤン-グレビッチ MiG-21フィッシュベッド［1955］
ミコヤン-グレビッチ MiG-23 フロッガー ［1967］
ミコヤン-グレビッチ MiG-25フォックスバット［1964］
ミコヤン-グレビッチ MiG-29 フルクラム ［1977］
ミコヤン-グレビッチ MiG-31フオックスハウンド［1975］
ミコヤン-グレビッチ MiG-35フルクラムF［2007］
スホーイ Su-7 フィッター A ［1955］
スホーイ Su-9 フィッシュポットA ［1956］
スホーイ Su-11 フィッシュポットC ［1958］

スホーイ Su-15 フラゴン［1962］
スホーイ Su-27 フランカー［1977］
スホーイ Su-33 フランカーD［1985］
スホーイ Su-35 フランカーE［1988］
ツポレフ Tu-128 フィドラー［1959］
ヤコブレフ Yak-1［1940］
ヤコブレフ Yak-3［1941］
ヤコブレフ Yak-9 フランク［1942］
ヤコブレフ Yak-15 フェザー［1946］
ヤコブレフ Yak-17［1947］
ヤコブレフ Yak-23 フローラ［1947］
ヤコブレフ Yak-25 フラッシュライト［1952］
ヤコブレフ Yak-28 ファイアバー［1958］
ヤコブレフ Yak-38 フォージャー［1971］

国際共同

パナビア トーネード［1974］
ユーロファイター タイフーン［1994］

チェコ

アビア B-34［1932］
アビア B-534［1933］
アビア B-135［1938］
アビア S-199［1947］

オランダ

フォッカー D.XVII［1932］
フォッカー D.XXI［1936］
フォッカー G.1［1937］
コールホーフェン F.K.58［1938］

ポーランド

PZL P.7［1930］
PZL P.11［1931］
PZL P.24［1933］

ユーゴスラビア

イカルス IK-2［1935］
イカルス IK-3［1938］
イカルス S-49［1946］

オーストラリア

CAC Ca-12 ブーメラン［1942］
CAC Ca-13 ブーメラン［1942］

フィンランド

VL ミルスキー［1941］

ルーマニア

IAR IAR.80［1938］

スウェーデン

FFVS J22［1942］
SAAB J21［1943］
SAAB J21R［1947］
SAAB J29 テュナン［1948］
SAAB J32 ランセン［1952］
SAAB J35 ドラケン［1955］
SAAB J37 ビゲン［1967］
SAAB JAS39 グリペン［1988］

アルゼンチン

I.Ae. 27 プルキ［1947］
I.Ae. 33 プルキII［1950］

カナダ

アブロカナダ CF-100 カナック［1950］
アブロカナダ CF-105 アロー［1958］

エジプト

ヘルワン HA-300［1964］

インド

HAL HF-24 マルート［1961］
HAL テジャス［2001］

イスラエル

IAI クフィル［1973］
IAI ラビ［1986］

中国

シェンヤン J-8 フィンバック［1969］
チェンドゥ J-10［1998］
チェンドゥ FC-1［2003］

南アフリカ

アトラス チーター［1986］

台湾

AIDC F-CK-1 チンクォ［1989］

索引

あ

愛称	15, 16
アイリス	244
アクティブ・ホーミング	116
アグレッサー	136
アドバーサリー	136
アフターバーナー	212
アラート	244
アレスティングワイヤー	104
アングルドデッキ	106
イジェクションシート	196
一次操縦翼面	167, 170
インテイク	194
インテグラルタンク	230
インメルマン・ターン	112
ウエポンシステム	244
エアインテイク	194
エアブレーキ	176, 178
エース	52
液冷エンジン	142, 206
エリアルール	186
エルロン	167, 170, 175
エレベーター	167, 168
エレボン	170
エンジン	204
遠心式ターボジェット	210
オーグメンター	212
オートパイロット	244
オールフライングテイル	168
音の壁	96
音速	96

か

カウンターシェード	32
過給器	208
核ミサイル	120
仮想敵	136
カタパルト	104, 106
ガトリング砲	222
カナード	184
可変翼	180
艦載機	102
ガンサイト	198
環状ラジエター	244
慣性誘導	244
機外搭載タンク	230
機関砲	220
機銃	220, 224
機種名	14, 16
寄生戦闘機	156
記念塗装	240
逆ガル翼	244
逆テーパー翼	181
逆噴射装置	177
キャノピー	216
競試	244
緊急脱出	196
空戦フラップ	172
空対空戦闘	110
空対空ミサイル	116
空中給油	18, 122
空中戦	112
空母	106
空冷エンジン	142, 206
矩形翼	180
駆逐戦闘機	244
クラムシェル型	217
クルビット	90
計器盤	202
軽量戦闘機	82, 84
撃墜王	52
撃墜マーク	242
ゲタ履き戦闘機	158
ケロシン	22
牽引式	150
攻撃機	12
光像式照準器	198
航続距離	18
後退翼	180, 182
コードレター	236
国産	54
国籍マーク	134
コクピット	26, 218
固定武装	245
固定翼機	245
コブラ	90
コントロールスティック	200

さ

最高速度	36
最大武装搭載量	124
サイド・バイ・サイド	24
サイドナンバー	236
三角翼	180
三軍呼称統一	245
シーカー	245
自衛隊	54, 56
ジェットエンジン	210
支援戦闘機	54
軸流式ターボジェット	210
シザース	112

射出座席	196
ジャミング	126
十字線	198
主翼	180
状況接頭記号	15
衝撃波	96, 98
昇降舵	167, 168
照準器	198
ショックコーン	194
シリアルナンバー	236
水上機	158
水上ジェット戦闘機	160
推進式	150
垂直安定板(垂直尾翼)	190
水平安定板(水平尾翼)	190
推力重量比	214
推力偏向ノズル	246
スーパークルーズ	100
スーパーチャージャー	208
スコードロンカラー	238
ステルス	108
ストレーキ	188, 246
Sniper	132
スパイラル・ダイブ	112
スピナー	246
スプリット・フラップ	172
スプリットS	112
スポイラー	170, 176
スラスト・リバーサー	176
スラット	174
スロッテッド・フラップ	172
スロット	174
スロットル	166, 200
制動装置	176
赤外線探知装置	132
赤外線ホーミング	116
セミアクティブ・ホーミング	116
セミモノコック構造	30
前縁フラップ	174
遷音速	246
前進翼	181, 182
潜水空母	162
センチュリーシリーズ	246
戦闘行動半径	18
全遊動式尾翼	168
前翼	184
全翼機	192
操縦	166
操縦桿	200
双垂直尾翼	191
増槽(増タン)	230
双発機	10, 70
ソニックブーム	98

た

ターボジェットエンジン	210
ターボチャージャー	208
ターボファン	210
大口径砲	226
耐G	28
対地攻撃兵器	128
ダイブ飛行	50, 246
楕円翼	181
脱出	196
単座型	24
単純フラップ	172
単垂直尾翼	191
単発機	10
チェック・シックス	111
地対空兵器	138
着艦	104
チャック・イェーガー	247
チャフ	118
超音速巡航	100
超音速飛行	96, 100
ディフレクター	228
テイルシッター	144
テイルド・デルタ	184
ティルトウイング	144
テーパー	247
テーパー翼	180
デルタ翼	180, 184
デンジャーデルタ	237
トイレ	26
塗装	32, 240
ドッグファイト	112
トラクター	150
トラス構造	30
ドラッグシュート	176
トリムタブ	247

な

斜め翼	182
二次操縦翼面	174
燃料	22
燃料タンク	18, 230
ノーズアート	242

は

パーソナルマーク	242
ハードポイント	124, 235
ハイスピード・ヨーヨー	112
パイロット	26, 28
パイロン	234
派生型	140
バブルキャノピー型	216
バルカン砲	222

257

バレルロール・アタック	112
反射式照準器	198
飛行隊記号	236
飛行隊マーク	238
菱形翼	181
ピッチング	167, 168
ビューロナンバー	236
尾翼	190
ファウラー・フラップ	172
ファストバック型	216
VT信管	138, 247
VTOL機	144
フェリー距離	18
吹き出しフラップ	172
複合デルタ	184
複座型	24
双子戦闘機	148
プッシャー	150
フットペダル	166
フライ・バイ・ライト	166
フライ・バイ・ワイヤ	166
フライトステーション	218
フライングブーム式	122
フラップ	172, 175
フレア	118
ブレイク	112
ブレーキ	170, 176, 178
ブレンデッド・ウィング・ボディ	188
フロート	158, 247
プローブ	247
プローブ・アンド・ドローグ式	122
プロペラ同調装置	228
ベクタードスラスト	144
ヘッドアップディスプレイ	198
ベントラル・フィン	247
方向舵	167, 168
ホーミング	248
補助インテイク	194
補助翼	167, 170
ポッド	232

ま

マッハ	92, 96
マルチロールファイター	10
無尾翼機	192
無尾翼デルタ	184
命名法	14
メーカー名	15, 16
面積法則	186
木製戦闘機	152
モノコック構造	30

や

夜間戦闘機	70, 146
用途接頭記号	15
ヨーイング	167, 168

ら

ライト兄弟	248
ラダー	167, 168
ラック	234
LANTIRN	80, 132, 249
ランチバー	104
ランチャー	234
陸上機	102
リヒーター	212
リピッシュ博士	154, 184, 186, 192
リフトエンジン	144
レーダー断面積	108
レシプロエンジン	206
レティクル	198
ロースピード・ヨーヨー	112
ローゼンジ・パターン	249
ローダー	249
ローリング	167, 170
ロケット戦闘機	154
ロケット弾	130
ロックオン	114

英数字

BLC	249
BLCフラップ	172
BVR	249
CAG	249
CO	249
CV	249
CVW	249
ECCM	127
ECM	126
ELINT	127
F	14
FCS	249
FLIR	132
HUD	198
IRST	132
JDAM	249
LANTIRN	249
MER	249
RAM	249
RIO	249
SEAD	128, 249
TARPS	249
TER	249
WVR	249
XO	249

参考文献・資料一覧

『最新英和・軍事用語辞典』 木村讓二 編 グリーンアロー出版社
『航空機メカニカルガイド1903-1945』 国江隆夫 著 新紀元社
『ウエポン・キャリアーズ 世界の第一線兵器』 河野嘉之 著 原書房
『タイムズ・アトラス第二次世界大戦歴史地図』 ジョン・キーガン 編 滝田毅監 訳 原書房
『航空用語事典』 航空情報編集部 酣燈社
『最新航空用語150』 航空情報編集部 酣燈社
『大平洋戦争・日本海軍機』 航空情報別冊 酣燈社
『空軍 軍用機の思想と運用』 航空情報別冊 酣燈社
『航空史をつくった名機100』 航空情報別冊 酣燈社
『世界のジェット戦闘機』 航空情報別冊No.247 酣燈社
『世界の航空エンジン1.レシプロ編』 ビル・ガンストン 著 見森昭 訳 グランプリ出版
『世界の航空エンジン2.ガスタービン編』 ビル・ガンストン 著 見森昭/川村忠男 訳 グランプリ出版
『図解現代の航空戦』 ビル・ガンストン/M・スピック 著 江畑謙介 訳 原書房
『サンケイ・ワールドウォーイラストレイテッド3 ジェット戦闘機』 デビッド・アンダーソン 著 福田嘉行 訳 サンケイ出版
『ミサイル事典』 小津元 著 新紀元社
『奇想天外兵器1〜4』 渓由葵夫 著 河野嘉之 画 新紀元社
『最強戦闘機F-22ラプター』 ジェイ・ミラー 著 石川潤一 訳 並木書房
『世界の軍用機1975』 航空ジャーナル増刊 航空ジャーナル社
『アメリカ空/海軍・ジェット戦闘機』 航空ジャーナル増刊 航空ジャーナル社
『AJ カスタム・アメリカ空軍の翼』 航空ジャーナル増刊 航空ジャーナル社
『AJ カスタム・アメリカ空軍』 航空ジャーナル増刊 航空ジャーナル社
『コンバット・マシン/軍用機メカ解剖』 航空ジャーナル増刊 航空ジャーナル社
『航空自衛隊の翼 Wings』 徳永克彦 撮影 イカロス出版
『航空自衛隊記念塗装大図鑑』 丸別冊 潮出版
『丸グラフィッククォータリー16 写真集 世界の軍用機』 潮出版
『大図解 航空機雑学大全』 坂本明 著 グリーンアロー出版社
『ミリタリーエアクラフト1992年1月号 アメリカ陸軍戦闘機Vol.1』 デルタ出版
『ミリタリーエアクラフト1993年3/5月号 第二次大戦のイギリス軍用機』 デルタ出版
『ミリタリーエアクラフト1993年9月号 第二次大戦のアメリカ海軍機』 デルタ出版
『ミリタリーエアクラフト1994年1月号 アメリカ空軍戦闘機1945-1993』 デルタ出版
『ミリタリーエアクラフト1994年3月号 アメリカ陸軍航空隊軍用機写真集』 デルタ出版
『ミリタリーエアクラフト1994年5/7月号 アメリカ海軍機1946-1994』 デルタ出版
『ミリタリーエアクラフト1995年3月号 イギリス軍用機1945〜1995』 デルタ出版
『ミリタリーエアクラフト1995年9月号 大平洋戦争アメリカ海軍機』 デルタ出版
『ミリタリーエアクラフト別冊 第2次大戦ソ連軍用機写真集』 デルタ出版
『ミリタリーエアクラフト別冊 音速ジェット戦闘機1』 デルタ出版
『ドイツ軍用機フォトアルバムVol.1〜5』 戦車マガジン増刊 デルタ出版
『メッサーシュミット Bf109G/K』 モデルアート増刊No.290 モデルアート社
『紫電/紫電改』 モデルアート増刊No.304 モデルアート社
『フォッケウルフFw190D & Ta152』 モデルアート増刊No.336 モデルアート社
『第二次大戦ドイツジェット機』 モデルアート増刊No.348 モデルアート社
『第1次世界大戦機の塗装とマーキング』 モデルアート増刊No.369 モデルアート社
『スーパーマリーン・スピットファイア』 モデルアート増刊No.387 モデルアート社
『隼の塗装とマーキング』 モデルアート増刊No.395 モデルアート社
『P-51マスタング』 モデルアート増刊No.401 モデルアート社
『飛燕/五式戦』 モデルアート増刊No.428 モデルアート社
『ドイツ夜間戦闘機』 モデルアート増刊No.480 モデルアート社
『疾風』 モデルアート増刊No.493 モデルアート社
『航空自衛隊機の塗装とマーキング』 モデルアート増刊No.495 モデルアート社
『日本陸海軍・夜間戦闘機』 モデルアート増刊No.595 モデルアート社

『第1次世界大戦・ドイツ航空隊エースの塗装とマーキング』 モデルアート増刊No.613　モデルアート社
『日本海軍航空隊　軍装と装備』 モデルアート増刊No.655　モデルアート社
『アメリカ海軍★海兵隊機の塗装ガイドVol.1 1920's-1954』 モデルアート増刊No.667　モデルアート社
『アメリカ海軍★海兵隊機の塗装ガイドVol.2 1955-1975』 モデルアート増刊No.673　モデルアート社
『トムキャット・カラーズ』 モデルアート増刊No.691　モデルアート社
『WWII アメリカ陸軍航空隊　戦闘機の塗装ガイド』 モデルアート増刊No.713　モデルアート社
『WWII日本機モデラーズハンドブック3 日本の戦闘機』 モデルアート増刊No.724　モデルアート社
『プロフィール・F-4ファントムII』 モデルアート増刊No.747　モデルアート社
『プロフィール・F-104栄光』 モデルアート増刊No.759　モデルアート社
『プロフィール・F-15イーグル』 モデルアート増刊No.771　モデルアート社
『オスプレイ軍用機シリーズ1 日本海軍航空隊のエース1937-1945』ヘンリー・サカイダ 著　小林昇 訳　大日本絵画
『オスプレイ軍用機シリーズ47 B-29対日本陸軍戦闘機』 ヘンリー・サカイダ 著　梅本弘 訳　大日本絵画
『世界の戦闘機シリーズ6 日本陸軍航空隊のエース1937-1945』 ヘンリー・サカイダ 著　梅本弘 訳　大日本絵画
『航空ファン別冊・エアコンバットNo.1～21』 文林堂
『航空ファン別冊・イラストレイテッドNo.2 F-86セイバー』 文林堂
『航空ファン別冊・イラストレイテッドNo.8 F-104スターファイター』 文林堂
『航空ファン別冊・イラストレイテッドNo.16 アメリカ空軍ジェット戦闘機1945-1983』 文林堂
『航空ファン別冊・イラストレイテッドNo.17 F-15イーグル』 文林堂
『航空ファン別冊・イラストレイテッドNo.21 ベトナム航空戦』 文林堂
『航空ファン別冊・イラストレイテッドNo.28 F-16ファイティング・ファルコン』 文林堂
『航空ファン別冊・イラストレイテッドNo.30 第二次大戦アメリカ陸軍戦闘機』 文林堂
『航空ファン別冊・イラストレイテッドNo.32 アメリカ軍用機1945-1986 空軍編』 文林堂
『航空ファン別冊・イラストレイテッドNo.33 第二次大戦ドイツ軍用機』 文林堂
『航空ファン別冊・イラストレイテッドNo.35 アメリカ軍用機1945-1987 海軍/陸軍編』 文林堂
『航空ファン別冊・イラストレイテッドNo.37 F/A-18ホーネット』 文林堂
『航空ファン別冊・イラストレイテッドNo.40 太平洋戦争 日本陸軍機』 文林堂
『航空ファン別冊・イラストレイテッドNo.43 F-14トムキャット』 文林堂
『航空ファン別冊・イラストレイテッドNo.54 F-4ファントム』 文林堂
『航空ファン別冊・イラストレイテッドNo.56 F-14トムキャット』 文林堂
『航空ファン別冊・イラストレイテッドNo.55 第二次大戦ドイツ軍用機』 文林堂
『航空ファン別冊・イラストレイテッドNo.63 大空の冒険者1900-1939』 文林堂
『航空ファン別冊・イラストレイテッドNo.64 グラマンF-14トムキャット』 文林堂
『航空ファン別冊・イラストレイテッドNo.67 マクダネル・ダグラスF-15イーグル』 文林堂
『航空ファン別冊・イラストレイテッドNo.70 F-16ファイティング・ファルコン』 文林堂
『航空ファン別冊・イラストレイテッドNo.73 第二次大戦米海軍機全集』 文林堂
『航空ファン別冊・イラストレイテッドNo.74 第二次大戦米陸軍機全集』 文林堂
『航空ファン別冊・イラストレイテッドNo.77 アメリカ海軍空母史』 文林堂
『航空ファン別冊・イラストレイテッドNo.85 赤い星の軍用機』 文林堂
『航空ファン別冊・イラストレイテッドNo.87 F/A-18ホーネット』 文林堂
『航空ファン別冊・イラストレイテッドNo.92 日本陸軍機キ番号カタログ』 文林堂
『グラフィック第二次大戦アクション バトル・オブ・ブリテン』 文林堂
『世界の傑作機別冊・日本陸海軍戦闘機1930-1945』 野原茂 著　文林堂
雑誌『航空情報』各号　酣燈社
雑誌『航空ファン』各号　文林堂
雑誌『世界の傑作機』各号　文林堂
雑誌『エアワールド』各号　エアワールド
雑誌『航空ジャーナル』各号　航空ジャーナル社
雑誌『モデルアート』各号　モデルアート社
雑誌『丸メカニック』各号　潮書房

●英文資料
『United States Military Aircraft since 1908』 F.G.Swanborough & P.M.Bowers 著　Putnam & Company Ltd.
『United States Navy Aircraft since 1911』 F.G.Swanborough & P.M.Bowers 著　Putnam & Company Ltd.
『War Birds: Military Aircraft of the first World War in Colour』 Dale McAdoo 訳　Macdonald and Jane's
『Mustang at War』 Roger A.Freeman 著　Ian Allan Ltd.
『Corsair at War』 Richard Abrams 著　Ian Allan Ltd.
『The History of Aircraft Nose Art WWI to Today』 J.L.Ethell & C.Simonsen 著　Motorbooks International.
『America's Stealth Fighters and Bombers』 J.C.Goodall 著　Motorbooks International.
『X-Fighters USAF Experimental and Prototype Fighters XP-59 to YF-23』 Steve Pace 著　Motorbooks International.
『Encyclopedia of the World's Air Forces』 Michael J.H.Taylor 著　Facts on File Publication
『The World's Great Fighter Aircraft』 William Green & Gordon Swanborough 著　Crescent Books
『Aircraft of the RAF a pictorial record 1918-1978』 JWR Taylor 著　Macdonald and Jane's
『The Official Monogram US Navy & Marine Corps Aircraft Color Guide Vol.1～3』 J.M.Elliott 著　Monogram Aviation Publications
『Jet Planes of the Third Reich』 J.R.Smith & E.J.Creek 著　Monogram Aviation Publications
『Monogram Close-Up6 GUSTAV Pt.1』 T.H.Hitchcock 著　Monogram Aviation Publications
『Monogram Close-Up7 GUSTAV Pt.2』 T.H.Hitchcock 著　Monogram Aviation Publications
『Monogram Close-Up10 Fw190D』 J.R.Smith & E.J.Creek 著　Monogram Aviation Publications
『Monogram Close-Up11 Volksjäger』 J.R.Smith & E.J.Creek 著　Monogram Aviation Publications
『Monogram Close-Up12 Horten229』 David Myhra 著　Monogram Aviation Publications
『Monogram Close-Up18 Bf110G』 G.G.Hoop 著　Monogram Aviation Publications
『Flame Powered:The Bell XP-59A Airacomet and the General Electric I-A Engine』 D.M.Carpenter 著　Jet Pioneers of America a Book
『Luftwaffe Camouflage & Markings1935-45 Vol.1』 K.A.Merrick 著　Kookaburra Technical Publications
『Luftwaffe Camouflage & Markings1935-45 Vol.2/3』 J.R.Smith & J.D.Gallaspy 著　Kookaburra Technical Publications
『Planes of the Luftwaffe Fighter Aces Vol.1/2』 B.Barbas 著　Kookaburra Technical Publications
『United States Military Aircraft Serials』 Aviation Associates Publication
『Airborne Weapons of the West』 A.M.Thornborough 著　Arms and Armour Press
『Osprey Aircraft of the Aces 4 Korean War Aces』 R.F.Dorr, J.Lake & Warren Thompson 著　Osprey Aerospace
『Osprey Aircraft of the Aces 8 Corsair Aces of World War 2』 Mark Styling 著　Osprey Aerospace
『Osprey Aircraft of the Aces 10 Hellcat Aces of World War 2』 Barrett Tillman 著　Osprey Aerospace
『Painted Ladies』 Randy Walker 著　Schiffer Military History

『Messerschmitt Bf109F,G & K Series』 Jochen Prien & Pete Rodeike 著 Schiffer Military History
『German Fighters in World War II The Night Fighters』 Werner Held & Holger Nauroth 著 Schiffer Military History
『OKB MiG :A History of the Design Bureau and its Aircraft』 P.Butowski & J.Miller 著 Aerofax
『Planes,Names & Dames VolI〜III』 Larry Davis 著 Squadron/Signal Publications
『Regia Aeronautica Vol.1』 Christpher Shores 著 Squadron/Signal Publications
『Regia Aeronautica Vol.2』 F.D' Amico & G.Valentini 著 Squadron/Signal Publications
『Air War over Southeast Asia Vol.1〜3』 Lou Drendel 著 Squadron/Signal Publications
『...And Kill MiGs』 Lou Drendel 著 Squadron/Signal Publications
『Air War over Korea』 Larry Davis 著 Squadron/Signal Publications
『MiG Alley』 Larry Davis 著 Squadron/Signal Publications
『Night Wings USMC Night Fighters,1942-1953』 T.E.Doll 著 Squadron/Signal Publications
『MiG-21Fishbed in Color』 Hans-Heiri Stapfer 著 Squadron/Signal Publications
『Curtiss P-40 in action』 No.26 Squadron/Signal Publications
『Messerschmitt Bf110 in action』 No.30 Squadron/Signal Publications
『Spitfire in action』 No.39 Squadron/Signal Publications
『F-8 Crusader in action』 No.70 Squadron/Signal Publications
『F7F Tigercat in action』 No.79 Squadron/Signal Publications
『F8F Bearcat in action』 No.99 Squadron/Signal Publications
『Typhoon Tempest in action』 No.102 Squadron/Signal Publications
『F-89 Scorpion in action』 No.104 Squadron/Signal Publications
『F-61 Black Widow in action』 No.106 Squadron/Signal Publications
『P-38 Lightning in action』 No.109 Squadron/Signal Publications
『Panavia Tornado in action』 No.111 Squadron/Signal Publications
『MiG-29 Fulcrum in action』 No.112 Squadron/Signal Publications
『MiG-15 in action』 No.116 Squadron/Signal Publications
『MiG-17 Fresco in action』 No.125 Squadron/Signal Publications
『Mosquito in action Part1』 No.127 Squadron/Signal Publications
『MiG-21 Fishbed in action』 No.131 Squadron/Signal Publications
『F-104 Starfighter in action』 No.135 Squadron/Signal Publications
『FH/F2H Banshee in action』 No.182 Squadron/Signal Publications
『Lock on No17 Su-27』 Verlinden Publications
『Lock on No19 MiG-29』 Verlinden Publications
『Naval Fighters No.4 Douglas F3D Skyknight』 Steve Ginter 著 Ginter Books
『Naval Fighters No.13 Douglas F4D Skyray』 Nick Williams & Steve Ginter 著 Ginter Books
『Naval Fighters No.23 Convair XF2Y-1 Seadart』 B.J.Long 著 Ginter Books
『Naval Fighters No.27 Convair XFY-1 Pogo』 Skeets Cleman & Steve Ginter 著 Ginter Books
『Naval Fighters No.40 Grumman F11F Tiger』 Corwin Meyer & Steve Ginter 著 Ginter Books
『Aero Series 6 Republic P-47』 E.T.Maloney 著 Aero Publishers
『Aero Series 9 Dornier 335』 H.J.Nowarra 著 Aero Publishers
『Aero Series 17 Messerschmitt 163』 E.T.Maloney 著 Aero Publishers
『Aero Series 22 Boeing P-26』 E.T.Maloney 著 Aero Publishers
『Aero Series 27 Convair F-106』 W.G.Holder 著 Aero Publishers
『Hawker Sea Hawk』 4+publication
『Aeroguide3 Sea Harrier』 Linewrights Ltd.
『Warpaint Series No.11 Sea Vixen』 Hall Park Books Ltd.
雑誌『Air International』各号 Fine Scroll Ltd.
雑誌『Air Enthusiast』各号 Fine Scroll Ltd.
雑誌『Scale Aircraft Modelling』各号 Guideline Publications

雑誌『Air Classics』各号　Challenge Publications

●独文資料
『Die Deutsche Luftrüstung 1933-1945 Band1～4』　Heinz J.Nowarra 著　Bernand & Graefe Verlag
『Markierungen und Tarnanstriche der Luftwaffe im 2.Weltkrieg BandI～IV』　Karl Ries 著　Verlag Dieter Hoffmann
雑誌『Luftfahrt international』各号 Verlag E.S.Mittler & Sohn
雑誌『Flugzeug』各号 Flugzeug Publikations

●仏文資料
雑誌『Replic』各号　Editions D.T.U.
雑誌『Air Fan』各号　Fanavia
雑誌『Air Action』各号　Guhl & Associes

●チェコ語資料
『Monografie Lotnicze 17 Fw190A/F/G Pt.1』　Adam Skupiewski 著　AJ Press
『Monografie Lotnicze 18 Fw190A/F/G Pt.2』　Adam Skupiewski 著　AJ Press
『Monografie Lotnicze 21 Fw190D/Ta152』　Marian Krzyzan 著　AJ Press
『Monografie Lotnicze 25 P-47 Thunderbolt Pt.1』　A.Jarski & R.Michulec 著　AJ Press
『Monografie Lotnicze 26 P-47 Thunderbolt Pt.2』　A.Jarski & R.Michulec 著　AJ Press

※以上の他に実機の取扱説明書（パイロット・ハンドブック、ストラクチュラル・リペアー・マニュアル）など多数。

F-Files No.023

図解　戦闘機
2009年9月5日　初版発行

著者	河野嘉之（かわの　よしゆき）
イラスト	河野嘉之
編集	新紀元社編集部
デザイン・DTP	株式会社明昌堂
発行者	大貫尚雄
発行所	株式会社新紀元社

〒101-0054　東京都千代田区神田錦町3-19
楠本第3ビル4F
TEL：03-3291-0961
FAX：03-3291-0963
http://www.shinkigensha.co.jp/
郵便振替　00110-4-27618

印刷・製本　東京書籍印刷株式会社

ISBN978-4-7753-0529-4
定価はカバーに表示してあります。
Printed in Japan